职业院校土木工程类专业校企合作开发成果教材

JIANZHU CAILIAO

建筑材料 （第2版）

主　编 ⊙ 高振玲　马俊福

北京师范大学出版集团
BEIJING NORMAL UNIVERSITY PUBLISHING GROUP
北京师范大学出版社

图书在版编目(CIP)数据

建筑材料/高振玲,马俊福主编. —北京:北京师范大学出版
社,2017.9(2021.8 重印)
 (职业院校土木工程类专业校企合作开发成果教材)
 ISBN 978-7-303-13056-6

Ⅰ.①建… Ⅱ.①高… ②马… Ⅲ.①建筑材料-中等专业
教育-教材 Ⅳ.①TU5

中国版本图书馆 CIP 数据核字(2011)第 149678 号

营 销 中 心 电 话	010-58802755 58800035
北师大出版社职业教育分社网	http://zjfs.bnup.com
电 子 信 箱	zhijiao@bnupg.com

出版发行:北京师范大学出版社 www.bnup.com
        北京市西城区新街口外大街 12-3 号
        邮政编码:100088
印   刷:北京玺诚印务有限公司
经   销:全国新华书店
开   本:787 mm×1092 mm 1/16
印   张:20.5
字   数:375 千字
版   次:2017 年 9 月第 2 版
印   次:2021 年 8 月第 6 次印刷
定   价:36.00 元

策划编辑:庞海龙	责任编辑:庞海龙
美术编辑:高 霞	装帧设计:弓禾碧工作室
责任校对:李 菡	责任印制:陈 涛

职业院校土木工程专业教学改革与教材编写指导委员会

前言

"建筑材料"作为职业学校土木建筑专业的核心课程，要求毕业生能从事土木工程的施工和管理工作，业务范围涉及工业与民用建筑、道路与桥梁、建筑装饰等。本教材根据最新的培养方案和课程教学大纲，以培养应用型人才为目标而编写。

本教材由绪论、基础编、专业编、试验编4部分组成：基础编——第1章至第7章；专业编——第8章至第15章，其中第8章、第9章为建筑工程施工专业部分，第10章至第12章为道路与桥梁工程施工专业部分，第13章至第15章为建筑装饰专业部分；试验编——建筑材料试验。

基础编和专业编要求学生掌握常用建筑材料的性能，熟悉常用建筑材料标准，具备合理选用和保管建筑材料的初步能力；试验编建立学生所学理论知识和实践的有机联系，培养学生的动手能力，以及对常用建筑材料的检验和评定的能力。

本教材在编写过程中全部采用国家现行技术标准和规范，力求内容精练，概念清楚，简明实用，图文并茂，增强学生的学习兴趣和感性认识。注重加强学生对工程实际问题的处理能力，并选择一些工程实例对学生进行实训练习。

本书由兰州城市建设学校高振玲、马俊福任主编，兰州城市建设学校姚书贵、东南大学建筑学院崔陇鹏任副主编。

兰州城市建设学校校长、高级讲师赵虎林为本书编写提出了宝贵的指导性意见，编者在此表示衷心的感谢！在本教材的编写过程中，还得到了教育界同人和施工单位技术人员的指导，参阅和借鉴了许多优秀教材和文献资料，编者在此一并致谢！

由于编者水平所限，加上时间仓促，不妥之处在所难免，敬请使用本教材的教师和学生不吝指正！

目 录

1

第2编 专业部分

第 3 编　试验部分

绪　论

 **学习目标**

1. 了解我国在建筑材料应用方面取得的成就。
2. 了解建筑材料发展趋势。
3. 了解建筑材料产品标准。
4. 了解本课程的研究内容及学习任务。

建筑材料是指在土木建筑工程中所使用的各种材料的总称。据统计，在一般工程的总造价中，建筑材料费用占60%以上。在建筑装修装饰工程中，材料费用更是占到70%以上。因此，作为一名工程技术人员，必须熟悉和掌握建筑材料的品种和性能，并能在不同的工程中合理使用，发挥材料的各种功能，尽最大的可能降低工程的成本。

0.1　我国在建筑材料应用方面取得的成就

我国在建筑材料的生产和应用上有着悠久的历史。始建于秦代的万里长城，估计全部材料体积约3亿立方米，其中砖石体积占1亿立方米。公元595～605年全部用石材建成的世界著名的桥梁赵州桥，是现存最早、跨度最大的(净跨37.02米)空腹式单拱圆弧石拱桥。建于唐代的山西五台山木结构佛光寺大殿，保留至今，仍未腐朽。

随着科学技术的飞速发展和我国综合国力的增强，各地许多标志性建筑物拔地而起。

0.1.1　上海环球金融中心大厦

上海环球金融中心(如图0-1所示)是以日本的森大厦株式会社为中心，联合日本、美国等40多家企业投资兴建的项目，总投资额超过1 050亿日元(折合约10亿美元)。上海环球金融中心是以办公为主，集商贸、宾馆、观光、会议等设施于一体的综合型大厦。工程地块面积为3万 m^2，总建筑面积达38.16万 m^2，地上100层，地下3层，楼层总面积约377 300m^2，建筑主体高度达到492.5m，从而超越比邻的421m高度的金茂大厦(如图0-2所示)成为我国大陆目前最高的在用建筑。在CTBUH(国际高层建筑与城市住宅协会)所公布的高层建筑排行榜(2008年)的"最高使用楼层高度(100层，474米)"和"最高楼顶高度(492米)"两项中位居全球第一。

超高层建筑施工所采用的自行开发研制的整体提升钢平台模板体系和进口的液压自动爬模体系，在上海环球金融中心塔楼核心筒和巨型柱结构施工中发挥了独特作用。高强度、高耐久、高流态、高泵送混凝土技术在上海环球金融中心施工中见奇效，刷新了一次连续 40h 浇筑主楼底板 3 万余 m³ 混凝土的国内房建领域新纪录和混凝土一次泵送至 492m 高空的世界纪录。

图 0-1　上海环球金融中心

图 0-2　上海环球金融中心与金茂大厦

0.1.2　杭州湾跨海大桥

杭州湾跨海大桥(如图 0-3 所示)是一座横跨中国杭州湾海域的跨海大桥,它北起浙江嘉兴海盐郑家埭,南至宁波慈溪水路湾,全长 36km,是目前世界上最长的跨海大桥。据初步核定,大桥共使用钢材 76.7 万 t,水泥 129.1 万 t,石油沥青 1.16 万 t,木材 1.91 万 m³,混凝土 240 万 m³,各类桩基 7 000 余根,为国内特大型桥梁之最。该大桥投资约 118 亿元,按双向六车道高速公路设计,设计时速 100km,建成后使宁波至上海的陆路距离缩短了 120km。

图 0-3　杭州湾跨海大桥

0.1.3　长江三峡水利枢纽

长江三峡水利枢纽工程(如图 0-4 所示)简称"三峡工程",是当今世界上最大的水利枢纽工程。三峡大坝为混凝土重力坝,大坝坝顶总长 3 035m,坝高 185m,设计正常蓄水水位枯水期为 175m(丰水期为 145m),总库容 393 亿 m³,其中防洪库容 221.5 亿 m³。大坝建成后，发挥了防洪、发电、航运、养殖、旅游等多方面的效益。

图 0-4 长江三峡水利枢纽工程

0.2 建筑材料发展趋势

为了适应时代发展的需要，必须不断提高工程质量和降低工程造价，不断研究材料技术和开发新型产品。建筑材料工业的发展趋势是研制和开发高性能建筑材料和绿色建筑材料。

高性能建筑材料具有如下特点。

（1）高强

高强：研制和发展高强度材料，以减小承重结构构件的截面，降低结构自重。

（2）轻质

轻质：发展轻质材料，减轻建筑物自重，以降低运输费用和工人的劳动强度。

（3）复合高效多功能

复合高效多功能：发展高性能的复合材料，使材料具有高耐久性、高防火性、高防水性、高吸声性、高装饰性等优异性能，即使一种材料具有多种功能，除了满足坚固、安全、耐久要求之外，还具有良好的保温隔热、吸声、防潮、装饰等功能。

（4）节约能源

节约能源：研制和生产低能耗(包括材料生产能耗和建筑使用能耗)的节能建筑材料，这对于降低成本，节约能源将起到十分有益的作用。

（5）综合利用

综合利用：充分利用各种地方废弃材料和工业废渣来生产工程材料，降低成本，变废为宝，化害为利，节约能源，改善环境。

（6）工业化生产

工业化生产：发展适用于由工厂大规模生产、机械化安装施工的建筑材料制品，加快施工速度。

绿色建筑材料又称生态建筑材料或健康建筑材料，是指生产建筑材料的原料尽可能少用天然资源，大量使用工业废料，采用低能耗制造工艺和不污染环境的生产技术，产品配制和生产过程不使用有害和有毒物质，产品设计以改善生活环境、提高生活质量为宗旨，产品可循环再利用，且使用过程无有毒、有害物质释放。绿色建筑材料是既能满足可持续发展之需，又能做到发展与环保的统一；既满足现代人的需要（安居乐业、健康长寿），又不损害后代人利益的一种材料。

0.3 建筑材料产品标准

中国有句俗话："没有规矩不成方圆"，建筑材料的技术标准是建筑材料生产、质量检验、验收及应用等方面的技术准则和技术依据。我国建筑材料的技术标准分为国家标准、行业标准、地方标准和企业标准四类。各类标准都有各自的代号，详见表0-1。

表 0-1 各类标准代号

标准种类		代号		表示方法
国家标准		GB	国家强制性标准	由标准代号、标准编号、颁布年份等组成。例如：国家强制性标准《通用硅酸盐水泥》GB175—2007；国家推荐性标准《建筑用碎石、卵石》GB/T14685—2001；建材行业推荐性标准《明矾石膨胀水泥》JC/T311—2004
		GB/T	国家推荐性标准	
行业标准	建材	JC	建材行业强制性标准	
		JC/T	建材行业推荐性标准	
	建设	JGJ	建筑行业强制性标准	
		JGJ/T	建筑行业推荐性标准	
	交通	JT	交通行业强制性标准	
		JT/T	交通行业推荐性标准	
地方标准		DB	地方强制性标准	由地方标准代号、地方名称代号、地方标准编号和颁布年份组成
		DB/T	地方推荐性标准	
企业标准		QB	企业强制性标准	由企业标准代号、企业名称、企业标准编号和颁布年份组成
		QB/T	企业推荐性标准	

0.4 本课程的研究内容及学习任务

"建筑材料"是一门实用性很强的专业基础课，主要内容包括常用建筑材料的原材料、生产、组成、性质、技术标准（质量要求和检验）、特点与应用、运输与储存等方面，学习中应注意理论联系实际，充分利用参观和参加工程实践的各种机会，获取感性知识。

本课程的主要任务是使学生通过该课程的学习，获得建筑材料的基本知识，掌握建筑材料的基本组成、技术性质、应用技术及试验检测技能，熟悉相关的国家标准和行业标准，同时对材料的储运和保管也有相应了解，以便在今后的工作中能正确选择和合理使用建筑材料。同时也为学习房屋建筑学、建筑结构、施工等后续专业课打下基础。

0.5　学习本课程的几点建议

1.　注意理论联系实际

建筑材料课程本身属于应用技术，实践性很强，学习中应注意理论联系实际，平时注意观察身边的建筑材料，并充分利用参观和参加工程实践的各种机会，获取感性认识。

2.　注重试验课

试验课是建筑材料课程的重要组成部分。试验是检验材料性能的主要手段，课前应做到复习相关课程内容、预习试验方法；课堂上应一丝不苟地严格按标准规定的试验方法进行操作，并做好记录；课后认真及时填写试验报告。

3.　及时了解新型材料的发展

通过阅读相关报纸杂志和网络，及时了解新材料的发展动向，学习掌握有关新技术、新规范和新材料技术标准，不断丰富建筑材料知识，与时俱进，以适应不断发展的形势需要。

第 1 编

基础部分

第 1 章

建筑材料的基本性质

1. 掌握材料与质量有关的性质。
2. 熟悉材料与水有关的性质。
3. 掌握材料的力学性质。
4. 了解材料与热有关的性质及材料的耐久性。

"万丈高楼平地起",这句话说明许多高层建筑的拔地而起离不开先进的施工技术和施工工艺,更离不开各种各样的建筑材料。

所有结构物都要承受一定的荷载和经受周围介质的作用,比如建筑结构材料要受到各种外力的作用;建筑物长期暴露在大气中,经常受到风吹、日晒、雨淋、冰冻而引起温度变化、湿度变化及冻融循环等作用。因此,建筑材料所受的作用是复杂的,而且它们之间又是相互影响的。所以学生今后从事建筑专业技术工作,首先要学会根据各种材料的性能合理选择和正确应用材料,这就要求学生必须掌握材料的基本性质。

1.1 材料的物理性质

1.1.1 与质量有关的性质

1. 密度

密度是指材料在绝对密实状态下,单位体积的质量,又称为实际密度。可按下式计算:

$$\rho = \frac{m}{V}$$

式中,ρ——材料的密度,g/cm³;

m——材料在干燥状态下的质量,g;

V——干燥材料在绝对密实状态下的体积,cm³。

绝对密实状态下的体积是指不包括孔隙在内的体积。除了金属、玻璃、单体矿物等少数材料外,大多数建筑材料在自然状态下都有一些孔隙。测定密实材料的密实体积,可用量尺计算或用排水法测定,如金属、玻璃等材料。测定有孔隙材料的密实体积,可按测定密度的标准方法,把材料磨成细粉,干燥后,用李氏比重瓶测定其绝对密实体积。

材料磨得越细，测得的密度值越精确，如砖、石等块状材料。

2. 视密度

视密度是指材料在自然状态下不含开口孔隙时，单位体积的质量。

对于自身较为密实的颗粒堆积材料，如配制混凝土所用的砂、石等材料，不必磨成细粉，而直接用颗粒排水测得体积（包含少量的封闭孔隙而不含开口孔隙的体积），这样计算而得的密度即是视密度。可按下式计算：

$$\rho' = \frac{m}{V'}$$

式中，ρ'——堆积材料的视密度，g/cm^3；

    m——堆积材料在干燥状态下的质量，g；

    V'——包含少量封闭孔隙而不包含开口孔隙的体积，cm^3。

3. 表观密度

表观密度是指材料在自然状态下，单位表观体积的质量，又称为体积密度。可按下式计算：

$$\rho_0 = \frac{m}{V_0}$$

式中，ρ_0——材料的表观密度，kg/m^3；

    m——材料在干燥状态下的质量，kg；

    V_0——材料在自然状态下的体积，即表观体积，m^3。

材料在自然状态下的体积，是指包括固体物质体积和孔隙体积在内的体积。材料表观体积示意图见图 1-1。

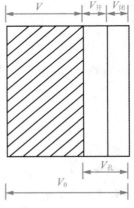

图 1-1　表观体积示意图

对于形状规则的材料，直接测量其体积；对于形状非规则的材料，可用蜡封法封闭孔隙，然后再用排水法测量其体积。

材料表观密度的大小与其含水状态有关。当材料孔隙内含有水分时，其质量和体积都会发生变化，因而表观密度也不相同，故测定材料表观密度时，应注明其含水状态；未特别注明者，常指干燥状态下的表观密度。

由于密实材料 $V_孔$ 或 $V_闭$ 是很小的，即 V' 与 V 或 V_0 相近，所以 ρ'，ρ_0 及 ρ 三者相差不大。测定视密度要比测定密度和表观密度（形状不规则的材料）简便得多。所以，在精确度要求不高的情况下，视密度 ρ' 可以代替密实材料的密度 ρ 或表观密度 ρ_0。

4. 堆积密度

堆积密度是指疏松状（小块、颗粒、纤维）材料在堆积状态下，单位堆积体积的质量。可按下式计算：

$$\rho'_0 = \frac{m}{V'_0}$$

式中，ρ'_0——材料的堆积密度，kg/m^3；

m——材料在干燥状态下的质量，kg；

V'_0——材料的堆积体积，包括固体颗粒体积、孔隙体积及空隙体积，m^3。堆积体积示意图见图 1-2。

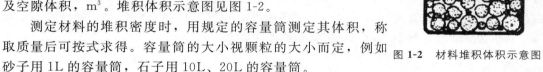

测定材料的堆积密度时，用规定的容量筒测定其体积，称取质量后可按式求得。容量筒的大小视颗粒的大小而定，例如砂子用 1L 的容量筒，石子用 10L、20L 的容量筒。

图 1-2　材料堆积体积示意图

5. 密实度与孔隙率

（1）密实度

密实度是指材料体积内被固体物质所充实的程度，即材料的绝对密实体积与表观体积的比值。可按下式计算：

$$D = \frac{V}{V_0} \times 100\%$$

式中，D——材料的密实度，%。

也可用材料的密度和表观密度计算：

$$D = \frac{V}{V_0} \times 100\% = \frac{\frac{m}{\rho}}{\frac{m}{\rho_0}} \times 100\% = \frac{\rho_0}{\rho} \times 100\%$$

（2）孔隙率

孔隙率是指在材料自然状态的体积内，孔隙体积（开口的和闭口的）所占的百分比。可按下式计算：

$$P = \frac{V_0 - V}{V_0} \times 100\% = \left(1 - \frac{V}{V_0}\right) \times 100\% = \left(1 - \frac{\rho_0}{\rho}\right) \times 100\% = 1 - D$$

式中，P——材料的孔隙率，%。

建筑材料的孔隙率在很大范围内波动，例如平板玻璃的孔隙率接近于零，而发泡塑料的孔隙率却高达 95% 以上。

孔隙率由开口孔隙率和闭口孔隙率两部分组成。开口孔隙率指材料内部开口孔隙与材料在自然状态下体积的百分比，即被水饱和的孔隙体积所占的百分率，其计算式为：

$$P_k = \frac{V_k}{V_0} \times 100\% = \frac{m_湿 - m_干}{V_0} \times \frac{1}{\rho_w} \times 100\%$$

式中，P_k——材料的开口孔隙率，%；

$m_湿$——材料在吸水饱和后的质量，g；

$m_干$——材料在干燥状态下的质量，g；

ρ_w——水的密度，在常温下取 $\rho_w = 1 \text{g/cm}^3$。

闭口孔隙率指孔隙率与开口孔隙率之差，用下式表示：

$$P_B = P - P_k$$

材料的密实度和孔隙率是从两个不同的方面反映了材料的同一性质。材料的孔隙率越大，表示材料的密实度越小。

材料的许多性质，如表观密度、强度、导热性、透水性、抗冻性、抗渗性、耐蚀性等，除与孔隙率大小有关，还与孔隙构造特征有关。孔隙构造特征主要指孔隙的形状与大小。例如，材料的孔隙率较小，且连通孔较少，则材料的吸水性较小，强度较高，抗冻性和抗渗性较好，导热性较大，保温隔热性能较差。

6. 填充率与空隙率

（1）填充率

填充率是指在散粒状材料的自然堆积体积内，被颗粒所填充的程度。可按下式计算：

$$D' = \frac{V_0}{V_0'} \times 100\% = \frac{\rho_0'}{\rho_0} \times 100\%$$

式中，D'——散粒材料的填充率，%。

如果是密实材料，如天然砂、石，上式中的 ρ_0 可用 ρ' 代替，即

$$D' \approx \frac{\rho_0'}{\rho'} \times 100\%$$

因为 ρ' 比 ρ_0 容易测定。

（2）空隙率

空隙率是指在散粒材料的自然堆积体积内，颗粒之间的空隙体积所占百分比。可按下式计算：

$$P' = \frac{V_0' - V_0}{V_0'} \times 100\% = (1 - \frac{V_0}{V_0'}) \times 100\% = (1 - \frac{\rho_0'}{\rho_0}) \times 100\% \approx (1 - \frac{\rho_0'}{\rho'}) \times 100\% = 1 - D'$$

式中，P'——散粒材料的空隙率，%。

填充率和空隙率从两个不同侧面反映材料的颗粒互相填充的疏密程度。空隙率可以作为控制混凝土骨料级配的依据。例如，沥青混凝土中矿料的空隙率过大，会使路面的

低温抗裂性降低；空隙率过小，会使路面的高温稳定性降低。因此实际中应合理控制矿料的空隙率。

　　应用实例：为了提高某沥青混凝土路面的高温稳定性，要求所选碎石的空隙率不小于 35%。已知碎石的密度为 2.65g/cm³，表观密度为 2 610kg/m³，堆积密度为 1 680kg/m³。试问该碎石的空隙率是否满足要求？其孔隙率又该如何计算呢？

　　解　空隙率：$P' = \left(1 - \dfrac{\rho'_0}{\rho_0}\right) \times 100\% = \left(1 - \dfrac{1680}{2610}\right) \times 100\% = 35.6\% > 35\%$

该碎石的空隙率满足要求。

　　由题知

$$\rho_0 = 2610\text{kg/m}^3 = 2.61\text{g/cm}^3$$

　　孔隙率：

$$P = \left(1 - \dfrac{\rho_0}{\rho}\right) \times 100\% = \left(1 - \dfrac{2.61}{2.65}\right) \times 100\% = 1.5\%$$

该碎石的孔隙率为 1.5%。

　　在建筑工程中，计算材料的用量经常用到材料的密度、表观密度和堆积密度等数据，常用材料的密度参数见表 1-1 所示。

表 1-1　几种常用建筑材料的密度、表观密度、堆积密度和孔隙率

材料名称	实际密度/(g/cm³)	表观密度/(kg/m³)	堆积密度/(kg/m³)	孔隙率/%
花岗岩	2.6~2.9	2 500~2 700	—	0.5~3
普通黏土砖	2.5~2.7	1 600~1 800		20~40
黏土空心砖	2.5~2.7	1 000~1 400		35~40
普通混凝土	2.6~2.8	2 000~2 800		5~20
轻骨料混凝土	—	800~1 900		
水泥	3.1~3.2	—	1 200~1 300	
石灰岩	2.4~2.6	1 800~2 600		5~20
砂	2.6~2.8	—	1 450~1 650	
黏土	2.5~2.7	—	1 600~1 800	
木材	1.55	400~800	—	55~75
建筑钢材	7.85	7 850		0

1.1.2　与水有关的性质

1. 亲水性与憎水性

　　材料与水接触时，根据材料表面能否被水润湿，可将其分为亲水性和憎水性两类。亲水性是指材料表面能被水润湿的性质；憎水性是指材料表面不能被水润湿的性质。

　　当材料与水在空气中接触时，将出现如图 1-3 所示的两种情况。在材料、空气、水三者的交点处，沿水滴表面作切线，切线与水和材料接触面所成的夹角称为润湿角，用 θ 表

示。当 θ 越小，表明材料越易被水润湿。一般认为，当 $\theta \leqslant 90°$ 时，如图 1-3(a) 所示，材料表面吸附水分，能被水润湿，材料表现出亲水性；当 $\theta > 90°$ 时，如图 1-3(b) 所示，材料表面不易吸附水分，不能被水润湿，材料表现出憎水性。

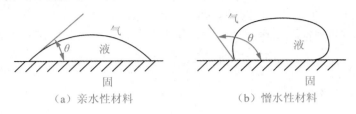

（a）亲水性材料   （b）憎水性材料

图 1-3　材料被水润湿示意图

亲水性材料易被水润湿，且水能通过毛细管作用而被吸入材料内部。憎水性材料则能阻止水分渗入毛细管中，从而降低材料的吸水性。建筑材料大多数为亲水性材料，如水泥、混凝土、砂、石、砖、木材等，只有少数材料为憎水性材料，如沥青、石蜡等。建筑工程中憎水性材料常被用作防水材料，或作为亲水性材料的覆面层，以提高其防水、防潮性能。

2. 吸水性

吸水性是指材料在水中吸收水分的性质，其大小用吸水率表示，吸水率有两种表示方法：质量吸水率和体积吸水率。

（1）质量吸水率

材料在吸水饱和时，所吸收水分的质量占材料干燥质量的百分比称为质量吸水率。可按下式计算：

$$W_{\mathrm{m}} = \frac{m_{湿} - m_{干}}{m_{干}} \times 100\%$$

式中，W_{m}——材料的质量吸水率，%；

$\quad m_{湿}$——材料在吸水饱合后的质量，g；

$\quad m_{干}$——材料在干燥状态下的质量，g。

（2）体积吸水率

材料在吸水饱和时，所吸收水分的体积占材料干燥体积的百分比称为体积吸水率。可按下式计算：

$$W_{\mathrm{V}} = \frac{m_{湿} - m_{干}}{v_0} \times \frac{1}{\rho_{\mathrm{w}}} \times 100\%$$

式中，W_{V}——材料的体积吸水率，%；

$\quad v_0$——材料在干燥自然状态下的体积，即表观体积，cm^3；

$\quad \rho_{\mathrm{w}}$——水的密度，在常温下取 $\rho_{\mathrm{w}} = 1\mathrm{g/cm}^3$。

从上式可以看出，材料的体积吸水率 W_{V} 即等于开口孔隙率 P_{k}。

材料吸水率的大小，与材料的孔隙率和孔隙特征有关。一般情况下，孔隙率越大，吸水率也越大。但材料的孔隙中，封闭孔水分不易进入，粗大孔水分又不易存留，故材料的体积吸水率常小于孔隙率，这类材料常用质量吸水率表示其吸水性；对于某些轻质材料，如泡沫塑料、木材等，由于其质量吸水率往往超过 100%，一般采用体积吸水率表示其吸水性。

材料吸水率增大对材料的基本性质将产生不良影响，如强度降低、体积膨胀、保温性能降低、抗冻性变差等。

应用实例：烧结普通砖的尺寸为 240mm×115mm×53mm，已知其孔隙率为 37%，干燥质量为 2487g，浸水饱和质量为 2984g。求该砖的密度、干表观密度、吸水率、开口孔隙率及闭口孔隙率。

解 密度

$$\rho = \frac{m}{v} = \frac{2487}{24 \times 11.5 \times 5.3 \times (1-37\%)} = 2.70 \text{g/cm}^3$$

干表观密度

$$\rho_0 = \frac{m}{v_0} = \frac{2.487}{0.24 \times 0.115 \times 0.053} = 1700 \text{kg/m}^3$$

质量吸水率

$$W_m = \frac{m_湿 - m_干}{m_干} \times 100\% = \frac{2\,984 - 2\,487}{2\,487} \times 100\% = 20\%$$

体积吸水率

$$W_v = \frac{m_湿 - m_干}{v_0} \times \frac{1}{\rho_w} \times 100\% = \frac{2\,984 - 2\,487}{24 \times 11.5 \times 5.3} \times \frac{1}{1.0} \times 100\%$$
$$= 34\%$$

开口孔隙率

$$P_k = W_v = 34\%$$

闭口孔隙率

$$P_B = P - P_k = 37\% - 34\% = 3\%$$

3. 吸湿性

吸湿性是指材料在潮湿的空气中吸收水分的性质，其大小用含水率表示。

含水率是指材料在自然状态下，所含水分的质量占材料干燥质量的百分比。可按下式计算：

$$W_含 = \frac{m_含 - m_干}{m_干} \times 100\%$$

式中，$W_含$——材料的含水率，%；

$m_含$——材料在含水时的质量，g；

$m_干$——材料在干燥状态下的质量，g。

材料的吸湿性在工程中有较大的影响。例如，木材由于吸水，容易产生湿胀变形；由于水分发散，容易产生翘曲开裂。石灰、石膏、水泥等由于吸湿性强容易造成材料失效。保温材料吸湿后，保温隔热性能会大幅下降。

材料吸湿性的大小，取决于材料本身的组织结构和化学成分。同时，含水率的大小还与周围空气的相对湿度和温度有关。相对湿度越高、温度越低时材料的含水率越大。

4. 耐水性

耐水性是指材料长期在饱和水的作用下不被破坏，强度也不显著降低的性质，其大小用软化系数表示，可按下式计算：

$$k_{软} = \frac{f_{饱}}{f_{干}}$$

式中，$k_{软}$——材料的软化系数；

$f_{饱}$——材料在饱和水状态下的抗压强度，MPa；

$f_{干}$——材料在干燥状态下的抗压强度，MPa。

软化系数的大小反映材料在浸水饱和后强度降低的程度。材料被水浸湿后，强度会有所下降，因此软化系数在 0～1 之间。对于经常受水浸泡或处于潮湿环境中的重要结构，应选择 $k_{软}$ 在 0.85～0.9 之间的材料；对于受潮较轻或次要结构的材料，$k_{软}$ 也不宜小于 0.70～0.85。

应用实例：普通黏土砖进行抗压试验，浸水饱和后的抗压强度为 13.3MPa，干燥状态下的抗压强度为 15.0MPa，问此砖能否用于受潮严重的重要结构？

解 软化系数

$$k_{软} = \frac{f_{饱}}{f_{干}} = \frac{13.3}{15} = 0.89 > 0.85$$

因此该砖可用于受潮严重的重要结构。

5. 抗渗性

抗渗性是指材料抵抗水、油等液体压力渗透的性质。

地下建筑及水工建筑物，因常受到压力水的作用，所以要求材料具有一定的抗渗性。对于防水材料则要求具有更高的抗渗性。

材料的抗渗性与孔隙率和孔隙特征有关，封闭孔隙且孔隙率小的材料抗渗性好，连通孔隙且孔隙率大的材料抗渗性差。

建筑工程中大量使用的砂浆、混凝土等材料，其抗渗性用抗渗等级 PN 表示，如 P6、P8、P10、P12 等，分别表示材料可抵抗 0.6MPa、0.8MPa、1.0MPa、1.2MPa 的水压力而不渗水。抗渗等级越大，抗渗性越好。

6. 抗冻性

抗冻性是指材料在吸水饱和状态下，能经受多次冻融循环作用而不破坏，强度也不严重降低的性质。

材料的抗冻性用抗冻等级 FN 表示，有 F10、F15、F25、F50、F100 等级别。如 F25 代表材料经过 −15℃冻结，+20℃下融化，如此冻融循环 25 次后，材料尚未严重破坏，即质量损失不大于 5%、强度损失不大于 25%，裂缝开展不超限。

对于季节性冰冻地区的建筑，如我国的北方，由于交替受到冻融作用，尤其是冬季气温达到 $-15℃$ 的地区，一定要对使用的材料进行抗冻性试验。

1.1.3 与热有关的性质

1. 导热性

导热性是指材料能传导热量的性质，其大小用导热系数 λ 表示。

导热系数是指厚度为 1m 的材料，当两侧的温度差为 1K 时，在 1h 内通过 $1m^2$ 面积的热量，可按下式计算：

$$\lambda = \frac{Q \cdot a}{A \cdot Z \cdot (t_2 - t_1)}$$

式中，λ——材料的导热系数，$W/(m \cdot K)$；

$\qquad Q$——传导的热量，J；

$\qquad a$——材料的厚度，m；

$\qquad A$——材料的传热面积，m^2；

$\qquad Z$——传热时间，h；

$\qquad t_2 - t_1$——材料两侧的温差，K。

材料导热性与孔隙率、孔隙特征等因素有关。孔隙率大的材料，内部空气较多，由于密闭空气的导热系数很小 $[\lambda_{空气} = 0.023W/(m \cdot K)]$，其导热性较差而保温性能良好。但如果孔隙粗大，空气容易形成对流，材料的导热性反而会增大，因此保温材料内部的孔隙多为闭口孔隙。

材料受潮后，水分进入孔隙，水的导热系数 $[\lambda_水 = 0.58W/(m \cdot K)]$ 是空气的导热系数的 20 多倍，从而使材料的导热性大幅增加；材料若受冻，水结成冰，冰的导热系数 $[\lambda_冰 = 2.20W/(m \cdot K)]$ 是水的导热系数的 4 倍左右，材料的导热性将进一步增大，因此保温材料运输、保管、使用过程中必须注意防潮。

建筑物要求具有良好的保温隔热性能。常用材料的导热系数见表 1-2。

表 1-2 几种材料的热工性质指标

材料	导热系数/[$W/(m \cdot K)$]	比热容/[$J/(kg \cdot K)$]
钢材	58	0.48
花岗岩	3.49	0.92
混凝土	1.51	0.84
烧结普通砖	0.81	0.88
松木	0.17~0.35	2.72
泡沫塑料	0.035	1.30
冰	2.20	2.05
水	0.58	4.19
密闭空气	0.023	1.00
铜材	370	0.38

2. 热容量

热容量是指材料在温度升高时吸收热量或温度降低时放出热量的性质，其大小用比热容表示。比热是指单位质量的材料，温度每升高 1K 或降低 1K 时所吸收或放出的热量，可按下式计算：

$$c = \frac{Q}{m \cdot (t_2 - t_1)}$$

式中，c——材料的比热，J/(kg·K)；

Q——材料吸收或放出的热量，J；

m——材料的质量，kg；

$t_2 - t_1$——材料加热或冷却前后的温差，K。

比热的大小直接反映出材料吸热或放热能力的大小。比热大的材料，可以在热流变动或采暖设备供热不均匀时，缓和室内的温度波动。常用材料的比热见表 1-2。

对于采暖或供冷的建筑，采用导热系数小、比热大的材料，可起到节约能源的效果。

1.2 材料的力学性质

1.2.1 强度

材料在外力作用下抵抗破坏的能力称为强度。材料在建筑物上所受的外力，主要有压力、拉力、剪力和弯曲等。材料抵抗这些外力破坏的能力，分别称为抗压强度、抗拉强度、抗剪强度和抗弯强度。材料受力作用示意图及计算公式见表 1-3。

材料的强度与其组成、结构构造有关。材料的组成相同，结构不同，强度也不相同。材料的孔隙率越大，则强度越小。材料的强度还与试验条件有关，如试件的尺寸、形状、表面状态和含水率，加荷速度、试验环境的温度、试验设备的精确度以及试验操作人员的技术水平等。在测定材料强度时，必须严格按照国家规定的各种材料强度的标准试验方法进行。材料可根据其强度值的大小划分为若干标号或等级。

表 1-3　材料受力示意图及计算公式

强度类别	计算公式	材料受力示意图	附注
抗压强度	$f = \dfrac{F}{A}$		f—抗压强度 F—破坏荷载 A—受力面积

强度类别	计算公式	材料受力示意图	附注
抗拉强度	$f=\dfrac{F}{A}$		f—抗拉强度 F—破坏荷载 A—受力面积
抗剪强度	$f=\dfrac{F}{A}$		f—抗剪强度 F—破坏荷载 A—受力面积
抗弯强度（抗折强度）	$f_{\mathrm{f}}=\dfrac{3Fl}{2bh^{2}}$		f_{f}—抗弯强度 F—破坏荷载 l—试件两支点间的距离 b—试件截面的宽度 h—试件截面的高度

　　应用实例：对蒸压灰砂砖试样进行抗压和抗折试验，试件尺寸如图 1-4 所示。测得最大抗压破坏荷载为 207 kN，最大抗折荷载为 3040N，试求该砖的抗压强度和抗折强度分别为多少？

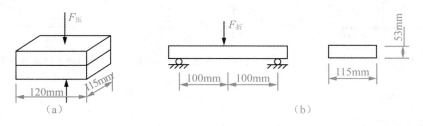

图 1-4

　　解　抗压强度

$$f=\frac{F}{A}=\frac{207\times1\,000}{115\times120}=15\mathrm{MPa}$$

抗折强度

$$f_{\mathrm{f}}=\frac{3Fl}{2bh^{2}}=\frac{3\times3040\times200}{2\times115\times53^{2}}=2.8\ \mathrm{MPa}$$

1.2.2 弹性与塑性

材料在外力作用下产生变形，当取消外力后，能够完全恢复原来形状的性质称为弹性。能够完全恢复的变形称为弹性变形，见图1-5。

弹性变形的大小与其所受外力的大小成正比，这时的比例系数 E 称为弹性模量。材料在弹性变形范围内，E 为常数，其计算公式为：

$$E = \frac{\sigma}{\varepsilon} = 常数$$

式中，σ——材料所受的应力，MPa；

$\quad\quad\varepsilon$——在应力作用下的应变。

弹性模量 E 是反映材料抵抗变形能力的指标，E 值越大，表明材料的刚度越大，则材料在外力作用下抵抗弹性变形的能力就越大。例如，低碳钢的弹性模量 E 为 2.1×10^4 MPa，而普通混凝土弹性模量 E 为 $(1.45 \sim 3.60) \times 10^4$ MPa。

材料在外力作用下产生变形，当取消外力后，仍保持变形后的形状和尺寸，并且不产生裂缝的性质称为塑性。这种不能恢复的变形称为塑性变形。

在建筑材料中，没有纯弹性的材料。一部分材料在受力不大的情况下，只产生弹性变形，当外力超过一定限度后，便产生塑性变形，如低碳钢，见图1-6。有的材料如混凝土在受力时，弹性变形和塑性变形同时产生，当取消外力后，弹性变形恢复，而塑性变形不能恢复，这种材料称为弹塑性材料。这种变形称为弹塑性变形，见图1-7。

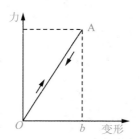

图1-5 材料的弹性变形

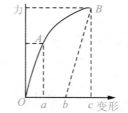

图1-6 材料的弹性与塑性变形

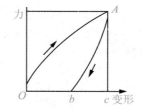

图1-7 材料的弹塑性变形

1.2.3 韧性与脆性

材料受力时，发生较大变形不断裂的性质称为韧性。具有这种性质的材料称为韧性材料。如钢材、木材、塑料、橡胶等。

材料受力时，在没有明显变形的情况下突然断裂的性质称为脆性。具有这种性质的材料称为脆性材料。如生铁、混凝土、砖、石、玻璃、陶瓷等。一般来说，脆性材料的抗压强度较高，而抗拉强度较低。

1.2.4 硬度与耐磨性

材料抵抗外物压入的性质称为硬度。可用刻痕法（能否刻出痕迹）、压痕法（硬物压入的深浅)等方法测定。

材料抵抗外物磨损的性质称为耐磨性。硬度大、强度高的材料,其耐磨性好。用于路面、地面、桥面、阶梯等部位的材料,都要求使用耐磨性好的材料。

1.3　材料的耐久性

材料在使用过程中抵抗周围各种介质的侵蚀而不被破坏,也不易失去其原有性能的性质称作耐久性。

材料在使用过程中,受到以下几个方面的破坏作用:

物理作用包括材料的干湿变化、温度变化及冻融变化等。这些变化将使材料发生体积胀缩,长期或反复作用会使材料逐渐破坏。

化学作用包括酸、碱、盐等物质的水溶液和有害气体的侵蚀作用,以及日光、紫外线等对材料的作用。

生物作用是指虫、菌的作用,导致材料由于虫蛀、腐朽而破坏。

机械作用包括荷载持续作用,交变荷载对材料引起的疲劳、冲击、磨损等。

因此,耐久性是材料的一项综合性质,包括材料的抗冻性、抗渗性、抗化学侵蚀性、抗碳化性、抗风化性、大气稳定性及耐磨性等。

提高材料的耐久性,对节约建筑材料、保证建筑物长期正常使用,减少维修费用、延长建筑物使用寿命等,具有重要意义。为提高材料的耐久性,应根据材料的特点和所处环境采取相应措施,通常可以从以下几方面考虑:

1)设法减轻大气或其他介质对材料的破坏作用,如降低温度、排除侵蚀性介质等。

2)提高材料本身的密实度,改变材料的孔隙构造。如混凝土在施工中加强浇筑和振捣可提高混凝土的密实度。

3)适当改变成分,提高材料的大气稳定性。如在沥青中加入 SBS 改性剂可提高沥青的大气稳定性,延缓沥青的老化。

4)在材料表面设置保护层,如抹灰、做饰面、刷涂料等。

思考练习

(1)何谓材料的密度、视密度、表观密度和堆积密度?如何计算?

(2)何谓材料的密实度和孔隙率?两者有什么关系?

(3)材料的孔隙率和空隙率有何不同?各如何计算?

(4)建筑材料的亲水性和憎水性在建筑工程中有何实际意义?

(5)材料的质量吸水率和体积吸水率有何不同?什么情况下采用体积吸水率?什么情况下采用质量吸水率?

(6)何谓材料的吸湿性、吸水性、耐水性、抗冻性和抗渗性?各用什么指标表示?

(7)何谓材料的强度?根据外力作用方式不同,各种强度如何计算?单位如何表示?

(8)材料的孔隙率和孔隙特征会对材料的哪些性质产生影响?如何影响?

(9)弹性材料和塑性材料有什么区别？

(10)脆性材料和韧性材料有什么区别？

(11)为什么保温材料在运输、保管和使用中必须注意防潮？

(12)何谓材料的耐久性？耐久性包括哪些内容？如何提高材料的耐久性？

实训练习

(1)某一块材料，干燥状态下的质量为115g，自然状态下的体积为44cm^3，绝对密实状态下的体积为37 cm^3，试计算其密度、表观密度、密实度和孔隙率。

(2)某一混凝土的配合比中，需要干砂680 kg，干石子1 263 kg。已知现有砂子的含水率为4%，石子的含水率为1%，试计算需称取湿砂和湿石子各多少？砂石带入的水共是多少？

(3)用直径为12mm的钢筋做拉伸试验，测得破坏时的拉力为42.5kN，求此钢筋的抗拉强度。

(4)评价材料热工性能常用指标有哪几个？欲保持建筑物内温度的稳定并减少损失，应选择什么样的建筑材料？

(5)破碎的岩石试样，经烘干后称量质量为482g，将它放入盛有水的量筒中，经一昼夜后，水平面由452 cm上升至630cm，取出试样称量质量为487g。试求岩石的视密度、表观密度和吸水率。

(6)烧结普通砖进行抗压试验，测得浸水饱和后的破坏荷载为185kN，干燥状态下的破坏荷载为207kN（受压面积为115mm×120mm），问此砖的饱水抗压强度和干燥抗压强度各为多少？是否适用于常与水接触的工程结构物？

第 2 章

石灰 石膏 水玻璃

◎ 学 习 目 标

1. 了解工程中常用的石灰的生产和成分。
2. 掌握石灰的特性和应用。
3. 了解工程中常用的建筑石膏的生产和成分。
4. 掌握建筑石膏的特性和应用。
5. 了解水玻璃的有关知识。

我们粉刷墙壁时通常用石灰掺加纸筋、麻刀、纤维素等纤维材料配制成腻子打底。在重新粉刷墙壁之前，先要将涂料层和打底的腻子层铲除。铲除前，先用水润湿墙壁，待粉刷层完全润透后，腻子层就会软化，很容易用灰刀将其铲除。而腻子层下面的水泥砂浆抹灰层，即使用再多的水去润湿，也不会软化。该例中，石灰是气硬性胶凝材料，而水泥是水硬性胶凝材料。

能将散粒状材料（如砂、石等）或块状材料（如砖、石块等）胶结凝固成整体的材料，称为胶凝材料。胶凝材料按化学成分可分为无机胶凝材料和有机胶凝材料两类。无机胶凝材料按其硬化条件可分为气硬性胶凝材料和水硬性胶凝材料。

气硬性胶凝材料只能在空气中凝结、硬化，并继续保持和发展其强度，如石灰、石膏等；水硬性胶凝材料既能在空气中凝结硬化，又能在水中硬化，并继续保持和发展其强度，如各种水泥。因此，气硬性胶凝材料一般只适用于干燥环境，不宜用于潮湿环境；水硬性胶凝材料既适用于地上，也适用于地下或水中。

2.1 石 灰

石灰是人类在建筑中最早使用的胶凝材料之一。生产石灰的原料分布广泛，生产工艺简单，成本低廉，在土木工程中一直得到广泛应用。

2.1.1 石灰的原料及生产

1. 石灰的原料

生产石灰的主要原料是以碳酸钙为主要成分的天然岩石，常用的有石灰石、白云石等，这些天然原料中常含有少量的碳酸镁和黏土杂质，一般要求黏土杂质控制在 8% 以内。

除了天然原料外，石灰的另一来源是利用化学工业副产品。如用电石（碳化硅）制取乙炔时的电石渣，其主要成分是氢氧化钙，即消石灰。

2. 石灰的生产

石灰石经煅烧后，碳酸钙分解成氧化钙，少量的碳酸镁分解成氧化镁，其化学反应式如下：

$$CaCO_3 \xrightarrow{900℃} CaO + CO_2 \uparrow$$

$$MgCO_3 \xrightarrow{600℃} MgO + CO_2 \uparrow$$

正常温度下煅烧得到的石灰具有多孔结构，内部孔隙率大，晶粒细小，表观密度小，与水作用速度快。实际生产中，若煅烧温度过低，煅烧时间不足，则不能完全分解，将生成欠火石灰。使用欠火石灰时，产浆量较低，质量较差，降低了石灰的利用率。若煅烧温度过高，煅烧时间过长，将生成颜色较深、表观密度较大的过火石灰。过火石灰遇水后熟化缓慢（有的需几天，甚至十几天），如熟化不彻底，待石灰硬化后，过火颗粒才开始熟化，体积膨胀，使石灰浆体鼓泡、崩裂，危害工程质量。

石灰原料中少量的碳酸镁分解成氧化镁（MgO）。当 MgO 含量≤5%时，称为钙质生石灰，当 MgO 含量＞5%时，称为镁质生石灰。

2.1.2　石灰的熟化及硬化

1. 石灰的熟化

石灰的熟化又称"消化"或"消解"，是生石灰（CaO）与水作用生成熟石灰的[Ca(OH)₂]过程，即：

$$CaO + H_2O = Ca(OH)_2 + 64.9kJ$$

石灰熟化为放热反应，熟化时体积膨胀 1～2.5 倍。

为避免过火石灰在使用后危害工程质量，在使用前必须使其熟化或将其去除。常采用的方法是在熟化过程中首先将较大尺寸的过火石灰块利用筛网等去除（同时也可除去较大的欠火石灰块，以改善石灰质量），之后让石灰浆在储灰池中陈伏两周以上，使较小的过火石灰块熟化。陈伏期间，石灰浆表面应留有一层水，以隔绝空气，避免石灰碳化。

2. 石灰的硬化

石灰在空气中的硬化包括两个同时进行的过程。

（1）结晶作用

游离水分蒸发，氢氧化钙晶体逐渐从饱和溶液中结晶析出，形成晶体结构网，从而具有一定强度。由于自然界水分蒸发缓慢，因此结晶作用较缓慢。

（2）碳化作用

氢氧化钙与空气中的二氧化碳和水作用，生成不溶于水的 $CaCO_3$ 晶体，析出的水分逐渐被蒸发，使石灰浆体强度提高的过程称为碳化。由于空气中 CO_2 的浓度极低，因此碳化过程极为缓慢。

2.1.3　石灰的技术要求

建筑中常使用的建筑生石灰、建筑生石灰粉和建筑消石灰粉的技术指标分别见表 2-1、表 2-2 和表 2-3。

表 2-1　建筑生石灰技术指标(摘自 JC/T479—1992)

项　目	钙质生石灰			镁质生石灰		
	优等品	一等品	合格品	优等品	一等品	合格品
CaO＋MgO 含量/%≥	90	85	80	85	80	75
CO_2 含量/%≤	5	7	9	6	8	10
未消化残渣含量(5mm 圆孔筛筛余)/%≤	5	10	15	5	10	15
产浆量/(L/kg)≥	2.8	2.3	2.0	2.8	2.3	2.0

表 2-2　建筑生石灰粉技术指标(摘自 JC/T480—1992)

项　目		钙质生石灰粉			镁质生石灰粉		
		优等品	一等品	合格品	优等品	一等品	合格品
CaO＋MgO 含量/%≥		85	80	75	80	75	70
CO_2 含量/%≤		7	9	11	8	10	12
细度	0.9mm 筛筛余/%≤	0.2	0.5	1.5	0.2	0.5	1.5
	0.125mm 筛筛余/%≤	7.0	12.0	18.0	7.0	12.0	18.0

表 2-3　建筑消石灰粉技术指标(摘自 JC/T481—1992)

项目		钙质消石灰粉			镁质消石灰粉			白云石消石灰粉		
		优等品	一等品	合格品	优等品	一等品	合格品	优等品	一等品	合格品
CaO＋MgO 含量/%≥		70	65	60	65	60	55	65	60	55
游离水/%		0.4～2								
体积安定性		合格	合格	—	合格	合格	—	合格	合格	—
细度	0.9mm 筛筛余/%≤	0	0	0.5	0	0	0.5	0	0	0.5
	0.125mm 筛筛余/%≤	3	10	15	3	10	15	3	10	15

2.1.4　石灰的性质及应用

1. 石灰的性质

(1)良好的保水性和可塑性

石灰熟化为石灰浆时，生成的氢氧化钙颗粒极细，其表面吸附一层较厚的水膜，因而具有良好的保水性和可塑性。建筑上常用水泥石灰混合砂浆就是这个原因。

（2）凝结硬化慢、强度低

由于石灰的结晶作用和碳化作用缓慢，因此石灰的凝结硬化慢。石灰强度较低，体积比为1:3的石灰砂浆，其28d抗压强度为0.2～0.5MPa。

（3）硬化后体积收缩大

硬化后大量游离水分蒸发，产生显著的体积收缩变形，导致表面开裂。因此，除调成石灰乳外，石灰浆不得单独使用，必须掺入填充材料，如掺入砂子配成砂浆使用，可以减少石灰浆的收缩量；掺入纸筋、麻刀、纤维素等纤维材料制成灰浆使用，可以避免石灰浆体产生收缩裂纹。

（4）吸湿性强，耐水性差

生石灰存放时间过长，会吸收空气中的水分而熟化，因此吸湿性强，传统的干燥剂常采用这类材料。生石灰水化后的主要成分氢氧化钙能溶于水，因此不宜用于潮湿环境中。

（5）放热量大，腐蚀性强

生石灰熟化时会放出大量的热量，因此在储存和运输生石灰时，应注意将生石灰与易燃、易爆物品分开保管，以免引起火灾或爆炸。由于熟化过程中生成的$Ca(OH)_2$腐蚀性较强，因此施工中工人应加强劳动保护。

2. 石灰的应用

（1）拌制各种砂浆和灰浆

石灰大量用于配制各种砂浆（如石灰砂浆、水泥石灰混合砂浆）和各种灰浆（如纸筋灰、麻刀灰等），供砌筑和抹灰用。将石灰膏稀释成石灰乳，可用于粉刷室内墙面和顶棚。

（2）掺配灰土和三合土

由于在夯实条件下，石灰能与黏土中少量的活性SiO_2和活性Al_2O_3结合成水硬性的硅酸钙和铝酸钙，因而用石灰与黏土可配制成3:7灰土或2:8灰土，或与黏土、炉渣一起配制成三合土，经过适量加水、拌和、铺筑和夯实，可以用于较干燥地基上的基础垫层或基础、室内地面的垫层、道路垫层和临时性的地坪、路面等。

（3）生产硅酸盐制品

以石灰和硅质材料（如石英砂、粉煤灰、炉渣等）为主要原料，经磨细、配料、拌和、成型、蒸汽或压蒸养护，可制作灰砂砖、粉煤灰砖、粉煤灰砌块、多孔混凝土砌块等硅酸盐制品。

（4）生产碳化石灰板

碳化石灰板是将磨细的生石灰、纤维状填料（如玻璃纤维等）或轻质骨料（如矿渣等）经搅拌、成型，然后人工碳化而成的一种轻质板材。这种板材能锯、刨、钉，适宜做非承重内墙板、顶棚等。

（5）配制无熟料水泥

将具有一定活性的混合材料，按适当比例与石灰配合，经共同磨细，可得到水硬性的胶凝材料，即为无熟料水泥。

2.1.5　石灰的贮运

生石灰吸湿性强，因此石灰在运输贮存过程中应采取防水措施，分类分等存放于干燥仓库内，并且不宜长期存放。已经熟化并脱水硬化的石灰不得在工程中使用。

2.2　石　膏

2.2.1　石膏的原料及生产

1. 石膏的原料

（1）天然二水石膏

天然二水石膏（即天然石膏矿，又称生石膏）的主要成分为含两个结晶水的硫酸钙（$CaSO_4 \cdot 2H_2O$）。

（2）工业副产石膏和化学石膏

烟气脱硫石膏，采用石灰或石灰石湿法脱除烟气中二氧化硫时产生的，以二水硫酸钙为主要成分的副产品。

硫石膏，采用磷矿石为原料，湿法制取磷酸时所得的，以二水硫酸钙为主要成分的副产品。此外，还有硼石膏、钛石膏等。

2. 石膏的生产

石膏的生产通常是将二水石膏在不同压力和温度下煅烧，再经磨细制得。同一原料，煅烧条件不同，得到的石膏品种不同，其结构和性质也不同。

（1）建筑石膏和模型石膏

建筑石膏是将天然二水石膏加热到温度为 $65 \sim 75℃$ 时，天然二水石膏开始脱水，至 $107℃ \sim 170℃$ 时，生成 β 型半水石膏，其反应式为：

$$CaSO_4 \cdot 2H_2O \xrightarrow{107\sim170℃} CaSO_4 \cdot \frac{1}{2}H_2O + 1\frac{1}{2}H_2O$$

将 β 型半水石膏磨细得到的白色粉末称为建筑石膏，也称熟石膏。若在上述条件下煅烧一等或二等的半水石膏，然后磨得更细些，这种 β 型半水石膏称为模型石膏，杂质含量少，可制作各种模型和雕塑。

采用天然石膏制取的称为天然建筑石膏；采用工业副产石膏和化学石膏制取的称为工业副产建筑石膏（N），如脱硫建筑石膏（S）和磷建筑石膏（P）。

（2）高强度石膏

以高品位的天然二水石膏在 0.13MPa、124℃ 的压蒸锅内蒸炼磨细后得到的产品。生

成的为晶体粗大的 α 型半水石膏，称为高强度石膏。由于高强度石膏晶体粗大，比表面积小，调成可塑性浆体时需水量为 35%～45%，只是建筑石膏需求量的 1/2，因此硬化后具有较高的密实度和强度。高强度石膏可用于室内抹灰，制作装饰制品和石膏板。若掺入防水剂可制成高强度防水石膏，用于潮湿环境。

2.2.2　建筑石膏的凝结硬化

建筑石膏与适量的水拌和后，最初成为可塑性浆体，但很快就失去塑性产生强度，逐渐发展成坚硬的固体，这种现象称为凝结硬化。这是由于半水石膏遇水后，浆体内部发生了一系列物理化学变化，重新水化成二水石膏，放出热量的缘故。反应式如下：

$$CaSO_4 \cdot \frac{1}{2}H_2O + 1\frac{1}{2}H_2O \rightarrow CaSO_4 \cdot 2H_2O$$

2.2.3　建筑石膏的技术要求

纯净的建筑石膏为白色粉末，密度为 $2.60～2.75g/cm^3$，堆积密度为 $800～1\,000kg/m^3$。《建筑石膏》(GB9776－2008)规定：建筑石膏组成中半水硫酸钙的含量(质量分数)不应小于 60.0%；按照其强度、细度、凝结时间分为三个等级，见表 2-4。

表 2-4　建筑石膏物理力学性能(摘自 GB9776－2008)

等级	细度(0.2mm 方孔筛筛余)/%	凝结时间/min		2h 强度/MPa	
		初凝	终凝	抗折	抗压
3.0				≥3.0	≥6.0
2.0	≤10	≥3	≤30	≥2.0	≥4.0
1.6				≥1.5	≥3.0

2.2.4　建筑石膏的性质及应用

1.　建筑石膏的性质

(1)凝结硬化快

建筑石膏加水后 6min 可达到初凝，30min 可达到终凝。为方便施工，常掺入硼砂、动物胶等缓凝剂，以延长凝结时间。

(2)硬化过程中体积微膨胀

建筑石膏硬化过程中体积膨胀 0.5%～1%，所以石膏制品表面光滑细腻，形体饱满，装饰性好。由于具有微膨胀性，建筑石膏可以单独使用而不需要掺入任何骨料。

(3)孔隙率大

建筑石膏晶体较细，与水反应时的理论需水量为 18.6%，但在使用时，为了使浆体具有一定的可塑性，往往要加入 60%～80% 的水。这些多余的水蒸发留下许多孔隙，其孔隙率达 50%～60%，所以导热系数小，属于轻质保温材料，且吸声性好。由于孔隙率大，故强度低。

（4）吸湿性强

建筑石膏硬化后具有很强的吸湿性，因此可调节室内湿度。但在潮湿环境中，由于水分的进入，强度显著降低，软化系数只有 $0.2\sim0.3$，是不耐水材料。若吸水后受冻，会因孔隙水结冰膨胀而崩裂。

（5）防火性好

石膏制品遇火时，二水石膏中的结晶水蒸发，形成蒸汽带，可阻止火势的蔓延。

（6）具有良好的可加工性能

建筑石膏硬化后，具有可锯、可刨、可钉等优良的可加工性，这为石膏类材料在安装施工中提供了很大的方便。

2. 建筑石膏的应用

（1）室内抹灰及粉刷

建筑石膏加水、砂拌和成石膏砂浆，可用于室内抹灰。抹灰后的墙面光滑、细腻、洁白、美观。建筑石膏加水及缓凝剂，拌和成石膏浆体，可作为室内的粉刷涂料。

（2）用作油漆、涂料打底用腻子的原料

（3）制作石膏板

石膏板具有质量轻、保温隔热、吸声、防火、调湿、尺寸稳定、施工速度快、成本低等优良性能，在建筑及装饰工程中得到广泛应用，是一种很有发展前途的建筑材料。

（4）制作建筑装饰石膏制品

建筑石膏若配以纤维增强材料、黏结剂等还可制成石膏角线、线板、角花、灯圈、罗马柱、雕塑等艺术装饰石膏制品。

2.2.5　建筑石膏的贮运

建筑石膏在贮运过程中，应防止受潮及混入杂物。不同等级的石膏应分别贮运，不得混杂。一般贮存期为三个月，超过三个月，强度将降低 30% 左右。超过贮存期的石膏应重新进行质量检验，以确定其等级。

2.3　水玻璃

水玻璃俗称泡花碱，由碱金属氧化物和二氧化硅组成，属可溶性的硅酸盐类。其化学式为 $R_2O \cdot nSiO_2$，式中 R_2O 为碱金属氧化物；n 为二氧化硅和 R_2O 分子的比值（即 $n=SiO_2/R_2O$），也称为水玻璃模数。n 值越大，则水玻璃黏度越大，黏结力越大，但越难溶于水。同一模数的液体水玻璃，浓度越大，黏结力越大。建筑工程中常用的水玻璃模数为 $2.6\sim2.8$，密度为 $1.36\sim1.50\text{g/cm}^3$。

根据碱金属氧化物的不同，水玻璃有硅酸钠水玻璃（$Na_2O \cdot nSiO_2$）、硅酸钾水玻璃（$K_2O \cdot nSiO_2$）、硅酸锂水玻璃（$Li_2O \cdot nSiO_2$）等品种。由于钾、锂等金属盐类价格较贵，相应的水玻璃生产较少，最常用的为硅酸钠水玻璃。

根据水玻璃模数的不同，又分为碱性水玻璃（$n<3$）和中性水玻璃（$n\geqslant3$）。实际上中性水玻璃和碱性水玻璃都呈明显的碱性反应。

2.3.1 水玻璃的技术性质

1. 黏结力强

水玻璃硬化后具有较高的黏结强度、抗拉强度和抗压强度。另外，水玻璃硬化析出的硅酸凝胶还有堵塞毛细孔隙而防止水分渗透的作用。

2. 耐酸性好

硬化后的水玻璃，其主要成分是 SiO_2，所以它能抵抗大多数无机酸和有机酸的侵蚀，尤其是在强氧化性酸中仍有堵塞毛细孔隙而防止水分渗透的作用。

3. 耐热性好

水玻璃硬化后形成 SiO_2 空间网状骨架，在高温下强度并不降低，甚至有所增加。因此具有优异的耐热性。

2.3.2 水玻璃的应用

1. 涂刷材料表面

直接将液体水玻璃涂刷在建筑物表面，能够填充材料的孔隙，提高密实度、强度和耐久性。

2. 加固土壤

用水玻璃和氯化钙溶液交替灌入地基土壤内，可固结土壤，提高地基的承载力。

3. 配制耐酸材料

水玻璃具有较强的耐酸性，除了少数如氢氟酸外，几乎对所有酸有较高的化学稳定性。与耐酸粉料、粗细骨料一起，配制耐酸胶泥、耐酸砂浆和耐酸混凝土等。

4. 配制耐热材料、耐火材料

水玻璃硬化后具有良好的耐热性，可与耐热骨料一起配制耐热砂浆、耐热混凝土。

思考练习

(1) 什么是胶凝材料？气硬性胶凝材料与水硬性胶凝材料有什么区别？

(2) 现场使用的石灰有哪些品种？各自的成分是什么？

（3）过火石灰有什么危害？如何避免这种危害？

（4）石灰的特性有哪些？有何用途？

（5）建筑石膏的成分是什么？它是用什么成分的原料烧制的？加水调制凝结硬化后的成分又是什么？

（6）建筑石膏的特性是什么？有何用途？

（7）水玻璃有什么特性？有何用途？

实训练习

（1）某建筑物内墙面使用石灰砂浆，经一段时间后发生以下情况：1）墙面出现开花和麻点（俗称爆花墙）；2）墙面出现不规则裂纹。试分析其原因。

（2）石灰作为气硬性胶凝材料，为什么由它配制的灰土或三合土却可用于基础垫层、道路的基层等潮湿部位？

（3）工地现存一种白色粉末状建筑材料，请你用简易方法辨认出是熟石灰、生石灰粉抑或建筑石膏？

（4）石灰熟化成石灰浆使用时，一般应在储灰坑中"陈伏"两星期以上，为什么？

（5）为什么说建筑石膏是一种很好的内装修材料，而不适用于室外？

第 3 章

水 泥

学习目标

1. 了解通用硅酸盐水泥的主要原料。
2. 掌握通用硅酸盐水泥的特性和应用。
3. 熟悉专用水泥和特性水泥的性质和应用。
4. 掌握通用硅酸盐水泥的验收和保管。

水泥是粉状的无机水硬性胶凝材料，加水拌成水泥浆后，能把砂、石等材料牢固黏结在一起，组成混凝土、砂浆等重要材料，广泛用于建筑、铁路、公路、水利、国防建设等工程。

水泥的品种很多。按主要水硬性矿物熟料成分可分为硅酸盐系水泥、铝酸盐系水泥、硫铝酸盐系水泥、铁铝酸盐系水泥、磷酸盐系水泥等。本教材只介绍硅酸盐系水泥。

水泥按性能和用途可划分为通用水泥、专用水泥和特性水泥。

通用水泥是用于一般土建工程的水泥，包括硅酸盐水泥、普通硅酸盐水泥、矿渣硅酸盐水泥、火山灰硅酸盐水泥、粉煤灰硅酸盐水泥和复合硅酸盐水泥等。

专用水泥是为满足工程要求而生产的专门用于某种工程的水泥，如道路水泥和砌筑水泥等。

特性水泥是具有某种突出性能的水泥，如快硬水泥、抗硫酸盐水泥、膨胀水泥、中热硅酸盐水泥和低热硅酸盐水泥等。

3.1 通用硅酸盐水泥的主要原料

根据《通用硅酸盐水泥》(GB175—2007)的规定，以硅酸盐水泥熟料和适量石膏、规定的混合材料制成的水硬性胶凝材料，称为通用硅酸盐水泥。通用硅酸盐水泥按混合材料的品种和数量分为硅酸盐水泥、普通硅酸盐水泥、矿渣硅酸盐水泥、火山灰硅酸盐水泥、粉煤灰硅酸盐水泥和复合硅酸盐水泥。

3.1.1 硅酸盐水泥熟料

所谓硅酸盐水泥熟料，是指由主要含有 CaO、SiO_2、Al_2O_3、Fe_2O_3 的原料，按适当比例磨成细粉，烧至部分熔融所得到的以硅酸钙为主要矿物成分的水硬性胶凝材料。其中硅酸钙含量不少于 66%，氧化钙和氧化硅质量比不小于 2.0。

1. 原料及生产

生产硅酸盐水泥的原料，主要为石灰质原料和黏土质原料两类。石灰质原料主要提供 CaO，它可以采用石灰石、白垩、泥灰岩等。黏土质原料主要提供 SiO_2 和 Al_2O_3 以及少量的 Fe_2O_3，它可以采用黏土、黏土质页岩、黄土等。如果原料中 SiO_2 或 Fe_2O_3 含量不足，可掺加适量的铁矿粉或硅藻土等加以弥补。

目前硅酸盐水泥的生产工艺概括起来，可称作"两磨一烧"，其主要工艺流程如图 3-1 所示。

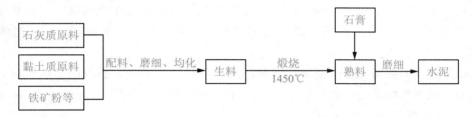

图 3-1 硅酸盐水泥生产工艺流程图

2. 熟料矿物及特性

水泥生料在煅烧过程中，分解成 CaO 与 SiO_2、Al_2O_3、Fe_2O_3。随着温度升高，CaO 与 SiO_2、Al_2O_3、Fe_2O_3 相结合，形成以下熟料矿物：硅酸三钙（$3CaO \cdot SiO_2$，简写 C_3S）、硅酸二钙（$2CaO \cdot SiO_2$，简写 C_2S）、铝酸三钙（$3CaO \cdot Al_2O_3$，简写 C_3A）、铁铝酸四钙（$4CaO \cdot Al_2O_3 \cdot Fe_2O_3$，简写 C_4AF）。上述四种矿物中硅酸钙（包括 C_3S、C_2S）是主要的。硅酸盐水泥熟料矿物与水作用时的性质见表 3-1。

表 3-1 硅酸盐水泥熟料矿物与水作用时的性质

矿物名称	简写	含量/%	强度	水化速度	水化放热量	耐化学侵蚀	干缩性
$3CaO \cdot SiO_2$	C_3S	37～60	高	快	大	中	中
$2CaO \cdot SiO_2$	C_2S	15～37	早期低，后期高	慢	小	良	小
$3CaO \cdot Al_2O_3$	C_3A	7～15	低	最快	最大	差	大
$4CaO \cdot Al_2O_3 \cdot Fe_2O_3$	C_4AF	10～18	低	快	中	优	小

除上述四种主要矿物组成外，还有少量的游离氧化钙（$f-CaO$）、游离氧化镁（$f-MgO$）、三氧化硫（SO_3）和碱（K_2O、Na_2O）等，其总含量一般不超过水泥质量的 10%，它们都会对水泥的性能产生不利影响。

3. 水化物

水泥加水后，熟料矿物与水发生水化反应，生成一系列新的化合物，主要有：水化硅酸钙凝胶、水化铁酸钙凝胶、氢氧化钙晶体、水化铝酸钙晶体和水化硫铝酸钙晶体。

这些水化产物将直接影响硬化后水泥石的一系列特性。

4. 凝结及硬化

水泥加水拌和后，水泥颗粒表面开始与水发生化学反应，逐渐形成水化物膜层，随着水泥反应的持续进行，水化物增多、膜层增厚，并互相接触连接，形成疏松的空间网络。此时，水泥浆体就失去流动性和部分可塑性，但还未具有强度，此即"初凝"。随着水化作用不断深入和加速进行，生成较多的凝胶体和晶体水化物，且互相贯穿使网络结构不断加强，最终使浆体完全失去可塑性，并具有一定的强度，此即"终凝"。以后，水化反应进一步进行，水化物也随时间的延续而增加，且不断充实毛细孔，水泥浆体网络结构更趋致密，强度大为提高并逐渐变成坚硬岩石状固体——水泥石，这一过程称为"硬化"。

从硅酸盐水泥熟料的单矿物水化及凝结硬化特性不难看出，熟料的矿物组成直接影响着水泥水化与凝结硬化，除此以外，水泥的凝结硬化还与下列因素有关。

（1）水泥细度

水泥颗粒越细，与水反应的表面积越大，水化作用的发展就越迅速而充分，并使凝结硬化的速度加快，且早期强度大；但颗粒越细的水泥，硬化时产生的收缩亦越大，而且磨制水泥能耗多、成本高。一般认为，水泥颗粒小于 $40\mu m$ 才具有较高的活性，大于 $100\mu m$ 活性就很小了。

（2）石膏掺量

石膏的掺入可延缓水泥中 C_3A 的凝结速率。但有实验表明，当水泥中石膏掺入量（以 SO_3 计）小于 1.3% 时，并不能阻止水泥快凝；而在掺入量（以 SO_3 计）大于 2.5% 时，水泥的凝结时间的增长很少。

（3）水泥浆的水灰比

拌和水泥浆时，水与水泥的质量比称为水灰比（w/c）。为使水泥浆具有一定塑性和流动性，加入的水量通常要大大超过水泥充分水化时所需的水量，多余的水在硬化的水泥石内形成毛细孔隙。w/c 越大，硬化水泥石的毛细孔隙率越大，水泥石的强度随其增加而呈直线下降。

（4）温度与湿度

在保证湿度的前提下，在一定范围内，温度越高，水化速度越快，凝结硬化越快，强度增长也越快，反之则慢。如水泥石在完全干燥的情况下，水化就无法进行，此时硬化停止、强度不再增长。所以，混凝土构件浇筑后应加强洒水养护。当温度低于 0℃ 时，水泥的水化基本停止。因此，冬期施工时，需要采取保温措施，以保证水泥凝结硬化正常进行。

（5）龄期

水泥的水化反应是从颗粒表面逐渐深入到内层的。开始进行较快，以后由于水泥颗粒表层生成了凝胶膜，水分渗入越来越困难，所以水化作用就越来越慢。实践证实，完成水泥水化、水解全过程，需要几年、几十年的时间。一般水泥在开始的 3～7d 内，水化速度快，所以强度增长较快。大致 28d 可以完成水泥水化这个过程的基本部分，以后显著减慢，强度增长也极为缓慢。

5. 水泥石

（1）水泥石的组成

水泥浆体凝结硬化后，即形成坚硬的岩石状物质——水泥石。水泥石是由晶体、胶体、未完全水化的水泥颗粒、游离水分和气孔等组成的不均质结构体。水泥石内部各成分所占比例，将直接影响水泥石的强度及其他性质。

（2）水泥石的腐蚀及防止

硅酸盐水泥硬化后，水泥石在正常的环境条件下具有较好的耐久性，但在某些腐蚀性介质存在时会逐渐遭受腐蚀，使结构变得疏松，强度下降，甚至破坏或崩溃，这种现象称为水泥石的腐蚀。水泥石腐蚀的类型主要有以下几种。

1）软水侵蚀。蒸馏水、冷凝水、雨水、雪水以及含重碳酸盐甚少的河水及湖水均属软水。水泥石中的氢氧化钙易溶于水，尤其易溶解于软水，水越纯净（如蒸馏水），其溶解度越大。氢氧化钙的溶出，使水泥石中的氢氧化钙浓度降低，当低于其水化物赖以稳定存在的极限浓度时，将促使这些水化物的分解和溶出，从而引起水泥石结构破坏，强度降低。流动的或有压力的软水，对水泥石所产生的破坏更为严重。

2）酸类腐蚀。

①一般酸性腐蚀。水中所含有的酸性物质，都能与水泥石中的氢氧化钙发生反应，生成的钙盐或易溶于水，或在水泥石孔隙内形成结晶体或体积膨胀，由此而产生的破坏作用，为一般酸性腐蚀。

例如：盐酸与水泥石中的氢氧化钙反应：

$$Ca(OH)_2 + 2HCl = CaCl_2 + 2H_2O$$

生成的氯化钙极易溶于水，从而破坏了水泥石的结构。

又如：硫酸与水泥石中的氢氧化钙作用：

$$Ca(OH)_2 + H_2SO_4 = CaSO_4 \cdot 2H_2O$$

生成的石膏在水泥石孔隙内形成结晶，体积膨胀使水泥石破坏。

②碳酸性腐蚀。工业污水及地下水中，常溶解较多的二氧化碳，这样的水会对水泥形成侵蚀作用。因为二氧化碳与氢氧化钙反应后生成碳酸钙，而碳酸钙又与二氧化碳反应生成极易溶于水的碳酸氢钙：

$$Ca(OH)_2 + CO_2 + H_2O = CaCO_3 + 2H_2O$$

$$CaCO_3 + CO_2 + H_2O \Leftrightarrow Ca(HCO_3)_2$$

后者为可逆反应，由于生成的碳酸氢钙易溶于水，在流动的水中被水冲走后，上述化学平衡遭到破坏，反应便向右继续进行。如此，氢氧化钙将连续与二氧化碳反应，不断流失，水泥石中的石灰浓度进一步降低，从而发生破坏。

3)盐类腐蚀。

①硫酸盐腐蚀。水中含有的硫酸盐类，对水泥形成膨胀性腐蚀。海水中含硫酸盐最多，如硫酸钙、硫酸镁、硫酸钠等，它们都易与水泥石中的氢氧化钙起置换反应，生成二水石膏。二水石膏在水泥石孔隙中结晶，形成膨胀性破坏；二水石膏与水泥石中的水化铝酸钙反应，生成体积膨胀的水化硫铝酸钙针状结晶，常称为水泥杆菌。它的形状比原固态的水化铝酸钙体积增大1.5倍以上，使水泥石膨胀开裂以致破坏。

②镁盐腐蚀。在海水、地下水中常含有大量镁盐，主要是硫酸镁和氯化镁。它们与水泥石中的氢氧化钙反应生成易溶于水的新化合物：

$$MgSO_4 + Ca(OH)_2 + 2H_2O = CaSO_4 \cdot 2H_2O + Mg(OH)_2$$
$$MgCl_2 + Ca(OH)_2 = CaCl_2 + Mg(OH)_2$$

反应产物氢氧化镁的溶解度极小，极易从溶液中析出而使反应不断向右进行，氯化钙和硫酸钙易溶于水，尤其是硫酸钙会继续产生硫酸盐腐蚀。因此，硫酸镁对水泥石的破坏极大，起着双重腐蚀的作用。

4)强碱腐蚀。通常，碱溶液对水泥是无害的，因为水泥水化物中的氢氧化钙本身就是碱性化合物，但是当碱溶液浓度太高时，也会对水泥产生腐蚀作用。

从以上对侵蚀的分析可以看出，水泥石被腐蚀的基本内因：一是水泥石中存在有易被腐蚀的组分，如氢氧化钙与水化铝酸钙；二是水泥石本身不致密，有很多毛细孔通道，侵蚀介质易进入其内部。因此，针对具体情况可采取下列措施防止水泥石的腐蚀：

①在水泥石结构物表面设置防护层，如沥青防水层、塑料防水层等；

②提高水泥结构物的密实度以减少腐蚀水的渗透作用；

③根据工程所处环境，合理选择水泥品种等。

3.1.2 石膏

在水泥生产过程中，为了调节水泥的凝结时间，应在水泥中加入适量石膏作缓凝剂，如天然二水石膏（$CaSO_4 \cdot 2H_2O$，代号G）、硬石膏（$CaSO_4$，代号A）以及混合石膏（代号M）或工业副产品石膏（以硫酸钙为主要成分的工业副产品，如磷石膏、钛石膏、氟石膏、盐石膏等）。

3.1.3 混合材料

为了改善水泥的某些性质、调节水泥强度等级、提高产量、增加品种、扩大水泥使用范围、降低水泥成本、综合利用工业废料以及节约能耗，可在硅酸盐水泥熟料中掺入一定数量的矿物质材料，即混合材料。

1. 活性混合材料

具有火山灰性或潜在水硬性，以及兼有火山灰性和水硬性的矿物材料，称为活性混合材料。其中火山灰性是指材料本身不具有水硬性，但磨成细粉与气硬性石灰混合，加水拌和后，在常温下能在潮湿空气中和水中硬化并形成稳定化合物的性质。常用活性混合材料有：

（1）粒化高炉矿渣、粒化高炉矿渣粉

粒化高炉矿渣（也称水淬矿渣）是高炉冶炼生铁时所得以硅酸钙与铝酸钙为主要成分的熔融物，经淬冷成粒后的产品。将符合要求的粒化高炉矿渣经干燥、粉磨（或添少量石膏粉磨），达到相当细度且符合活性指数的粉体，称粒化高炉矿渣粉，简称矿渣粉。磨细的粒化高炉矿渣当遇到石膏和水泥水化生成的氢氧化钙时，能激发其潜在水硬性，使其呈现硬化现象。

（2）火山灰质混合材料

火山灰质混合材料是具有火山灰性的天然或人工的以 CaO、Al_2O_3 为主要化学成分的矿物质材料。其品种很多，天然的有火山灰、凝灰岩、浮石、硅藻土等，人工的有煤矸石、烧黏土、烧页岩、煤渣等。

（3）粉煤灰

粉煤灰是从火力发电厂煤粉烟道中收集的粉末，以 SiO_2、Al_2O_3 为主要成分，含有少量氧化钙，具有火山灰性。

2. 非活性混合材料

非活性混合材料是在水泥中主要起填充作用而又不损害水泥性能的矿物质材料。主要用作调节水泥强度等级、增加产量。常用的有磨细石英砂、慢冷矿渣、石灰石及黏土等。

3. 窑灰

窑灰是从水泥回转窑窑尾废气中收集的粉尘。窑灰的性能介于活性混合材料和非活性混合材料之间。其主要成分为氧化钙，其次为 SiO_2、Al_2O_3 等。

3.2　硅酸盐水泥和普通硅酸盐水泥

3.2.1　概念

1. 硅酸盐水泥

由硅酸盐水泥熟料、0～5％石灰石或粒化高炉矿渣、适量石膏磨细制成的水硬性胶凝材料，称为硅酸盐水泥（即国外通称的波特兰水泥）。硅酸盐水泥分两种类型，不掺加混合材料的称Ⅰ型硅酸盐水泥，代号 P·Ⅰ。在硅酸盐水泥粉磨时掺加不超过水泥质量5％石灰石或粒化高炉矿渣混合材料的称Ⅱ型硅酸盐水泥，代号 P·Ⅱ。

2. 普通硅酸盐水泥

由硅酸盐水泥熟料、6%～15%混合材料、适量石膏磨细制成的水硬性胶凝材料，称为普通硅酸盐水泥，简称普通水泥，代号P·O。活性混合材料掺加量为>5%且≤20%，其中允许用不超过水泥质量8%且符合相关标准的非活性混合材料，或不超过水泥质量5%且符合相关标准的窑灰代替。

3.2.2　技术要求

1. 化学指标

硅酸盐水泥和普通硅酸盐水泥的化学指标见表3-2。

表3-2　通用硅酸盐水泥化学指标(%)(摘自 GB175—2007)

品种	代号	不溶物（质量分数）	烧失量（质量分数）	三氧化硫（质量分数）	氧化镁（质量分数）	氯离子（质量分数）
硅酸盐水泥	P·Ⅰ	≤0.75	≤3.0	≤3.5	≤5.0ᵃ	≤0.06ᶜ
	P·Ⅱ	≤1.50	≤3.5			
普通硅酸盐水泥	P·O	—	≤5.0			
矿渣硅酸盐水泥	P·S·A	—	—	≤4.0	≤6.0ᵇ	
	P·S·B	—	—		—	
火山灰质硅酸盐水泥	P·P	—	—	≤3.5	≤6.0ᵇ	
粉煤灰硅酸盐水泥	P·F	—	—			
复合硅酸盐水泥	P·C	—	—			

a. 如果水泥压蒸试验合格，则水泥中氧化镁的含量(质量分数)允许放宽至6.0%。

b. 如果水泥中氧化镁的含量(质量分数)大于6.0%，需进行水泥压蒸安定性试验并合格。

c. 当有更低要求时，该指标由双方确定。

2. 物理指标

（1）强度

水泥强度等级按规定龄期的抗压强度和抗折强度来划分，各强度等级水泥的各龄期强度不得低于表3-3规定的数值。

表 3-3　硅酸盐水泥和普通硅酸盐水泥各龄期强度(摘自 GB175－2007)

品种	强度等级	抗压强度/MPa		抗折强度/MPa	
		3d	28d	3d	28d
硅酸盐水泥	42.5	≥17.0	≥42.5	≥3.5	≥6.5
	42.5R	≥22.0		≥4.0	
	52.5	≥23.0	≥52.5	≥4.0	≥7.0
	52.5R	≥27.0		≥5.0	
	62.5	≥28.0	≥62.5	≥5.0	≥8.0
	62.5R	≥32.0		≥5.5	
普通硅酸盐水泥	42.5	≥17.0	≥42.5	≥3.5	≥6.5
	42.5R	≥22.0		≥4.0	
	52.5	≥23.0	≥52.5	≥4.0	≥7.0
	52.5R	≥27.0		≥5.0	

注：表中 R 代表早强型水泥。

(2)凝结时间

凝结时间是指水泥从加水拌和起至失去流动性，即从可塑性发展到固体状态所需的时间，分为初凝时间和终凝时间。

初凝时间是水泥从加水拌和起至水泥浆开始失去可塑性所需的时间；终凝时间是从水泥加水拌和起至水泥浆完全失去可塑性所需的时间。水泥的初凝时间不宜过早，以便施工时有足够的时间，保证施工工艺的需要(如混凝土搅拌、运输和浇捣所需的时间)；水泥的终凝时间不宜过迟，以免影响水泥硬化后的性质和拖延工期，影响工程进度。国家标准《通用硅酸盐水泥》(GB175－2007)规定，硅酸盐水泥初凝时间不早于 45min，终凝时间不迟于 390min；普通硅酸盐水泥初凝时间不早于 45min，终凝时间不迟于 600min。

(3)水泥的体积安定性

水泥的体积安定性是指水泥浆体硬化后，体积变化的稳定性。水泥体积安定性不良，会使结构产生膨胀性裂缝，甚至破坏。其主要原因是水泥熟料中含有过量的有害成分，如游离氧化钙($f-CaO$)，游离氧化镁($f-MgO$)或掺入过量的石膏等。安定性不良的水泥严禁用于工程中。国家标准《通用硅酸盐水泥》(GB175－2007)规定，硅酸盐水泥和普通硅酸盐水泥用沸煮法检验，安定性必须合格。

3. 选择性指标

(1)细度

细度是指水泥颗粒的粗细程度。同样成分同样质量的水泥，颗粒越细，其总表面积越大，水化速度越快，水化作用越充分，因此水泥的早期强度较高。但颗粒过细，硬化时体积收缩较大，易产生裂缝。同时粉磨过程中能耗大，会使水泥成本提高。所以应合理控制水泥细度。国家标准《通用硅酸盐水泥》(GB175-2007)规定，硅酸盐水泥和普通硅酸盐水泥的细度用比表面积(即单位质量水泥颗粒的总表面积，m^2/kg)表示，其比表面积不小于 $300m^2/kg$。

（2）碱含量

水泥中的碱含量按 $Na_2O+0.658K_2O$ 计算值表示。若使用活性骨料，用户要求低碱水泥时，水泥中的碱含量不得大于 0.60% 或由供需双方商定。

3.2.3 性质及应用

1. 强度高

主要用于重要结构的高强度等级的混凝土。

2. 快硬早强

适用于早期强度要求高的、需要尽快拆模的、冬期施工的混凝土工程和预应力混凝土工程。

3. 耐冻性好

适用于寒冷地区和严寒地区遭受反复冻融作用的工程。

4. 水化热大

适用于冬期施工的混凝土工程，但不适用于大体积工程或厚大结构的工程。

5. 耐腐蚀性较差

不适用于经常受流动淡水冲刷及有压水作用的工程，也不适用于其他受腐蚀介质作用的工程。

6. 耐热性差

当受热到 $250\sim300℃$ 时，由于水化物脱水收缩，强度开始下降；$400\sim600℃$ 时强度明显下降；$700\sim1\,000℃$ 时完全破坏。因此，不适用于长期受 $200℃$ 以上高温作用的工程。

7. 抗碳化性能好

水泥石中的 $Ca(OH)_2$ 的含量较多，不容易被空气中的 CO_2 完全碳化，能保持一定的碱度，对钢筋提供良好的碱性保护，故适用于 CO_2 浓度较高的工程。

8. 干缩小、耐磨性好

可用于干燥环境和路面、地面等工程。

3.3 　掺大量混合材料的通用硅酸盐水泥

3.3.1　概念

1. 矿渣硅酸盐水泥

由硅酸盐水泥熟料、粒化高炉矿渣和适量石膏磨细制成的水硬性胶凝材料，称为矿渣硅酸盐水泥，简称矿渣水泥，代号 P·S。水泥中粒化高炉矿渣掺加量按质量分数计为＞20％且≤70％，并分为 A 型和 B 型。A 型矿渣掺量＞20％且≤50％，代号为 P.S.A；B 型矿渣掺量＞50％且≤70％，代号为 P.S.B。

2. 火山灰质硅酸盐水泥

由硅酸盐水泥熟料、火山灰质混合材料和适量石膏磨细制成的水硬性胶凝材料，称为火山灰质硅酸盐水泥，简称火山灰水泥，代号 P·P。水泥中火山灰质混合材料掺加量按质量分数计为＞20％且≤40％。

3. 粉煤灰硅酸盐水泥

由硅酸盐水泥熟料、粉煤灰和适量石膏磨细制成的水泥，称为粉煤灰硅酸盐水泥，简称粉煤灰水泥，代号 P·F。水泥中粉煤灰掺加量按质量分数计为＞20％且≤40％。

4. 复合硅酸盐水泥

由硅酸盐水泥熟料、两种或两种以上规定的混合材料和适量石膏磨细制成的水泥，称为复合硅酸盐水泥，简称复合水泥，代号 P·C。水泥中混合材料的掺加量按质量分数计为＞20％且≤50％。

3.3.2　技术要求

1. 化学指标

矿渣硅酸盐水泥、火山灰硅酸盐水泥、粉煤灰硅酸盐水泥、复合硅酸盐水泥化学指标见表 3-2。

2. 物理指标

（1）强度

水泥强度等级按规定龄期的抗压强度和抗折强度来划分，各强度等级水泥的各龄期强度不得低于表 3-4 规定的数值。

表 3-4　矿渣硅酸盐水泥、火山灰硅酸盐水泥、粉煤灰硅酸盐水泥、复合硅酸盐水泥各龄期强度（摘自 GB175－2007）

品种	强度等级	抗压强度/MPa		抗折强度/MPa	
		3d	28d	3d	28d
矿渣硅酸盐水泥 火山灰硅酸盐水泥 粉煤灰硅酸盐水泥 复合硅酸盐水泥	32.5	≥10.0	≥32.5	≥2.5	≥5.5
	32.5R	≥15.0		≥3.5	
	42.5	≥15.0	≥42.5	≥3.5	≥6.5
	42.5R	≥19.0		≥4.0	
	52.5	≥21.0	≥52.5	≥4.0	≥7.0
	52.5R	≥23.0		≥4.5	

（2）凝结时间

初凝时间不早于 45min，终凝时间不迟于 600min。

（3）水泥的体积安定性

用沸煮法检验必须合格。

3. 选择性指标

（1）碱含量

矿渣硅酸盐水泥碱含量同硅酸盐水泥。

（2）细度

国家标准《通用硅酸盐水泥》（GB175－2007）规定：矿渣硅酸盐水泥、火山灰硅酸盐水泥、粉煤灰硅酸盐水泥、复合硅酸盐水泥的细度以标准筛的筛余百分率表示（即筛余物的质量占试样总质量的百分比），其 $80\mu m$ 方孔筛筛余不得大于 10％ 或 $45\mu m$ 方孔筛筛余不得大于 30％。

3.3.3　性质与应用

这四种水泥掺入了较多的活性混合材料，它们的性质大同小异。又因水泥中 C_3S、C_3A 的含量相对减少，且由于熟料矿物水化产生的 $Ca(OH)_2$ 再与活性混合材料发生缓慢的二次反应，因而与硅酸盐水泥、普通水泥相比，具有一些相反的特性。

1. 四种水泥共同的性质

（1）早期强度低，后期强度发展较快

这四种水泥不适用于有早强要求的工程。

（2）水化热低

主要放热矿物 C_3S、C_3A 少，二次反应缓慢，放热量小，适用于大体积混凝土工程。

（3）抗腐蚀性强

由于 $Ca(OH)_2$ 被活性混合材料吸收转化，水泥石中 $Ca(OH)_2$ 含量很少，大大增强了水泥石对淡水、酸类的抗腐蚀能力。故这四种水泥适用于受淡水冲刷、酸类腐蚀的环境。

矿渣水泥由于 C_3A 成分少，抗硫酸盐腐蚀的性能较好。火山灰水泥和粉煤灰水泥，其抗硫酸盐腐蚀性能会随所掺混合材料中 Al_2O_3 的含量而有所不同。一般火山灰水泥的抗硫酸盐腐蚀性能较差，应用时要合理选择。

（4）温度、湿度敏感性强

这四种水泥适合于蒸汽养护。

（5）抗冻性差

这四种水泥不适合用于受冻融作用的工程。

（6）抗碳化能力差

这四种水泥不宜用于 CO_2 浓度较高的环境。

2. 特性

矿渣水泥、火山灰水泥、粉煤灰水泥、复合水泥有以上共同的性质，但因混合材料的掺量和品种不同也各有特性。

（1）矿渣水泥

耐热性好，由于粒化高炉矿渣是一种耐热材料，故矿渣水泥耐热性好，可耐 700℃ 高温，可以用于热工炉窑的基础等工程。

（2）火山灰水泥

保水性好、泌水性小、抗渗性好，可以优先用于抗渗工程。但在干燥环境中干缩性大，易形成干缩裂纹，表面容易起粉，因此不宜用于干燥环境和有耐磨要求的工程。

（3）粉煤灰水泥

粉煤灰水泥干缩性小，抗裂性好。因此适宜用于有抗裂要求的工程。

（4）复合水泥

复合水泥同火山灰水泥。

表 3-5 为常用水泥的特性。

表 3-5　常用水泥的特性

品种	硅酸盐水泥	普通水泥	矿渣水泥	火山灰水泥	粉煤灰水泥	复合水泥
主要特性	①凝结硬化快 ②早期强度高 ③水化热大 ④抗冻性好 ⑤干缩性小 ⑥耐蚀性差 ⑦耐热性差	①凝结硬化较快 ②早期强度较高 ③水化热较大 ④抗冻性较好 ⑤干缩性较小 ⑥耐蚀性较差 ⑦耐热性较差	①凝结硬化慢 ②早期强度低，后期强度增长较快 ③水化热较低 ④抗冻性差 ⑤干缩性大 ⑥耐蚀性较好 ⑦耐热性好 ⑧泌水性大	①凝结硬化慢 ②早期强度低，后期强度增长较快 ③水化热较低 ④抗冻性差 ⑤干缩性大 ⑥耐蚀性较好 ⑦耐热性较好 ⑧抗渗性较好	①凝结硬化慢 ②早期强度低，后期强度增长较快 ③水化热较低 ④抗冻性差 ⑤干缩性较小抗裂性较好 ⑥耐蚀性较好 ⑦耐热性较好	与所掺两种或两种以上混合材料的种类、掺量有关，其特性基本与矿渣水泥、火山灰水泥、粉煤灰水泥的特性相似

3.4 专用硅酸盐水泥和特性硅酸盐水泥

3.4.1 专用硅酸盐水泥

1. 砌筑水泥

凡由一种或一种以上的水泥混合材料，加入适量硅酸盐水泥熟料和石膏，经磨细制成的工作性较好的水硬性胶凝材料，称为砌筑水泥，代号 M。

水泥中混合材料掺加量按质量分数计应大于 50%，允许掺入适量的石灰石或窑灰。

砌筑水泥分为 12.5 和 22.5 两个强度等级。

(1)砌筑水泥的技术要求如下。

1)强度：水泥强度等级按规定龄期的抗压强度和抗折强度来划分，各强度等级水泥各龄期强度不得低于表 3-6 规定的数值。

表 3-6 砌筑水泥各龄期强度(摘自 GB/T3183—2003)

水泥等级	抗压强度/MPa		抗折强度/MPa	
	7d	28d	7d	28d
12.5	7.0	12.5	1.5	3.0
22.5	10.0	22.5	2.0	4.0

2)三氧化硫：应不大于 4.0%。

3)细度：80μm 方孔筛筛余不大于 10%。

4)凝结时间：初凝时间不早于 60min，终凝时间不迟于 12h。

5)安定性：用沸煮法检验必须合格。

6)保水率：应不低于 80%。

(2)性质和用途

砌筑水泥强度等级较低，硬化慢，工作性好，主要用于配制砌筑和抹面砂浆、垫层混凝土等，不应用于结构混凝土。

2. 白色硅酸盐水泥

由氧化铁含量少的硅酸盐水泥熟料、适量石膏和 0~10% 石灰石或窑灰，磨细制成的水硬性胶凝材料，称为白色硅酸盐水泥(简称白水泥)，代号 P·W。

白水泥分为 32.5、42.5 和 52.5 三个强度等级。

(1)白水泥的技术要求

1)强度：水泥强度等级按规定龄期的抗压强度和抗折强度来划分，各强度等级水泥各龄期强度不得低于表 3-7 规定的数值。

表 3-7 白色硅酸盐水泥各龄期强度(摘自 GB/T2015－2005)

强度等级	抗压强度/MPa		抗折强度/MPa	
	3d	28d	3d	28d
32.5	12.0	32.5	3.0	6.0
42.5	17.0	42.5	3.5	6.5
52.5	22.0	52.5	4.0	7.0

2)三氧化硫:应不超过 3.5%。

3)细度:$80\mu m$ 方孔筛筛余不超过 10%。

4)凝结时间:初凝时间不早于 45min,终凝时间不迟于 10h。

5)安定性:用沸煮法检验必须合格。

6)水泥白度:水泥白度值应不低于 87。

(2)性质和用途

白水泥早期强度较高,水化放热量较大,主要用于建筑装饰工程,配制白色和彩色灰浆、砂浆及混凝土等。

3. 道路硅酸盐水泥

由道路硅酸盐水泥熟料,适量石膏,0～10%的活性混合材料,磨细制成的水硬性胶凝材料,称为道路硅酸盐水泥(简称道路水泥),代号 P·R。

道路硅酸盐水泥熟料中,铝酸三钙($3CaO·Al_2O_3$)的含量应不超过 5.0%,铁铝酸四钙($4CaO·Al_2O_3·Fe_2O_3$)的含量应不低于 16.0%,游离氧化钙的含量,旋窑生产应不大于 1.0%,立窑生产应不大于 1.8%。

道路水泥分为 32.5、42.5 和 52.5 三个强度等级。

(1)道路水泥的技术要求

1)强度:水泥强度等级按规定龄期的抗压强度和抗折强度来划分,各强度等级水泥各龄期强度不得低于表 3-8 规定的数值。

表 3-8 道路硅酸盐水泥各龄期强度(摘自 GB13693－2005)

强度等级	抗折强度/MPa		抗压强度/MPa	
	3d	28d	3d	28d
32.5	3.5	6.5	16.0	32.5
42.5	4.0	7.0	21.0	42.5
52.5	5.0	7.5	26.0	52.5

2)氧化镁:应不大于 5.0%。

3)三氧化硫:应不超过 3.5%。

4)烧失量:应不大于 3.0%。

5）比表面积：为 $300 \sim 450 m^2/kg$。

6）凝结时间：初凝时间不早于 1.5h，终凝时间不迟于 10h。

7）安定性：用沸煮法检验必须合格。

8）干缩率：28d 干缩率应不大于 0.10%。

9）耐磨性：28d 磨耗量应不大于 $3.00kg/m^2$。

10）碱含量：碱含量由供需双方商定。若使用活性骨料，用户要求低碱水泥时，水泥中的碱含量不得大于 0.60%。碱含量按 $\omega(Na_2O) + 0.658\omega(K_2O)$ 计算值表示。

（2）性质和用途

从表 3-8 可以看出，道路水泥的抗折强度比同等级的硅酸盐水泥的抗折强度高。道路水泥的高强度，可提高其耐磨性和抗冻性；道路水泥的高抗折强度，可使板状的混凝土路面在承受车轮之间荷载时，具有更高的抗弯强度。

在道路水泥的技术要求中，对初凝时间的规定较长（1.5h），这是考虑混凝土的运输、浇筑需较长的时间。

道路水泥主要用于道路路面和对耐磨、抗干缩等性能要求较高的其他工程中。

3.4.2 特性硅酸盐水泥

1. 抗硫酸盐硅酸盐水泥

抗硫酸盐硅酸盐水泥按其抗硫酸盐性能分为中抗硫酸盐硅酸盐水泥和高抗硫酸盐硅酸盐水泥两类。

中抗硫酸盐硅酸盐水泥：以特定矿物组成的硅酸盐水泥熟料，加入适量石膏，磨细制成的具有抵抗中等浓度硫酸根离子侵蚀的水硬性胶凝材料，称为中抗硫酸盐硅酸盐水泥。简称中抗水泥，代号 P·MSR。

高抗硫酸盐硅酸盐水泥：以特定矿物组成的硅酸盐水泥熟料，加入适量石膏，磨细制成的具有抵抗较高浓度硫酸根离子侵蚀的水硬性胶凝材料，称为高抗硫酸盐硅酸盐水泥。简称高抗水泥，代号 P·HSR。

中抗硫酸盐硅酸盐水泥和高抗硫酸盐硅酸盐水泥强度等级分别为 32.5 和 42.5。

（1）技术要求

1）强度：水泥强度等级按规定龄期的抗压强度和抗折强度来划分，各强度等级水泥各龄期强度不得低于表 3-9 规定的数值。

表 3-9　抗硫酸盐硅酸盐水泥（摘自 GB748－2005）

分类	强度等级	抗压强度/MPa		抗折强度/MPa	
		3d	28d	3d	28d
中抗硫酸盐水泥	32.5	10.0	32.5	2.5	6.0
高抗硫酸盐水泥	42.5	15.0	42.5	3.0	6.5

2）烧失量：应不大于 3.0%。

3）氧化镁：应不大于 5.0%。如果水泥经过压蒸安定性试验合格，则水泥中氧化镁的含量允许放宽到 6.0%。

4）三氧化硫：应不超过 2.5%。

5）不溶物：应不大于 1.5%。

6）比表面积：应不小于 280m²/kg。

7）凝结时间：初凝时间不早于 45min，终凝时间不迟于 10h。

8）安定性：用沸煮法检验必须合格。

9）硅酸三钙和铝酸三钙

水泥中的硅酸三钙和铝酸三钙的含量应符合表 3-10 的规定。

表 3-10　水泥中硅酸三钙和铝酸三钙的含量（质量分数）　　　单位:%

分类	硅酸三钙含量	铝酸三钙含量
中抗硫酸盐水泥	≤55.0	≤5.0
高抗硫酸盐水泥	≤50.0	≤3.0

10）碱含量：碱含量由供需双方商定。若使用活性骨料，用户要求低碱水泥时，水泥中的碱含量按 $\omega(Na_2O)+0.658\omega(K_2O)$ 计算不得大于 0.60%。

11）抗硫酸盐性

中抗硫酸盐水泥 14d 线膨胀率应不大于 0.060%；高抗硫酸盐水泥 14d 线膨胀率应不大于 0.040%。

（2）性质和用途

抗硫酸盐硅酸盐水泥能够抵抗一定浓度硫酸根离子的侵蚀，适用于一般受硫酸盐侵蚀的海港、水利、地下隧道、涵洞、引水、道路和桥梁基础等工程。

2. 明矾石膨胀水泥

以硅酸盐水泥熟料为主，铝质熟料、石膏和粒化高炉矿渣（或粉煤灰），按适当比例磨细制成的，具有膨胀性能的水硬性胶凝材料，称为明矾石膨胀水泥，代号 A·EC。

铝质熟料是指经一定温度煅烧后，具有活性，Al_2O_3 含量在 25% 以上的材料。

明矾石膨胀水泥分为 32.5、42.5、52.5 三个等级。

（1）技术要求

1）强度：水泥强度等级按规定龄期的抗压强度和抗折强度来划分，各强度等级水泥各龄期强度不得低于表 3-11 规定的数值。

表 3-11　明矾石膨胀水泥各龄期强度（摘自 JC/T311—2004）

强度等级	抗压强度/MPa			抗折强度/MPa		
	3d	7d	28d	3d	7d	28d
32.5	13.0	21.0	32.5	3.0	4.0	6.0
42.5	17.0	27.0	42.5	3.5	5.0	7.5
52.5	23.0	33.0	52.5	4.0	5.5	8.5

2）三氧化硫：应不超过 8.0％。

3）比表面积：应不小于 400m²/kg。

4）凝结时间：初凝时间不早于 45min，终凝时间不迟于 6h。

5）限制膨胀率：3d 应不小于 0.015％；28d 应不大于 0.10％。

6）不透水性：三天不透水性应合格。若该水泥不用在防渗工程中可以不作透水性试验。

7）碱含量：碱含量由供需双方商定。当水泥在混凝土中和骨料可能发生有害反应并经用户提出碱要求时，明矾石膨胀水泥中的碱含量按 $R_2O(Na_2O+0.658K_2O)$ 当量计不应大于 0.60％。

（2）性质和用途

明矾石膨胀水泥具有一定的膨胀性能，主要用于补偿收缩混凝土结构，防渗抗裂混凝土工程，补强和防渗抹面工程，大口径混凝土排水管以及接缝、梁柱和管道接头，固接机器底座和地脚螺栓等。

3. 中热硅酸盐水泥、低热硅酸盐水泥、低热矿渣硅酸盐水泥

中热硅酸盐水泥：以适当成分的硅酸盐水泥熟料，加入适量石膏，磨细制成的具有中等水化热的水硬性胶凝材料，称为中热硅酸盐水泥（简称中热水泥），代号 P·MH。

低热硅酸盐水泥：以适当成分的硅酸盐水泥熟料，加入适量石膏，磨细制成的具有低水化热的水硬性胶凝材料，称为低热硅酸盐水泥（简称低热水泥），代号 P·LH。

低热矿渣硅酸盐水泥：以适当成分的硅酸盐水泥熟料，加入粒化高炉矿渣、适量石膏，磨细制成的具有低水化热的水硬性胶凝材料，称为低热矿渣硅酸盐水泥（简称低热矿渣水泥），代号 P·SLH。

中热水泥强度等级为 42.5，低热水泥强度等级为 42.5，低热矿渣水泥强度等级为 32.5。

（1）技术要求

1）强度：水泥强度等级按规定龄期的抗压强度和抗折强度来划分，各强度等级水泥各龄期强度不得低于表 3-12 规定的数值。

表 3-12　中热水泥、低热水泥、低热矿渣水泥的等级与各龄期强度（摘自 GB200－2003）

品种	强度等级	抗压强度/MPa			抗折强度/MPa		
		3d	7d	28d	3d	7d	28d
中热水泥	42.5	12.0	22.0	42.5	3.0	4.5	6.5
低热水泥	42.5	—	13.0	42.5	—	3.5	6.5
低热矿渣水泥	32.5	—	12.0	32.5	—	3.0	5.5

2）三氧化硫：应不大于 3.5％。

3）比表面积：应不低于 250m²/kg。

4）凝结时间：初凝时间不早于 60min，终凝时间不迟于 12h。

5）烧失量：中热水泥和低热水泥的烧失量应不大于 3.0％。

6）安定性：用沸煮法检验必须合格。

7）碱含量：碱含量由供需双方商定。当水泥在混凝土中和骨料可能发生有害反应并经用户提出低碱要求时，中热水泥和低热水泥中的碱含量应不超过 0.60％，低热矿渣水泥中的碱含量应不超过 1.0％，碱含量按 $Na_2O+0.658K_2O$ 计算值表示。

8）氧化镁：中热水泥和低热水泥中氧化镁的含量不宜大于 5.0％。

如果水泥经压蒸安定性试验合格，则中热水泥和低热水泥中氧化镁的含量允许放宽到 6.0％。

9）水化热：水泥的水化热允许采用直接法或溶解热法进行检验，各龄期的水化热应不大于表 3-13 数值。

表 3-13　中热水泥、低热水泥、低热矿渣水泥强度等级的各龄期水化热（摘自 GB200－2003）

品种	强度等级	水化热（kJ/kg）	
		3d	28d
中热水泥	42.5	251	293
低热水泥	42.5	230	260
低热矿渣水泥	32.5	197	230

10）低热水泥 28d 水化热：低热水泥型式检验 28d 的水化热应不大于 310kJ/kg。

（2）性质和用途

中热水泥、低热水泥、低热矿渣水泥具有水化热低，抗硫酸盐性能良好，干缩率小等特点。一般用于大体积混凝土工程，如水库大坝、大型设备基础等。

3.5　水泥的选用、验收与保管

3.5.1　水泥的选用

水泥品种的选用参照表 3-14。

表 3-14 常用水泥的选用

	混凝土工程特点及所处环境条件	优先选用	可以选用	不宜选用
普通混凝土	在一般气候环境中的混凝土	普通水泥	矿渣水泥、火山灰水泥、粉煤灰水泥、复合水泥	
	在干燥环境中的混凝土	普通水泥	矿渣水泥	火山灰水泥、粉煤灰水泥
	在高湿度环境中或长期处于水中的混凝土	矿渣水泥、火山灰水泥、粉煤灰水泥、复合水泥	普通水泥	
	厚大体积的混凝土	矿渣水泥、火山灰水泥、粉煤灰水泥、复合水泥		硅酸盐水泥
有特殊要求的混凝土	要求快硬、高强（＞C40）的混凝土	硅酸盐水泥	普通水泥	矿渣水泥、火山灰水泥、粉煤灰水泥、复合水泥
	严寒地区的露天混凝土，寒冷地区处于水位升降范围内的混凝土	普通水泥	矿渣水泥（强度等级＞32.5）	火山灰水泥、粉煤灰水泥
	严寒地区处于水位升降范围内的混凝土	普通水泥（强度等级＞42.5）		矿渣水泥、火山灰水泥、粉煤灰水泥、复合水泥
	有抗渗要求的混凝土	普通水泥 火山灰水泥		矿渣水泥
	有耐磨性要求的混凝土	硅酸盐水泥 普通水泥	矿渣水泥（强度等级＞32.5）	火山灰水泥、粉煤灰水泥
	受侵蚀性介质作用的混凝土	矿渣水泥、火山灰水泥、粉煤灰水泥、复合水泥		硅酸盐水泥

3.5.2 水泥的验收

水泥进场后，应进行验收工作。验收的主要内容如下：

1）检查、核对水泥生产厂的质量证明书。

2）检验报告。当用户需要时，生产厂应在水泥发出之日起 7 天内寄发除 28 天强度以外的各项检验结果；32 天内补报 28 天的检验结果。

3）水泥的外观验收：水泥的外观验收包括水泥包装与标志的验收、水泥品种的验收和水泥受潮情况的鉴别等几方面。

①水泥包装与标志的验收。水泥的包装和标志在国家标准中都做了明确的规定：袋装水泥在水泥袋上应清楚标明产品名称、代号、净含量、强度等级、生产许可证编号、生产者名称和地址、出厂编号、执行标准代号、包装年月日等。外包装上印刷体的颜色也做了具体规定，如硅酸盐水泥和普通水泥的印刷颜色采用红色，矿渣水泥采用绿色，火山灰水泥和粉煤灰水泥采用黑色。

散装水泥发运时应提交与袋装标志相同内容的卡片。

②水泥品种的验收。硅酸盐水泥、普通水泥和矿渣水泥的颜色为灰绿色；粉煤灰水泥的颜色为灰黑色；火山灰水泥的颜色为淡红或淡绿色。

③水泥受潮情况的鉴别。水泥中的活性矿物易与空气中的水分和二氧化碳发生水化和碳化反应，使水泥变质，这种现象称为水泥的受潮。

棚车到货的水泥，验收时应检查车内有无漏雨情况；敞车到货的水泥应检查有无受潮现象。受潮水泥应单独堆放并做好记录。观察水泥受潮现象的方法，首先应检查纸袋是否因受潮而变色、发霉，然后用手按压纸袋，凭手感判断袋内水泥是否结块。包装袋破损者应记录情况并做妥善处理，如重包装等。

散装水泥到货，应先检查罐车的密封效果，以便判断是否受潮。

4）水泥的数量验收。水泥供货分散装和袋装两种。散装水泥用专用车辆运输，以"吨"为计量单位；袋装水泥以"吨"或"袋"为计量单位，每袋水泥净含量为 50kg，且不得少于标志质量的 98％。随机抽取 20 袋总质量不得少于 1 000 kg。

5）水泥的质量验收。

①水泥检验批的确定。水泥进入施工现场的质量检验，主要根据相应产品技术标准和试验方法标准进行。试样的采集应按如下规定进行：对同一水泥厂同期出厂的同品种、同强度等级（或标号）、同一出厂编号的为一批。但散装水泥一批总量不得超过 200t；试样应具有代表性，对散装水泥，应随机从不少于 3 个车罐中，各取等量水泥；对于袋装水泥，应随机从不少于 20 袋中，各取等量水泥，将所取水泥混拌均匀后，再从中称取不少于 20kg 水泥作为检验试样；

②检验项目。对于常用硅酸盐系水泥的检验项目主要有：1）化学指标；2）凝结时间；3）安定性；4）抗折强度；5）抗压强度。

③检验结果评定。合格水泥的评定：凡化学指标、凝结时间、安定性、强度均符合国家标准规定者为合格品。

不合格水泥的评定：凡化学指标、凝结时间、安定性、强度中任一项不符合国家标准规定者为不合格品。

6）若安定性需要仲裁检验时，应在取样之日起 10 天以内完成。

应用实例：某厂生产的硅酸盐水泥质量检验报告单如表 3-15 所示，试评定该水泥质量是否合格。

表 3-15　某集团股份有限公司水泥品质检验报告单

用户名称	××县大峡水电开发有限公司		出厂编号			D3—056	
水泥品种	42.5级普通水泥		出厂日期			2010.5.27	
水　泥　品　质　指　标　检　验　结　果							
烧失量/%	Cl⁻/%	细度/%	比表面积/(m²/kg)	碱含量/%	三氧化硫/%	不溶物/%	氧化镁/%
2.16	0.012	1.2	375		2.26		1.71

安定性		凝结时间 t/min		水化热/(kJ/kg)		矿物组成/%		混合材料/%		
		初凝	终凝	3d	7d	C₃S	C₃A	名称	石灰石	
合格		1:40	3:08						粉煤灰	15.4

抗折强度 MPa	三天	1	2	3	平均	抗压强度 MPa	三天	1	2	3	4	5	6	平均
		4.4	4.5	4.6	4.5			21.3	20.6	20.6	20.6	21.3	20.6	20.8
	七天	1	2	3	平均		七天	1	2	3	4	5	6	平均

注：28d 强度另行补报。

解　质量评定：该例中使用的是 42.5 级的普通水泥，《通用硅酸盐水泥》(GB175—2007)规定：普通水泥烧失量≤5.0%，三氧化硫≤3.5%，氧化镁≤5.0%，氯离子≤0.06%(见表 3-2)，经评定，该水泥化学指标均符合要求。

普通水泥 3d 抗压强度≥17.0MPa，3d 抗折强度≥3.5MPa(见表 3-3)；初凝时间≥45min，终凝时间≤600min；安定性检验必须合格。经评定，该水泥物理指标均符合要求。

普通水泥比表面积≥300m²/kg。经评定，该水泥选择性指标也符合要求。

经以上综合评定，该水泥质量合格。

3.5.3　水泥的贮运保管

水泥的贮运保管应遵循防水防潮、分类堆放、先进先出的原则。

在水泥的储运保管中，必须注意防水防潮。运输、堆放应防雨淋，仓库内应保持干燥，防止雨露侵入，堆放应离地离墙等。

不同品种、不同强度等级、不同批号和不同进场日期的水泥，必须分类堆放并留有合理的出入通道，以使水泥能够实行先进先出的发放原则。

水泥的储存期不宜过长，以免受潮变质强度降低。储存期按出厂日期算起，通用水泥为三个月，快硬类水泥为一个月。水泥超过储存期必须重新检验，根据检验结果决定是否继续使用或降低强度等级使用。

水泥受潮程度的鉴别和处理见表 3-16。

表 3-16　水泥受潮程度的鉴别和处理

受潮情况	处理方法	使　　用
有粉块、用手可捏成粉末	将粉块压碎	经试验后，根据实际强度使用
部分结成硬块	将硬块筛除、粉块压碎	经试验后，根据实际强度使用。用于受力小的部位，强度要求不高的工程，可用于配制砂浆
大部分结成硬块	将硬块粉碎磨细	不作为水泥使用，可掺入新水泥作为混合物材料使用（掺量应小于 25%）

应用实例：某工程由于业主原因停工五个月后，现准备复工，材料员发现停工前运到工地的普通水泥部分出现了结块现象，针对该种情况，该如何处理？

解　在该例中，水泥至少出厂已五个月，普通水泥的储存期一般为三个月，因此按表 3-16 先鉴别水泥的受潮情况，并按表 3-16 的处理方法处理。

思考练习

(1)何谓通用硅酸盐水泥？通用硅酸盐水泥包括哪些品种？

(2)何谓硅酸盐水泥熟料？硅酸盐水泥熟料中有哪些主要的矿物成分？与水作用时有哪些性质？

(3)硅酸盐水泥的主要水化产物有哪些？

(4)生产水泥时为什么要掺入适量的石膏？

(5)何谓水泥石？水泥石由哪些部分组成？

(6)何谓水泥石的腐蚀？腐蚀的类型主要有哪些？

(7)腐蚀水泥石的介质有哪些？水泥石受腐蚀的基本内因是什么？

(8)防止水泥石腐蚀的措施有哪些？

(9)影响硅酸盐水泥凝结硬化的主要因素有哪些？如何影响？

(10)何谓混合材料？常用品种有哪些？

(11)何谓硅酸盐水泥和普通硅酸盐水泥？它们有哪些主要的性质？

(12)何谓水泥细度？控制水泥的细度在实际使用中有什么意义？

(13)为什么硅酸盐水泥的初凝时间不得早于 45min，终凝时间不得迟于 390min？

(14)何谓水泥的体积安定性？体积安定性不良的原因和危害是什么？如何测定？

(15)硅酸盐水泥强度等级是如何确定的？分哪些强度等级？

(16)何谓矿渣水泥、火山灰水泥、粉煤灰水泥和复合水泥？它们有哪些主要的性质？

(17)何谓砌筑水泥、白色水泥和道路水泥？它们的用途是什么？

(18)何谓抗硫酸盐硅酸盐水泥？包括哪两种类型？用途是什么？

(19)何谓明矾石膨胀水泥？用途是什么？

(20)水泥验收的内容有哪些?

(21)硅酸盐系水泥质量评定时,检验项目有哪些?

实训练习

(1)下列混凝土工程中应优先选用哪种水泥?并说明理由。

1)处于干燥环境中的混凝土工程;

2)采用湿热养护的混凝土构件;

3)厚大体积的混凝土工程;

4)水下混凝土工程;

5)高强度混凝土工程;

6)高温设备或窑炉的混凝土基础;

7)严寒地区受冻融的混凝土工程;

8)有抗渗要求的混凝土工程;

9)混凝土地面或路面工程;

10)接触硫酸盐介质的混凝土工程;

11)冬期施工的混凝土工程;

12)与流动水接触的混凝土工程;

13)水位变化区的混凝土工程;

14)耐热混凝土工程。

(2)下列混凝土工程中不宜使用哪种水泥?说明理由。

1)处于干燥环境中的混凝土工程;

2)厚大体积的混凝土工程;

3)严寒地区经常与水接触的混凝土工程;

4)有抗渗防水要求的混凝土工程;

5)与流动水接触的混凝土工程;

6)采用湿热养护的混凝土构件;

7)冬期施工的混凝土工程;

8)与硫酸盐介质接触的混凝土工程;

9)处于高温高湿环境的混凝土工程;

10)有耐磨要求的混凝土工程。

(3)何谓水泥的受潮?对水泥的受潮程度如何鉴别?如何处理?

第 4 章   普通混凝土

⊙ 学 习 目 标

1. 掌握混凝土的组成材料及其技术性质。
2. 掌握混凝土的三项技术性质：和易性、强度、耐久性。
3. 熟悉混凝土的配合比设计方法。
4. 熟悉减水剂的减水机理及其掺量。
5. 了解混凝土常用外加剂的品种及用途。

混凝土是当代最主要土木工程材料之一，是以胶凝材料、粗骨料、细骨料、水，必要时加入外加剂或矿物混合材料，按适当比例配合，经过均匀搅拌，密实成型及养护硬化而成的人工石材。混凝土具有成本低、适应性强、强度高、耐久性好、施工方便等优点，并可以消耗大量工业废渣，所以被广泛应用于各类建筑工程中。

4.1   普通混凝土的组成材料

普通混凝土由水泥、卵石或碎石、砂和水配制而成，干表观密度为 $2\,000\sim2\,800\text{kg/m}^3$，以下简称混凝土。其中砂和石起骨架作用，被称为"骨料"（或"集料"）。石子为粗骨料，砂为细骨料。水和水泥的混合物称为水泥浆，用来包裹砂、石的表面并填充砂、石的空隙。水泥浆在混凝土硬化前起润滑作用，使混凝土具有流动性，便于施工；硬化后把砂、石胶结在一起，成为具有一定强度的人造石材。

水泥、砂、石、水作为组成混凝土的主要材料，其质量直接影响混凝土的各项技术性质和工程质量。

4.1.1   水泥

应根据混凝土工程的特点、所处环境和设计、施工要求，并结合各种水泥的不同特性及适用范围，合理选择水泥的品种与强度等级。

1. 水泥品种的选择

配制混凝土一般用硅酸盐水泥、普通水泥、矿渣水泥、火山灰水泥、粉煤灰水泥等；必要时可选用专用水泥和特性水泥，各种水泥的技术要求和适用范围详见第 3 章。

2. 水泥强度等级的选择

水泥强度等级的选择，应与混凝土的设计强度等级相适应，并充分利用水泥的活性。

一般情况下，水泥的强度等级是混凝土强度等级的 1.5 倍左右；对于高强度混凝土可取 0.9 左右。

4.1.2 砂

1. 砂的分类

砂是组成混凝土的细骨料，分为天然砂、人工砂和混合砂。

天然砂：是由自然条件作用而形成的，粒径小于 5.00mm 的岩石颗粒，根据产源可分为山砂、河砂和海砂。河砂比较洁净，颗粒圆滑，有害物质含量较山砂和海砂低，所以工程中常采用河砂。

人工砂：岩石经除土开采、机械破碎、筛分而成的，粒径小于 5.00mm 的岩石颗粒。

混合砂：由天然砂和人工砂按一定比例混合而成的砂。

2. 砂的物理性质

砂的物理性质主要包括：表观密度、堆积密度、空隙率、含水率等指标，具体数值通过试验测定。

一般情况下应符合如下规定：表观密度应大于 $2\,500kg/m^3$；松散堆积密度(干燥状态)应大于 $1\,350kg/m^3$，空隙率小于 47%。

3. 砂的技术要求

(1)颗粒级配和粗细程度

1)颗粒级配。砂的颗粒级配是指各种粒径大小不同的砂相互搭配的状况，如图 4-1 所示。(a)图是一种粒径的砂，砂的粒径间的空隙较大；(b)图是两种粒径的砂，砂的孔隙率有所降低；(c)图是多种粒径的砂逐级填充，所以砂的空隙率最小。这种级配状态有利于提高混凝土的强度，同时还可以节约水泥。

(a) 单一粒径的砂　(b) 两种粒径的砂 (c) 多种粒径的砂

图 4-1　砂的颗粒级配

2)粗细程度。砂的粗细程度是指不同粒径的砂混合在一起总体的粗细程度。在相同用量条件下，细砂总表面积大，粗砂总表面积小。为了获得比较小的总表面积，以节约混凝土中的水泥用量，应尽量采用较粗的颗粒。但颗粒较粗，易使混凝土拌和物产生离析，影响和易性。若中、粗颗粒太多，中、小颗粒搭配又不好，则会使砂的空隙率增大。因此，砂的粗细程度和颗粒级配应同时考虑。

3)颗粒级配和粗细程度的确定。根据《普通混凝土用砂、石质量及检验方法标准》JGJ52－2006 规定，采用一组规定孔径的标准方孔筛，称取 500g 烘干砂进行筛分试验。然后称取各筛上的筛余物的质量，并计算各筛的筛余量除以试样总质量的百分率，即为各筛的分计筛余率；再将各筛的分计筛余率加上大于该筛的各筛分计筛余率之和即为累计筛余率，其计算过程见表 4-1。

表 4-1　累计筛余与分计筛余的关系

筛孔尺寸/mm	分计筛余		累计筛余百分率/%
	质量/g	百分率/%	
5.00	m_1	$a_1 = \dfrac{m_1}{m_s} \times 100\%$	$\beta_1 = a_1$
2.50	m_2	$a_2 = \dfrac{m_2}{m_s} \times 100\%$	$\beta_2 = a_1 + a_2$
1.25	m_3	$a_3 = \dfrac{m_3}{m_s} \times 100\%$	$\beta_3 = a_1 + a_2 + a_3$
0.630	m_4	$a_4 = \dfrac{m_4}{m_s} \times 100\%$	$\beta_4 = a_1 + a_2 + a_3 + a_4$
0.315	m_5	$a_5 = \dfrac{m_5}{m_s} \times 100\%$	$\beta_5 = a_1 + a_2 + a_3 + a_4 + a_5$
0.160	m_6	$a_6 = \dfrac{m_6}{m_s} \times 100\%$	$\beta_6 = a_1 + a_2 + a_3 + a_4 + a_5 + a_6$

砂的粗细程度可用细度模数 μ_f 表示，细度模数可用累计筛余率计算得到，其计算公式如下：

$$\mu_f = \frac{(\beta_2 + \beta_3 + \beta_4 + \beta_5 + \beta_6) - 5\beta_1}{100 - \beta_1}$$

根据细度模数将砂分为粗砂、中砂、细砂和特细砂四类。

粗砂：μ_f 为 3.7～3.1；中砂：μ_f 为 3.0～2.3；细砂：μ_f 为 2.2～1.6；特细砂：μ_f 为 1.5～0.7。配制泵送混凝土常采用中砂。

根据《普通混凝土用砂、石质量及检验方法标准》(JGJ52－2006)规定，砂的颗粒级配可按直径 630μm 筛孔的累计筛余率，分为三个级配区，如表 4-2 所示，且砂的颗粒级配应处于表中的某一区。

表 4-2　砂的颗粒级配区(JGJ52－2006)

累计筛余/% 级配区　公称粒径/mm	Ⅰ区	Ⅱ区	Ⅲ区
5.00	10～0	10～0	10～0
2.50	35～5	25～0	15～0
1.25	65～35	50～10	25～0
0.630	85～71	70～41	40～16
0.315	95～80	92～70	85～55
0.160	100～90	100～90	100～90

砂的实际颗粒级配与表 4-2 中的累计筛余相比，除粒径为 5.00mm 和 0.630mm(表中

蓝色字体所标数值)的累计筛余率外，其余粒径的累计筛余可稍有超出分界线，但总超出量不应大于 5%。

当天然砂的实际颗粒级配不符合要求时，宜采取相应的技术措施，并经试验证明能确保混凝土质量后，方允许使用。

砂的颗粒级配可以采用绘图法表示，以筛孔直径为横坐标，以累计筛余百分率为纵坐标，绘制出级配曲线图，如图 4-2 所示。

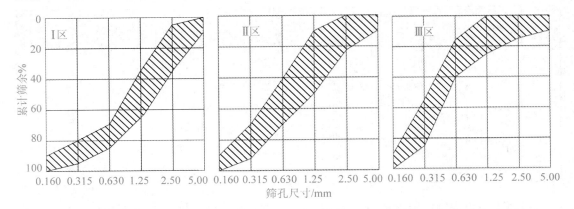

图 4-2　砂的级配曲线

Ⅰ区砂属于粗砂，Ⅱ区砂属于中砂，Ⅲ区砂属于细砂。

现场的砂通过筛分试验计算出累计筛余率，先确定砂的粗细程度，然后在所属级配区图上依次将累计筛余率描点连线，所得曲线落在所属级配区内即为合格。

Ⅱ区砂粗细适宜，配制混凝土时宜优先选用。Ⅰ区砂偏粗，采用时应提高砂率，并保持足够的水泥用量，满足混凝土的和易性；Ⅲ区砂偏细，采用时宜适当降低砂率，以保证混凝土的强度；当采用特细砂时，应符合相应的规定。

应用实例：某工地需用中砂来砌筑墙体，工地现存一批砂子，按标准规定的试验方法称取 500g 烘干砂进行筛分试验，结果如下表：

筛孔尺寸/mm	5.00	2.50	1.25	0.63	0.315	0.16	0.16 以下
分计筛余量/g	0	80	80	100	110	110	20

请问：该砂是否满足要求？级配又如何？

解：$\alpha_1 = m_1/m_s \times 100\% = 0/500 \times 100\% = 0$　　　　　　$\beta_1 = 0$

$\alpha_2 = m_2/m_s \times 100\% = 80/500 \times 100\% = 16\%$　　　　$\beta_2 = 16\%$

$\alpha_3 = m_3/m_s \times 100\% = 80/500 \times 100\% = 16\%$　　　　$\beta_3 = 32\%$

$\alpha_4 = m_4/m_s \times 100\% = 100/500 \times 100\% = 20\%$　　　$\beta_4 = 52\%$

$\alpha_5 = m_5/m_s \times 100\% = 110/500 \times 100\% = 22\%$　　　$\beta_5 = 74\%$

$\alpha_6 = m_6/m_s \times 100\% = 110/500 \times 100\% = 22\%$　　　$\beta_6 = 96\%$

$$\mu_f = \frac{(\beta_2 + \beta_3 + \beta_4 + \beta_5 + \beta_6) - 5\beta_1}{100 - \beta_1} = 2.7$$

经评定该砂属于中砂，符合使用要求，并且级配良好。

（2）含泥量、石粉含量和泥块含量

1）含泥量：天然砂中粒径小于 $80\mu m$ 的颗粒含量。

2）石粉含量：人工砂中粒径小于 $80\mu m$，且其矿物组成和化学成分与被加工母岩相同的颗粒含量。

3）泥块含量：砂中粒径大于 $1.25mm$，经水洗、手捏后变成小于 $630\mu m$ 的颗粒含量。

混凝土的天然砂中含泥过多，是有害的，必须严格控制。天然砂的含泥量应符合表 4-3 的规定。

表 4-3　天然砂中的含泥量

混凝土强度等级	≥C60	C55～C30	≤C25
含泥量（按质量计）/%	≤2.0	≤3.0	≤5.0

注：对于有抗冻、抗渗或其他特殊要求的小于或等于 C25 混凝土用砂，其含泥量不应大于 3.0%。

 想一想

施工现场运来一车河砂，该如何测定出其含泥量呢？

砂中泥块含量应符合表 4-4 的规定。

表 4-4　砂中泥块含量

混凝土强度等级	≥C60	C55～C30	≤C25
泥块含量（按质量计）/%	≤0.5	≤1.0	≤2.0

注：对于有抗冻、抗渗或其他特殊要求的小于或等于 C25 混凝土用砂，其泥块含量不应大于 1.0%。

人工砂中适量的石粉对混凝土是有益的。尤其对混凝土的强度等级与和易性的改善极为有利。但为了防止人工砂在开采、加工过程中因各种因素混入过量的泥土，必须对人工砂进行亚甲蓝 MB 值的定量检验。亚甲蓝 MB 值是用于判定人工砂中粒径小于 $80\mu m$ 颗粒含量主要是泥土还是与被加工母岩化学成分相同的石粉的指标。

人工砂或混合砂中石粉含量应符合表 4-5 的规定。

表 4-5　人工砂或混合砂中石粉含量

混凝土强度等级		≥C60	C55～30	≤C25
石粉含量/%	MB<1.4（合格）	≤5.0	≤7.0	≤10.0
	MB≥1.4（不合格）	≤2.0	≤3.0	≤5.0

（3）坚固性

砂的坚固性是指砂在气候、环境变化或其他物理因素作用下抵抗破裂的能力。

天然砂的坚固性应采用硫酸钠溶液检验，试样经 5 次循环后，其质量损失应符合表 4-6 的规定。

表 4-6　天然砂的坚固性指标

混凝土所处的环境条件及其性能要求	5 次循环后的质量损失/%
在严寒及寒冷地区室外使用并经常处于潮湿或干湿交替状态下的混凝土 对于有抗疲劳、耐磨、抗冲击要求的混凝土 有腐蚀介质作用或经常处于水位变化区的地下结构混凝土	≤8
其他条件下使用的混凝土	≤10

人工砂采用压碎指标值表示其坚固性。压碎指标是人工砂抵抗压碎的能力。人工砂的总压碎指标应小于 30%。

（4）有害物质含量

砂中不应混有草根、树叶、树枝、塑料、煤块、炉渣等杂物和云母、轻物质、有机物、硫化物及硫酸盐、氯盐等有害物质。

轻物质是指砂中表观密度小于 $2\,000kg/m^3$ 的物质。砂中所含云母、轻物质超标会使混凝土表面形成薄弱层，强度与耐久性降低；有机物会延迟混凝土的硬化，影响混凝土强度增长；硫化物、硫酸盐、氯盐等会引起钢筋生锈，造成混凝土开裂，降低混凝土的强度和耐久性。因此砂中有害物质的含量应符合表 4-7 的规定。

表 4-7　砂中的有害物质含量

项　　目	质量指标
云母含量（按质量计）/%	≤2.0
轻物质含量（按质量计）/%	≤1.0
硫化物及硫酸盐含量（折算成 SO_3 按质量计）/%	≤1.0
有机物含量（用比色法试验）	颜色不应深于标准色。当颜色深于标准色时，应按水泥胶砂强度试验方法进行强度对比试验，抗压强度比不应低于 0.95

注：对于有抗冻、抗渗要求的混凝土用砂，其云母含量不应大于 1.0%。

当砂中含有颗粒状的硫酸盐或硫化物杂质时，应进行专门检验，确认能满足混凝土耐久性要求后，方可使用。

（5）碱活性

对于长期处于潮湿环境的重要混凝土结构用砂，应采用砂浆棒（快速法）或砂浆长度法进行骨料的碱活性检验。经上述检验判断为有潜在危害时，应控制混凝土中的碱含量不超过 $3kg/m^3$，或采用能抑制碱-骨料反应的有效措施。

（6）氯离子含量

钢筋混凝土和预应力混凝土中氯离子含量过多会引起钢筋的锈蚀，因此砂中氯离子含量应符合下列规定：

对于钢筋混凝土用砂，其氯离子含量不得大于 0.06%（以干砂的质量百分率计）；

对于预应力混凝土用砂，其氯离子含量不得大于 0.02%（以干砂的质量百分率计）。

4.1.3　石子

1. 石子的分类

石子是组成混凝土的粗骨料，分为卵石和碎石两类。

卵石：由自然条件作用而形成的，粒径大于 5.00mm 的岩石颗粒。

碎石：由天然卵石或岩石经破碎、筛分而得的，粒径大于 5.00mm 的岩石颗粒。

2. 石子的物理性质

石子的表观密度、堆积密度、空隙率、含水率应符合如下规定：表观密度应大于 2 500kg/m³；松散堆积密度（干燥状态）应大于 1 350kg/m³，空隙率小于 47%。

3. 石子的技术要求

（1）颗粒级配

卵石、碎石的颗粒级配也是通过筛分试验来确定的，分为连续粒级和单粒级。

连续粒级是指石子的粒径从大到小连续分级，每一级都占适当的比例。连续级配拌制的混凝土具有良好的和易性，不易产生离析，工程中应用较广泛。

单粒级是指石子粒级不连续，缺少中间某些粒级的颗粒搭配。在单粒级中，大粒径骨料之间的空隙直接由比它小许多的小粒径颗粒填充，使空隙率达到最小，密实度增加，可以节约水泥。但由于颗粒粒径相差较大，混凝土拌和物容易产生离析现象，导致施工困难，工程中很少使用。单粒级主要适用于配制所要求的连续粒级，或与连续粒级配合使用以改善级配或粒度，以尽量减少空隙，节约水泥。

根据《普通混凝土用砂、石质量及检验方法标准》（JGJ52—2006）规定，卵石、碎石的颗粒级配应符合表 4-8 的规定。

表 4-8　卵石或碎石的颗粒级配范围

累计筛余率/% 公称粒级/mm	方孔筛/mm 方孔筛筛孔边长尺寸/mm											
	2.36	4.75	9.50	16.0	19.0	26.5	31.5	37.5	53.0	63.0	75.0	90
连续粒级 5～10	95～100	80～100	0～15	0	—	—	—	—	—	—	—	—
连续粒级 5～16	95～100	85～100	30～60	0～10	0	—	—	—	—	—	—	—
连续粒级 5～20	95～100	90～100	40～80	—	0～10	0	—	—	—	—	—	—
连续粒级 5～25	95～100	90～100	—	30～70	—	0～5	0	—	—	—	—	—
连续粒级 5～31.5	95～100	90～100	70～90	—	15～45	—	0～5	0	—	—	—	—
连续粒级 5～40	—	95～100	70～90	—	30～65	—	—	0～5	0	—	—	—

续表

累计筛余率/%　方孔筛/mm　公称粒级/mm	方孔筛筛孔边长尺寸/mm											
	2.36	4.75	9.50	16.0	19.0	26.5	31.5	37.5	53.0	63.0	75.0	90
单粒粒级 10~20	—	95~100	85~100	—	0~15	0	—	—	—	—	—	—
单粒粒级 16~31.5	—	95~100	—	85~100	—	—	0~10	0	—	—	—	—
单粒粒级 20~40	—	—	95~100	—	80~100	—	—	0~10	0	—	—	—
单粒粒级 31.5~63	—	—	—	95~100	—	—	75~100	45~75	—	0~10	0	—
单粒粒级 40~80	—	—	—	—	95~100	—	—	70~100	—	30~60	0~10	0

当卵石的颗粒级配不符合上表的要求时，应采取措施并经试验证实能确保工程质量后，方允许使用。

（2）针、片状颗粒含量

凡岩石颗粒的长度大于该颗粒所属粒级的平均粒径 2.4 倍者为针状颗粒；凡厚度小于平均粒径的 0.4 倍者为片状颗粒。平均粒径指该粒级上、下限粒径的平均值。

针、片状颗粒的石子含量过多会降低混凝土的和易性，同时会降低混凝土的强度，尤其对抗折强度的影响较抗压强度大。因此其含量必须符合表 4-9 的规定。

表 4-9　针、片状颗粒含量

混凝土强度等级	指　标		
	≥C60	C55~C30	≤C25
针、片状颗粒（按质量计）/%	≤8	≤15	≤25

（3）含泥量和泥块含量

1）含泥量：卵石、碎石中粒径小于 80μm 的颗粒含量；

2）泥块含量：卵石、碎石中粒径大于 5.00mm，经水洗、手捏后变成小于 2.50mm 的颗粒含量。

骨料的含泥量及泥块含量，对混凝土的抗压、抗拉、抗折等强度，抗渗、抗冻、干缩等性能的影响，随着混凝土强度等级的提高而增大。因此，石子中含泥量和泥块含量应符合表 4-10 的规定。

表 4-10　卵石、碎石的含泥量和泥块含量

混凝土的强度等级	指　标		
	≥C60	C55~C30	≤C25
含泥量（按质量计）/%	≤0.5	≤1.0	≤2.0
泥块含量（按质量计）/%	≤0.2	≤0.5	≤0.7

注：1. 对于有抗冻、抗渗或其他特殊要求的混凝土，其所用碎石或卵石中含泥量不应大于 1.0%；

2. 对于有抗冻、抗渗或其他特殊要求的强度等级小于 C30 的混凝土，其所用碎石或卵石中泥块含量不应大于 0.5%。

（4）坚固性

卵石、碎石的坚固性是指卵石、碎石在气候、环境变化或其他物理因素作用下抵抗破裂的能力。采用硫酸钠溶液检验，试样经 5 次循环后，其质量损失应符合表 4-11 的规定。

表 4-11 碎石或卵石的坚固性指标

混凝土所处的环境条件及其性能要求	5 次循环后的质量损失/%
在严寒及寒冷地区室外使用，并经常处于潮湿或干湿交替状态下的混凝土；有腐蚀介质作用或经常处于水位变化区的地下结构或有抗疲劳、耐磨、抗冲击等要求的混凝土	≤8
其他条件下使用的混凝土	≤12

（5）有害物质含量

卵石和碎石中不应混有草根、树叶、树枝、塑料、煤块、炉渣等杂物和有机物、硫化物及硫酸盐等有害物质。粗骨料中有害物质的含量应符合表 4-12 的规定。

表 4-12 碎石或卵石中有害物质含量

项　目	质量要求
硫化物及硫酸盐含量（折算成 SO_3，按质量计）/%	≤1.0
卵石中有机物含量（用比色法试验）	颜色应不深于标准色。当颜色深于标准色时，应配制成混凝土进行强度对比试验，抗压强度比应不低于 0.95

当卵石或碎石中含有颗粒状的硫酸盐或硫化物杂质时，应进行专门检验，确认能满足混凝土耐久性要求后，方可使用。

（6）碱活性

对于长期处于潮湿环境的重要结构混凝土，其使用卵石或碎石应进行碱活性检验。

（7）强度

石子强度的高低，质量好坏直接影响混凝土的强度和耐久性。碎石的强度可用岩石抗压强度和压碎指标值表示。

岩石抗压强度是采用直径与高度为 50mm 的圆柱体或边长为 50mm 的立方体岩石试件，在水中浸泡 48h 后测得的极限抗压强度值。岩石的抗压强度应比所配制的混凝土强度至少高 20%。当混凝土强度大于或等于 C60 时，应进行岩石抗压强度检验。

压碎指标是测定石子抵抗压碎的能力，工程上采用压碎指标进行质量控制。压碎指标值越小，石子抵抗破坏的能力越强。碎石、卵石的压碎指标值应符合表 4-13 的规定。

表 4-13　碎石、卵石压碎指标值

岩石品种		混凝土强度等级	压碎值指标/%
碎石	沉积岩	C60~C40	≤10
		≤C35	≤16
	变质岩或深成的火成岩	C60~C40	≤12
		≤C35	≤20
	喷出的火成岩	C60~C40	≤13
		≤C35	≤30
卵石		C60~C40	≤12
		≤C35	≤16

(8)最大粒径

公称粒级的上限称为该粒级的最大粒径。

粗骨料的最大粒径，应在条件允许情况下，尽量选用大的。这样可以减少其总表面积、节约水泥。但粒径太大又会给施工操作带来不便。所以应根据结构物的种类、尺寸、钢筋间距等选择石子的最大粒径。

最大粒径应符合《混凝土结构工程施工质量验收规范》(GB50204—2002)的规定：混凝土用的粗骨料，其最大粒径不得大于结构物最小截面最小边长的 1/4，同时不得大于钢筋间最小净距的 3/4。对于混凝土实心板，最大粒径不得大于板厚的 1/3，且不超过 40mm。

应用实例：某钢筋混凝土结构工程柱子的截面为 600mm×400mm，钢筋间距 50mm，钢筋直径为 22mm，石子最大粒径选用多大尺寸合适？

解　粗骨料最大粒径不得大于结构物最小截面最小边长的 1/4，即不得大于 $400 \times \dfrac{1}{4} = 100mm$；同时不得大于钢筋间最小净距的 3/4，即不得大于 $(50-22) \times \dfrac{3}{4} = 21mm$。因此该例中粗骨料的最大粒径不得超过 21mm。

4.1.4　混凝土用水

混凝土用水不得影响混凝土的凝结硬化；不得降低混凝土的耐久性；不得加快钢筋锈蚀和预应力钢丝的脆断。混凝土用水是拌和用水和养护用水的总称。包括饮用水、地表水、地下水、再生水、混凝土设备洗刷水和海水等。

1.　技术要求

(1)水的质量

为了保证用水的质量，使混凝土性能符合相应的技术要求，混凝土拌和用水质量应符合表 4-14 的规定。

表 4-14　混凝土拌和用水水质要求（摘自 JGJ63－2006）

项目	预应力混凝土	钢筋混凝土	素混凝土
pH	≥5.0	≥4.5	≥4.5
不溶物/(mg/L)	≤2 000	≤2 000	≤5 000
可溶物/(mg/L)	≤2 000	≤5 000	≤10 000
Cl^-/(mg/L)	≤500	≤1 000	≤3 500
SO_4^{2-}/(mg/L)	≤600	≤2 000	≤2 700
碱含量	≤1 500	≤1 500	≤500

注：碱含量按 $Na_2O+0.658K_2O$ 计算值来表示。采用非碱活性骨料时，可不检验碱含量。

（2）放射性

地表水、地下水、再生水的放射性要求，应按国家标准《生活饮用水卫生标准》（GB5749－2006）的规定从严控制，超标者不能使用。

（3）对比试验

当混凝土的拌和用水采用非饮用水时，应进行对比试验。

1）被检验水样应与饮用水样进行水泥凝结时间对比试验。对比试验的水泥初凝时间差和终凝时间差均不大于 30min。

2）被检验水样应与饮用水样进行水泥胶砂强度对比试验，被检水样配制的水泥胶砂3d 和 28d 强度不应低于饮用水配制的水泥胶砂 3d 和 28d 强度的 90％。

（4）其他

为了保证混凝土的性能，混凝土拌和用水不应有漂浮明显的油脂泡沫，以及明显的颜色；不得采用带有异味的水，以免影响环境。

2. 应用

1）对于设计使用年限为 100 年的结构混凝土，氯离子含量不得超过 500mg/L；对使用钢丝或经热处理钢筋的预应力混凝土，氯离子含量小于 350mg/L，因为氯离子会引起钢筋锈蚀。

2）混凝土企业设备洗刷水不适用于预应力混凝土、装饰混凝土、加气混凝土和暴露于腐蚀环境下的混凝土；不得用于碱活性或潜在碱活性骨料的混凝土。

3）未经处理的海水，严禁用于钢筋混凝土和预应力混凝土，因海水中含盐量较高，尤其是氯离子含量高，会导致混凝土中的钢筋生锈，严重影响混凝土的耐久性。

在无法获得水源的情况下，海水可用于素混凝土，但不宜用于装饰混凝土。海水会引起混凝土表面返潮和泛霜，从而影响混凝土表面质量。

4）对混凝土养护用水的要求，可较拌和用水适当放宽，对水泥凝结时间、水泥胶砂强度及水中不溶物和可溶物可不做检验，其他检验项目符合表 4-14 的要求即可。

4.1.5 掺和料

为了改善混凝土的性质、节约水泥、降低成本，可在混凝土中掺入适量的矿物材料，称为混凝土掺和料。工程中常用的掺和料的品种如下：

1. 粉煤灰

粉煤灰按煤种分为F类和C类。F类粉煤灰是由无烟煤或烟煤煅烧收集的粉煤灰，C类粉煤灰是由褐煤或次烟煤煅烧收集的粉煤灰，其氧化钙含量一般大于10%。拌制混凝土用的粉煤灰按其品质分为Ⅰ、Ⅱ、Ⅲ三个等级。Ⅰ级粉煤灰适用于钢筋混凝土和跨度小于6m的预应力混凝土；Ⅱ级粉煤灰适用于钢筋混凝土和无筋混凝土；Ⅲ级粉煤灰适用于无筋混凝土。

2. 粒化高炉矿渣粉

粒化高炉矿渣粉（简称矿渣粉），是将符合要求的粒化高炉矿渣经干燥、粉磨（或添加少量石膏一起粉磨），达到相当细度且符合相应活性指标的粉末，分为S105、S95、S75三个等级。

3. 天然沸石粉

天然沸石粉是以天然沸石岩为原料，经破碎、磨细至规定细度制成的粉状物质，沸石粉分为Ⅰ、Ⅱ、Ⅲ三个等级。Ⅰ级沸石粉适用于强度等级不低于C60的混凝土；Ⅱ级沸石粉适用于强度等级低于C60的混凝土；Ⅲ级沸石粉用于砂浆。

4. 硅灰

硅灰又叫硅微粉，也叫微硅粉或二氧化硅超细粉，一般情况下统称硅灰。硅灰是在冶炼硅铁合金和工业硅时产生的 SiO_2 和 Si 气体与空气中的氧气迅速氧化并冷凝而形成的一种超细硅质粉体材料。

硅灰能够填充水泥颗粒间的孔隙，同时与水化产物生成凝胶体，与碱性材料氧化镁反应生成凝胶体。在混凝土和砂浆中，掺入适量的硅灰可显著提高抗压、抗折、抗渗、防腐、抗冲击及耐磨性能，具有保水、防止离析和泌水、大幅降低混凝土泵送阻力的作用，可用于配制高强度混凝土、抗渗混凝土、修补砂浆、聚合物砂浆、保温砂浆等，广泛应用于高层建筑物、海港码头、水库大坝、水利、涵闸、铁路、公路、桥梁、地铁、隧道、机场跑道以及煤矿巷道锚喷加固等。

4.2 混凝土拌和物的和易性

混凝土拌和物是混凝土的各种组成材料，按一定比例配制后经搅拌形成的尚未凝结硬化的混合物。

4.2.1　和易性的概念

和易性是混凝土拌和物保持其组成成分均匀,适合于施工操作并能获得质量均匀密实的混凝土的性能,也称工作性。和易性是一项综合性技术指标,主要包括流动性、黏聚性、保水性三个方面。

1. 流动性

流动性是指混凝土拌和物在自重或机械振捣作用下能产生流动,并能均匀密实地填满模板各个角落的性能。流动性反映出混凝土拌和物的稀稠程度。拌和物过于干稠,施工中难以振捣密实;拌和物过稀,容易出现分层、离析现象(如图 4-3 所示),影响混凝土的质量。

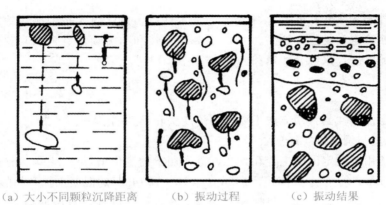

（a）大小不同颗粒沉降距离　　　（b）振动过程　　　（c）振动结果

图 4-3　混凝土拌和物离析、分层、泌水示意图

2. 黏聚性

黏聚性是指混凝土拌和物各组分之间有一定的黏聚力,在运输和浇筑过程中能够抵抗分层离析,使混凝土保持整体均匀的性能。黏聚性反映混凝土拌和物的均匀性。黏聚性不良的混凝土拌和物,砂浆和石子容易分离(如图 4-3 所示),振捣后会出现蜂窝、空洞等现象。

3. 保水性

保水性是指混凝土拌和物保持水分不易析出的能力。保水性反映混凝土拌和物的稳定性。保水性差的混凝土内部容易形成泌水通道(如图 4-4 所示),影响混凝土的密实性,并降低混凝土的强度和耐久性。

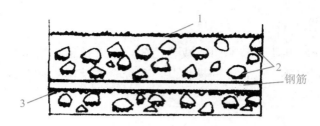

图 4-4 混凝土中泌水的不同形式

1—泌水聚集于混凝土表面；2—泌水聚集于骨料下表面；3—泌水聚集于钢筋下面

4.2.2 和易性的评定

混凝土拌和物的和易性是一项综合的技术性质，目前尚无一种科学的测试方法和定量指标来全面测定和易性。通常采用测定混凝土拌和物流动性、辅以直观经验评定黏聚性和保水性的方法，来综合评定和易性。

1. 流动性测定

定量测定流动性的常用方法主要有坍落度法和维勃稠度法。

（1）坍落度与坍落度扩展法

坍落度法用于测定混凝土拌和物在自重作用下的变形值（mm），该方法适用于骨料粒径不大于 40mm、坍落度值不小于 10mm（即 10～220mm）的混凝土拌和物的流动性测定。

坍落度法是按规定的方法将拌和物分三层装入坍落度筒，每层插捣 25 次，装满刮平后，将坍落度筒垂直向上提起，移到混凝土拌和物的一侧，拌和物在自重作用下产生下沉，量出筒高与混凝土试体最高点之间的高度差（mm），即为坍落度值（用 T 表示），如图 4-5 所示。坍落度值越大，表示流动性越大。

坍落度在 10～220mm 对混凝土拌和物的稠度具有良好的反应能力，但当坍落度大于 220mm 时，由于粗骨料堆积的偶然性，坍落度就不能很好地代表拌和物的稠度，需做坍落扩展度试验。

坍落扩展度试验是在做坍落度试验的基础上，当坍落度值大于 220mm 时，测量混凝土扩展后最终的最大直径和最小直径。在最大直径和最小直径的差值小于 50mm 时，用其算术平均值作为其坍落扩展度值。

（2）维勃稠度法

维勃稠度法用于测定使混凝土密实所需要的时间（s），该方法适用于骨料最大粒径不大于 40mm、维勃稠度在 5～30s 的混凝土拌和物的流动性测定。

维勃稠度法是将混凝土拌和物按规定的方法装入坍落度筒内，将坍落度筒垂直提起后，把透明有机玻璃圆盘覆盖在拌和物锥体的顶面。开启振动台的同时用秒表计时，记录当透明圆盘底面被水泥浆布满所需的时间（以 s 计），称为维勃稠度（用 V 表示），如图 4-6 所示。维勃稠度越大，表示混凝土流动性越小，越干硬。

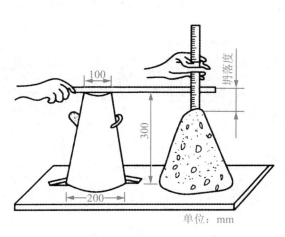

图 4-5　坍落度测定示意图

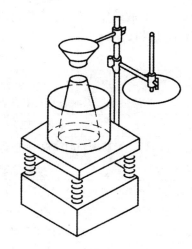

图 4-6　维勃稠度测定示意图

混凝土拌和物按坍落度和维勃稠度值的大小各分为四级，见表 4-15。

表 4-15　混凝土拌和物流动性级别

坍落度级别			维勃稠度级别		
级别	名称	坍落度/mm	级别	名称	维勃稠度/s
T_1	低塑性混凝土	10~40	V_0	超干硬性混凝土	≥31
T_2	塑性混凝土	50~90	V_1	特干硬性混凝土	30~21
T_3	流动性混凝土	100~150	V_2	干硬性混凝土	20~11
T_4	大流动性混凝土	≥160	V_3	半干硬性混凝土	10~5

2. 黏聚性的评定

黏聚性评定，是用捣棒在已坍落的混凝土锥体侧面轻轻敲打，此时如果锥体保持整体均匀，逐渐下沉，则表示黏聚性良好；若锥体突然倒塌，部分崩溃或出现离析现象，则表示黏聚性不好。

3. 保水性的评定

保水性的评定，是以混凝土拌和物稀浆析出的程度来评定。坍落度筒提起后如有较多的稀浆从底部析出，锥体部分的混凝土也因失浆而骨料外露，则表明此拌和物保水性不好；如坍落度筒提起后无稀浆或仅有少量稀浆自底部析出，则表示此混凝土拌和物保水性良好。

4.2.3　坍落度的选择

混凝土的坍落度过小，流动性差，不容易振捣均匀密实，会影响混凝土的质量；坍落度太大，流动性虽好，但硬化后会使混凝土的强度、耐久性降低。因此，要根据结构物类型，钢筋的疏密及振捣工具合理选用坍落度值的大小。混凝土浇筑时的坍落度，宜按表 4-16 选择。

表 4-16　混凝土浇筑时的坍落度

结构种类	坍落度/mm
基础或地面等的垫层、无配筋的大体积结构(挡土墙、基础等)或配筋稀疏的结构	10～30
板、梁或大型及中型截面的柱子等	30～50
配筋密列的结构(薄壁、斗仓、筒仓、细柱等)	50～70
配筋特密的结构	70～90

注：1. 本表系采用机械振捣时的坍落度，当采用人工振捣时可适当增大；
　　2. 轻骨料混凝土拌合物，坍落度宜较表中数值减少 10～20mm

4.2.4　影响和易性的因素

1. 水灰比

水灰比是 $1m^3$ 混凝土中水的质量与水泥质量之比，用 $\dfrac{w}{c}$ 表示。水灰比过大，混凝土流动性好，但硬化后使混凝土强度和耐久性降低；水灰比过小，拌和物会因太干稠而无法浇筑，导致施工困难，同时也不能保证混凝土硬化后的密实性。因此，适宜的水灰比是根据施工条件通过混凝土配合比设计计算及试验而确定的。

2. 水泥浆数量

水泥浆数量是指单位体积混凝土内水泥浆的数量。在水灰比一定的条件下，水泥浆数量越多，包裹在砂石表面的水泥浆层越厚，对砂石的润滑作用越好，拌和物的流动性越大。但水泥浆数量过多，则会产生流浆、泌水、离析和分层等现象，使拌和物黏聚性、保水性变差，而且使混凝土强度、耐久性降低。若水泥浆数量过少，不仅保证不了必要的流动性，而且混凝土拌和物易于产生崩坍现象，黏聚性同样会变差。

值得强调的是，当所测拌和物坍落度小于设计要求时，决不能用单纯改变用水量的办法来调整混凝土拌和物的流动性，应在保持水灰比不变的条件下，用增加水泥浆数量的办法调整流动性。

想一想

　　在实际施工中，当所测拌和物坍落度大于设计要求时，该如何处理？能不能通过保持水灰比不变，减少水泥浆数量的办法来调整流动性呢？

3. 砂率

砂率是指 $1m^3$ 混凝土中砂子的质量占砂石总量的百分数。当砂石总量一定时，砂率过小，混凝土容易发生离析现象；砂率过大，混凝土的流动性差。因此，合理砂率是通过试验来确定的，见图 4-7 和图 4-8。合理砂率即在水泥用量和用水量一定的条件下，能使拌和物的流动性达到最大，且能保持黏聚性及保水性良好的砂率值；或者是能使混凝土拌和物获得所要求的流动性及良好的黏聚性与保水性，而水泥用量最少的砂率值。

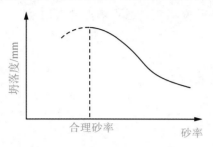

图 4-7　砂率与坍落度的关系
（水泥用量和用水量一定）

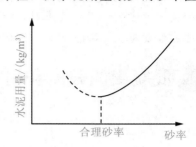

图 4-8　砂率与水泥用量的关系
（达到相同的坍落度）

当所测拌和物坍落度大于设计要求时，应在保持砂率不变的条件下，用增加砂石用量的办法来调整拌和物的流动性。

4. 粗骨料

天然卵石呈圆形或卵圆形，表面光滑，颗粒之间的摩擦阻力较小。碎石形状不规则，表面粗糙多棱角，颗粒之间的摩擦阻力较大。在其他条件完全相同的情况下，卵石拌制的混凝土比碎石拌制的混凝土流动性好。

骨料级配好，其空隙率小，填充骨料空隙所需水泥浆少，当水泥浆数量一定时，包裹在骨料表面的水泥浆层较厚，故可改善混凝土拌和物的和易性。

5. 外加剂和掺合料

在拌制混凝土时，加入很少量的外加剂，如引气剂、减水剂等，能使混凝土拌和物在不增加水量的条件下，获得很好的和易性。掺入粉煤灰、硅灰、磨细沸石粉等掺合料，也可改善拌和物的和易性。

6. 时间和温度

混凝土拌和物随着时间的延长而逐渐变得干稠，和易性变差，其原因是部分水分供水泥水化，部分水分被骨料吸收，另一部分水分蒸发，由于水分减少，混凝土拌和物流动性变差。

混凝土拌和物的流动性也会随着温度升高而减小。温度每提高 10℃，坍落度大约减少 20～40mm。夏季施工时应考虑温度影响，为使拌和物在高温下具有给定的流动性，应在保证水灰比一定的条件下，适当增加需水量。

4.2.5　改善和易性的措施

调整混凝土拌和物和易性时，必须兼顾流动性、黏聚性和保水性的统一，并考虑对混凝土强度、耐久性的影响。综合上述要求，实际调整时可采取如下措施。

1）通过试验，采用合理砂率，以利于提高混凝土质量和节约水泥。

2）适当采用较粗大的、级配良好的粗、细骨料。

3）当所测拌和物坍落度小于设计要求时，保持水灰比不变，适当增加水泥浆数量；当所测拌和物坍落度大于设计要求时，应保持砂率不变，适当增加砂石用量。

4）掺加适量粉煤灰、减水剂和引气剂等。

4.3 混凝土的强度和耐久性

4.3.1 混凝土的强度

混凝土的强度包括抗压强度、抗拉强度、抗剪强度、抗弯强度及钢筋与混凝土的黏结强度，其中混凝土的抗压强度最大，抗拉强度最小，约为抗压强度的 $1/20 \sim 1/10$。抗压强度与其他强度之间有一定的相关性，可根据抗压强度的大小来估计其他强度值。

1. 抗压强度与强度等级

根据国家标准《普通混凝土力学性能试验方法标准》（GB/T 50081—2002）的规定，混凝土抗压强度是指按标准方法制作的边长为 150mm 的立方体试件，成型后立即用不透水的薄膜覆盖表面，在温度为 $20\pm5\,^\circ\!C$ 的环境中静置一昼夜至二昼夜，然后在标准养护条件下（温度 $20\pm2\,^\circ\!C$，相对湿度 95％以上或在温度为 $20\pm2\,^\circ\!C$ 的不流动的 $Ca(OH)_2$ 饱和溶液中），养护至 28 天龄期（从搅拌加水开始计时），经标准方法测试，得到的抗压强度值，称为混凝土立方体抗压强度，以 f_{cu} 来表示。

当采用非标准试件时，应换算成标准试件的强度，换算方法是将所测得的抗压强度乘以相应的换算系数，如表 4-17 所示。

表 4-17 混凝土立方体试件尺寸选用及换算系数

骨料最大粒径/mm	31.5	40	63
试件尺寸/mm	100×100×100	150×150×150	200×200×200
系数	0.95	1.00	1.05

立方体抗压强度标准值是按标准试验方法制作和养护的边长为 150mm 的立方体试件，在 28 天龄期，用标准试验方法测得的立方体抗压强度总体分布值中的一个值，用 $f_{cu,k}$ 表示。强度低于该值的百分率不超过 5％，即具有 95％以上的强度保证率。

为便于设计选用和施工控制混凝土，根据混凝土立方体抗压强度标准值，将混凝土强度分成若干等级，即强度等级。混凝土通常划分为 C15、C20、C25、C30、C35、C40、C45、C50、C55、C60、C65、C70、C75、C80 14 个强度等级（C60 以上的混凝土称为高强混凝土）。例如 C25 表示立方体抗压强度标准值为 25MPa，即混凝土立方体抗压强度≥25MPa 的保证率为 95％以上。

混凝土强度等级是混凝土结构设计时强度计算取值的依据，建筑物的不同部位或承受不同荷载的结构，应选用不同等级的混凝土。

2. 混凝土的轴心抗压强度

在实际工程中，钢筋混凝土结构形式极少是立方体的，大部分是棱柱体形式或圆柱体形式，为了使测得的混凝土强度接近于混凝土结构的实际情况，在钢筋混凝土结构计算中，计算轴心受压构件时，都是以混凝土的轴心抗压强度为设计取值。

根据《普通混凝土力学性能试验方法标准》（GB/T 50081－2002）的规定，测轴心抗压强度采用 150mm×150mm×300mm 的棱柱体作为标准试件，其制作与养护同立方体试件。大量试验表明：轴心抗压强度 f_c 与立方体抗压强度 f_{cu} 之间存在一定的关系，在立方体抗压强度 $f_{cu}=10\sim55MPa$ 的范围内，$f_c=(0.7\sim0.8)f_{cu}$。

3. 影响混凝土强度的因素

混凝土的强度与水泥强度等级、水灰比及骨料的性质有密切关系，还受到施工质量、养护条件及龄期的影响。

（1）水泥强度等级和水灰比

水泥强度等级和水灰比是影响混凝土强度的主要因素。在其他条件相同时，水泥强度等级愈高，则混凝土强度愈高；在一定范围内，水灰比愈小，混凝土强度愈高。反之，水灰比大，则用水量多，多余的游离水在水泥硬化后逐渐蒸发，使混凝土中留下许多微细小孔而不密实，使强度降低。

（2）粗骨料

粗骨料的强度一般都比水泥石的强度高，因此，骨料的强度一般对混凝土的强度几乎没有影响。但是，如果含有大量软弱颗粒、针片状颗粒及风化岩石，则会降低混凝土的强度。另外，骨料的表面特征也会影响混凝土的强度。表面粗糙、多棱角的碎石与水泥黏结力，比表面光滑的卵石要好。所以，水泥强度等级、水灰比相同的情况下，碎石混凝土的强度高于卵石混凝土的强度。

（3）养护条件

适当的温度和足够的湿度是混凝土强度顺利发展的重要保证。

温度升高，水化速度加快，混凝土的强度发展也快；反之，在低温下混凝土强度发展相应迟缓，温度对混凝土强度的影响如图 4-9 所示。当温度处于冰点以下时，由于混凝土中的水分大部分结冰，混凝土的强度不但停止发展，同时还会受到冻胀破坏作用，严重影响混凝土早期强度和后期强度。

水是水泥水化反应的必要成分，湿度适当，水泥水化顺利进行，使混凝土强度得到充分发挥。如果湿度不够，水泥水化反应不能正常进行，甚至水化停止，使混凝土结构疏松，形成干缩裂缝，严重降低了混凝土的强度和耐久性。图 4-10 是混凝土强度与保持潮湿日期的关系。

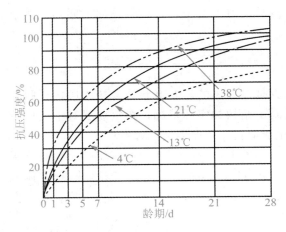

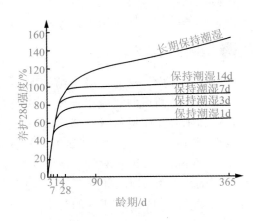

图 4-9　混凝土强度与养护温度的关系　　　图 4-10　混凝土强度与保持潮湿日期的关系

因此，一般混凝土在浇筑 12h 内进行覆盖，待具有一定强度时注意浇水养护。对硅酸盐水泥、普通水泥和矿渣水泥拌制的混凝土，浇水养护日期不得少于 7 天；使用火山灰水泥、粉煤灰水泥或掺用缓凝型外加剂及有抗渗要求的混凝土，浇水养护日期不得少于 14 天；如平均气温低于 5℃时，不得浇水。混凝土表面不便浇水时，应用塑料薄膜覆盖，以防止混凝土内水分蒸发。

（4）龄期

龄期指混凝土在正常养护条件下所经历的时间，混凝土的强度随着龄期增加而增大，最初的 7～14 天发展较快，28 天以后增长缓慢，在适宜的温、湿度条件下其增长过程可达数十年之久。不同龄期混凝土强度增长值见表 4-18。

表 4-18　各龄期混凝土强度的增长

龄期	7 天	28 天	3 个月	6 个月	1 年	2 年	4～5 年	20 年
混凝土强度	0.6～0.75	1	1.25	1.5	1.75	2	2.25	3.00

（5）外加剂和掺合料

掺减水剂，特别是高效减水剂，可大幅度降低用水量和水灰比，使混凝土的强度显著提高。掺高效减水剂是配制高强度混凝土的主要措施，掺早强剂可显著提高混凝土的早期强度。

在混凝土中掺入高活性的掺合料（如优质粉煤灰、硅灰、磨细矿渣粉等），可以与水泥的水化产物进一步发生反应，产生大量的凝胶物质，使混凝土更趋于密实，强度也进一步得到提高。

此外，施工条件、试验条件等都会对混凝土的强度产生一定的影响。

4.3.2　混凝土的耐久性

混凝土的耐久性是指混凝土在使用条件下，抵抗周围环境各种因素长期作用的能力。

混凝土的耐久性是一项综合性质，通常包括抗渗性、抗冻性、抗蚀性、抗碳化及碱-骨料反应等性能。

1. 混凝土的抗渗性

抗渗性是指混凝土抵抗水、油等液体压力渗透作用的能力。它是一项非常重要的耐久性指标，直接影响混凝土的抗冻性和抗侵蚀性。

混凝土的抗渗性用抗渗等级 PN 表示，有 P4、P6、P8、P10、P12 五个等级，相应表示混凝土能抵抗 0.4MPa，0.6MPa，0.8MPa，1.0MPa，1.2MPa 的静水压力而不渗水。

混凝土的渗水的主要原因是由于内部的孔隙形成连通的渗水通道。这些渗水通道主要来源于水泥浆中多余水分蒸发而留下的毛细孔、水泥浆泌水形成的泌水通道、各种收缩形成的微裂缝等。

2. 混凝土的抗冻性

混凝土的抗冻性是指混凝土在吸水饱和状态下，能经受多次冻融循环而不破坏，同时也不严重降低强度的性能。

混凝土的抗冻性用抗冻等级 FN 表示，混凝土的抗冻等级分别为 F10、F15、F25、F50、F100、F150、F200、F250 和 F300 等。例如 F50 表示混凝土能承受最大冻融循环次数为 50 次。

混凝土的抗冻性主要取决于混凝土的构造特征和含水程度。具有较高密实度及含闭口孔的混凝土具有较高的抗冻性，混凝土中饱和水程度越高，产生的冰冻破坏越严重。

3. 混凝土的抗碳化性

混凝土的碳化也称为中性化，是指空气中的 CO_2 在湿度适宜的条件下与水泥水化产物 $Ca(OH)_2$ 发生反应，生成碳酸钙和水，使混凝土碱度降低的过程。

碳化使混凝土内部碱度降低，对钢筋的保护作用降低，使钢筋锈蚀，对钢筋混凝土造成极大的破坏。另外，碳化还将显著增加混凝土的收缩，使混凝土的抗拉、抗折强度降低。

碳化对混凝土也有有利的影响，碳化放出的水分有助于水泥的水化作用，而且碳酸钙可填充水泥石孔隙，提高混凝土的密实度。

处于水中的混凝土，由于水阻止了 CO_2 与混凝土接触，所以混凝土不能被碳化；处于特别干燥的条件下，由于缺乏使 CO_2 与 $Ca(OH)_2$ 反应所需的水分，故碳化也不能进行。

4. 混凝土的碱-骨料反应

碱-骨料反应是指水泥、外加剂等混凝土组成物及环境中的碱与骨料中碱活性矿物（如活性 SiO_2、硅酸盐、碳酸盐等），在潮湿环境下缓慢发生导致混凝土开裂破坏的膨胀反应。

由此引起的膨胀破坏往往若干年之后才会逐渐显现。所以，对碱-骨料反应必须给予足够的重视。

预防碱-骨料反应的措施如下所述。

1）采用活性低的或非活性骨料。

2）控制水泥或外加剂中游离碱的含量。

3）掺粉煤灰、矿渣或其他活性混合材。

4）控制湿度，尽量避免产生碱-骨料反应的所有条件同时出现。

5. 提高混凝土耐久性的措施

混凝土所处的环境和使用条件不同，对其耐久性的要求也不相同，影响耐久性的响耐久性的因素却有许多相同之处，混凝土的密实程度是影响耐久性的主要因素，其次是原材料的性质、施工质量等。提高混凝土耐久性的措施主要有：

（1）根据混凝土工程所处的环境条件和工程特点选择合理的水泥品种；

（2）选用杂质少、级配良好的粗、细骨料，并尽量采用合理砂率；

（3）控制水灰比及保证足够的水泥用量是保证混凝土密实程度、提高混凝土耐久性的关键。《混凝土结构设计规范》（GB50010－2010）规定了混凝土结构的环境类别及结构混凝土材料的耐久性基本要求，如表 4-19、表 4-20 所示。

表 4-19　混凝土结构的环境类别

环境类别	条件
一	室内干燥环境； 无侵蚀性静水浸没环境
二 a	室内潮湿环境； 非严寒和非寒冷地区的露天环境； 非严寒和非寒冷地区与无侵蚀性的水或土壤直接接触的环境； 严寒和寒冷地区的冰冻线以下与无侵蚀性的水或土壤直接接触的环境
二 b	干湿交替环境； 水位频繁变动地区； 严寒和寒冷地区的露天环境； 严寒和寒冷地区冰冻线以上与无侵蚀性的水或土壤直接接触的环境
三 a	严寒和寒冷地区冬季水位变动区环境； 受除冰盐影响环境； 海风环境
三 b	盐渍土环境； 受除冰盐作用环境； 海岸环境
四	海水环境
五	受人为或自然的侵蚀性物质影响的环境

注：1. 室内潮湿环境是指构件表面经常处于结露或湿润状态的环境。

　　2. 严寒和寒冷地区的划分应符合国家现行标准《民用建筑热工设计规范》（GB50176－1993）的有关规定。

3. 海岸环境和海风环境宜根据当地情况，考虑主导风向及所处迎风、背风部位等因素的影响，由调查研究和工程经验确定。

4. 受除冰盐影响环境为受到除冰盐盐雾影响的环境；受除冰盐作用是指被除冰盐溶液溅射的环境以及使用除冰盐地区的洗车房、停车楼等建筑。

表 4-20 结构混凝土材料的耐久性基本要求

环境等级	最大水胶比	最低强度等级	最大氯离子含量	最大碱含量/(kg/m³)
一	0.60	C20	0.30	不限制
二 a	0.55	C25	0.20	3.0
二 b	0.50(0.55)	C30(C25)	0.15	
三 a	0.45(0.50)	C35(C30)	0.15	
三 b	0.40	C40	0.10	

注：1. 氯离子含量系指其占胶凝材料总量的百分比；

2. 预应力构件混凝土中的最大氯离子含量为 0.50%；最低混凝土强度等级应按表中的规定提高两个强度等级；

3. 素混凝土构件的水胶比及其最低强的等级的要求可适当放松；

4. 有可靠工程经验时，二类环境中的最低混凝土强度等级可降低一个等级。

5. 处于严寒和寒冷地区二 b、三 a 类环境中的混凝土应使用引气剂，并可采用括号中的有关参数；

6. 当使用非碱活性骨料时，对混凝土中的碱含量可不做限制。

《普通混凝土配合比设计规程》(JGJ55—2011)规定了混凝土最小胶凝材料用量，如表 4-21 所示。

表 4-21 混凝土的最小胶凝材料用量

最大水胶比	最小胶凝材料用量/(kg/m³)		
	素混凝土	钢筋混凝土	预应力混凝土
0.60	250	280	300
0.55	280	300	300
0.50	320		
≤0.45	330		

注：1. 配制 C15 及以下等级的混凝土，可不受本表限制。

2. 掺引气剂、减水剂等外加剂，以提高抗冻、抗渗等性能；

3. 在混凝土施工中，应搅拌均匀、振捣密实、加强养护，增加混凝土密实度，提高混凝土的质量；

4. 采用浸渍处理或用有机材料作防护层。

4.4 普通混凝土配合比设计

想一想

　　某砂场砌筑砖围墙，首先需浇筑300mm高、240mm宽的素混凝土条形基础。该围墙长度约76m，施工现场需准备水泥、砂、石、水各多少呢？

　　我们可以计算出素混凝土条形基础的体积，也就是需浇筑的混凝土的体积，只要知道配制1m³混凝土所需的各种材料用量，我们就不难求出浇筑素混凝土条形基础需要准备的各种材料用量。配制1m³混凝土所需的各种材料用量就是我们今天要学习的混凝土配合比。

　　普通混凝土配合比设计是确定混凝土各组成材料用量之间的比例关系。配合比常用的表示方法有两种：1)以每立方米混凝土中各种材料的质量表示，如水泥(m_c)340kg、水(m_w)180kg、砂(m_s)710kg、石子(m_g)1200kg；2)以各种材料间的质量比来表示(以水泥质量为1)，将上例换算成质量比为

$$m_c : m_s : m_g = 340 : 710 : 1200 = 1 : 2.09 : 3.53 \qquad \frac{w}{c} = \frac{m_w}{m_c} = 0.53$$

　　配合比设计的目的就是科学地确定这种比例关系，使混凝土满足工程所要求的各项技术指标，而尽量节约水泥。

　　混凝土配合比设计的方法有质量法和体积法两种，以下主要介绍质量法。

4.4.1 设计要求

1)满足混凝土结构设计所要求的强度等级。

2)满足混凝土施工所要求的和易性。

3)满足工程所处环境对混凝土耐久性的要求。

4)在上述三者兼顾的前提下，合理使用材料，节约水泥，降低成本。

5)满足可持续发展所需的生态性要求。

4.4.2 设计参数

　　混凝土配合比设计，实质上就是合理地确定水泥、水、砂与石子这四种基本组成材料用量之间的三个比例关系：①要得到适宜的水泥浆，就必须合理地确定水和水泥的比例关系，即水灰比；②要使砂石在混凝土中组成密实的骨架，就必须合理地确定砂和石子的比例关系，即砂率；③在水泥浆和骨架确定的基础上，水泥浆与集料的比例关系，用单位用水量表示，使水泥浆充分包裹集料并填充空隙，以得到符合要求的混凝土。水灰比、砂率、单位用水量是混凝土配合比设计的三个重要参数，正确地确定这三个参数，是确定混凝土合理配合比的基础。

<u>1. 水灰比</u>

单位体积混凝土中，水与水泥质量的比值称为水灰比(w/c)。它反映水与水泥之间的比例关系，是影响混凝土强度和耐久性的主要因素。因此，确定出的水灰比必须同时满足强度和耐久性的要求。

<u>2. 砂率</u>

砂占砂石总质量的百分率称为砂率$\left(\beta_s=\dfrac{m_{s0}}{m_{s0}+m_{g0}}\times100\%\right)$，它反映砂子和石子之间的比例关系。确定的原则是在保证拌和物具有黏聚性和流动性的前提下，尽量取较小值。

<u>3. 单位用水量</u>

单位用水量(m_w)是指 $1m^3$ 混凝土中的拌合用水量，反映混凝土中水泥浆与骨料之间的比例关系。确定的原则是在达到流动性的要求下，取较小值。

4.4.3　设计的基本资料

1)明确混凝土各项技术要求，如混凝土强度要求、和易性要求、耐久性要求等。

2)合理选择原材料，并预先检验，明确所用材料的品质及技术性能指标。如：水泥的品种及实际强度、密度等；砂、石集料的品种、质量、级配及粗细程度等；是否掺用外加剂及掺合料；若掺须明确其品种、适宜掺量、掺加方法等。

4.4.4　设计方法及步骤

<u>1. 混凝土初步配合比的设计</u>

(1)混凝土配制强度的确定

混凝土配制强度应按下式计算，即

$$f_{cu,o}\geqslant f_{cu,k}+1.645\sigma$$

式中，$f_{cu,o}$——混凝土的配制强度，MPa；

　　　$f_{cu,k}$——混凝土立方体抗压强度标准值，MPa；

　　　　σ——混凝土标准差，MPa。

混凝土强度标准差 σ 的确定如下。

1)施工单位有近期同类混凝土(系指混凝土强度等级相同、配合比和生产工艺条件基本相同的混凝土)28 天强度统计资料时，按下式计算：

$$\sigma=\sqrt{\dfrac{\sum\limits_{i=1}^{N}f_{cu,i}^2-N\mu f_{cu}^2}{N-1}}$$

式中，$f_{cu,i}$——统计周期内同类混凝土第 i 组试件的强度值，MPa；

　　　μf_{cu}——统计周期内同类混凝土 N 组试件强度平均值，MPa；

N——统计周期内相同混凝土强度等级的试件组数，$N \geqslant 25$ 组。

混凝土强度标准差根据同类混凝土统计资料计算确定时，应符合下列规定：

①计算时，强度试件组数不应少于 25 组。

②对于强度等级，不大于 C30 的混凝土，当混凝土强度标准差计算值不小于 3.0MPa 时，则计算配制强度的标准差按计算结果取值；当强度标准差计算值小于 3.0MPa，则计算配制强度用的标准差应取 3.0MPa；对于强度等级大于 C30 小于 C60 的混凝土，当混凝土强度标准差计算值不小于 4.0MPa 时，则计算配制强度的标准差按计算结果取值；当强度标准差计算值小于 4.0 MPa 时，则计算配制强度用的标准差应取 4.0MPa。

2）无历史统计资料时，混凝土强度标准差 σ 应按表 4-22 确定。

表 4-22　混凝土强度标准差

混凝土强度等级	≤C20	C25～C45	C50～C55
σ/MPa	4.0	5.0	6.0

（2）计算水灰比

混凝土强度等级小于 C60 时，可根据试配强度 $f_{cu,o}$ 按下式计算水灰比，即

$$w/c = \frac{\alpha_a \cdot f_{ce}}{f_{cu,o} + \alpha_a \alpha_b f_{ce}}$$

式中，α_a，α_b——粗骨料回归系数应根据工程所使用的水泥和粗细骨料通过试验建立的灰水比和混凝土强度关系式来确定。若无上述试验统计资料，则可按《普通混凝土配合比设计规程》(JGJ55－2011)提供的 α_a，α_b 系数取用：

对于碎石混凝土取

$$\alpha_a = 0.53，\alpha_b = 0.20$$

对于卵石混凝土取

$$\alpha_a = 0.49，\alpha_b = 0.13$$

f_{ce}——水泥 28d 抗压强度实测值，即

$$f_{ce} = \gamma_c \times f_{ce,g}$$

γ_c——水泥强度等级富余系数，可按实际统计料资料确定；当缺乏实际统计资料时，可按表 4-23 选用。

$f_{ce,g}$——水泥强度等级值。

计算所得的混凝土水灰比值，应按表 4-19、表 4-20 的规定进行复核。

表 4-23　水泥强度等级值富余系数

水泥强度等级值	32.5	42.5	52.5
富余系数	1.12	1.16	1.10

在确定采用的水灰比时，应根据混凝土所处的环境条件，耐久性要求的允许最大水灰比进行校核，从中选择小者。

（3）确定单位用水量

当水灰比在 0.40～0.80 范围内时，根据所选用粗集料的种类、粒径及施工要求的混凝土拌和物稠度值（坍落度或维勃稠度），按表 4-24 选择每立方米混凝土拌和物的用水量。

表 4-24　混凝土的用水量选用表（摘自 JGJ55－2011）　　　　单位：kg/m³

拌和物稠度		卵石最大粒径/mm				碎石最大粒径/mm			
项目	指标	10	20	31.5	40	16	20	31.5	40
坍落度/mm	10～30	190	170	160	150	200	185	175	165
	35～50	200	180	170	160	210	195	185	175
	55～70	210	190	180	170	220	205	195	185
	75～90	215	195	185	175	230	215	205	195
维勃稠度/s	16～20	175	160		145	180	170		155
	11～15	180	165		150	185	175		160
	5～10	185	170		155	190	180		165

注：1. 本表用水量为采用中砂时的平均值。采用细砂时，每立方米混凝土用水量可增加 5～10kg；采用粗砂时，则可减少 5～10kg。
　　2. 掺用各种外加剂或掺合料时，用水量应相应调整。
　　3. 本表不适用于水灰比小于 0.4 或大于 0.8 的混凝土以及特殊成型工艺的混凝土。

（4）计算单位水泥用量

1）按配制强度要求计算单位水泥用量。在混凝土拌和物单位体积用水量选定后，即可根据配制强度或耐久性要求已得的水灰比值，用下式计算单位水泥用量：

$$m_{co} = m_{wo} \div (w/c)$$

2）按混凝土耐久性要求校核单位水泥用量。根据混凝土耐久性要求，普通水泥混凝土的最小水泥用量，依结构所处环境条件应不得小于表 4-21 规定数值。

（5）混凝土砂率的选定

混凝土砂率的选定，应根据粗集料的品种、最大粒径和混凝土拌和物的水灰比进行确定。当无历史资料可参考时，砂率的选定应符合下列规定。

1）坍落度为 10～60mm 混凝土的砂率，根据表 4-25 进行选择。

2）坍落度大于 60mm 混凝土的砂率，可经试验确定，也可在上述数表的基础上，按坍落度每增大 20mm，砂率增大 1% 的幅度予以调整。

3）坍落度小于 10mm 混凝土砂率，应经试验确定。

表 4-25　混凝土的砂率　　　　单位：%

水灰比	卵石最大粒径/mm			碎石最大粒径/mm		
	10	20	40	16	20	40
0.40	26～32	25～31	24～30	30～35	29～34	27～32
0.50	30～35	29～34	28～33	33～38	32～37	30～35
0.60	33～38	32～37	31～36	36～41	35～40	33～38
0.70	36～41	35～40	34～39	39～44	38～43	36～41

注：1. 本表数值系中砂的选用砂率，对细砂或粗砂，可相应地减少或增大砂率；
　　2. 只用一个单粒级粗骨料配制混凝土时，砂率应适当增大；
　　3. 采用人工砂配制混凝土时，砂率可适当增大。

(6)用质量法计算粗、细骨料单位用量

质量法又称假定表观密度法。该法是假定混凝土拌和物的表观密度为一固定值，混凝土拌和物各组成材料的单位用量之和即为其表观密度。在砂率值为已知的条件下，粗、细骨料的单位用量可用下式求得：

$$\begin{cases} m_{co} + m_{go} + m_{so} + m_{wo} = m_{cp} \\ \beta_s = \dfrac{m_{so}}{m_{so} + m_{go}} \times 100\% \end{cases}$$

式中，m_{co}——每立方米混凝土的水泥用量，kg；

$\quad\quad m_{go}$——每立方米混凝土的粗骨料用量，kg；

$\quad\quad m_{so}$——每立方米混凝土的细骨料用量，kg；

$\quad\quad m_{wo}$——每立方米混凝土的用水量，kg；

$\quad\quad \beta_s$——砂率；

$\quad\quad m_{cp}$——每立方米混凝土拌和物的假定质量(kg)，其值可取 2350～2450kg。

(7)计算初步配合比

将上述计算结果表示为 m_{co}，m_{so}，m_{go}，m_{wo} 或 $m_{co} : m_{so} : m_{go} = 1 : \dfrac{m_{so}}{m_{co}} : \dfrac{m_{go}}{m_{co}}$ $\dfrac{w}{c} = \dfrac{m_{wo}}{m_{co}}$

以上混凝土配合比计算公式和表格，均以干燥状态骨料(指含水率小于 0.5% 的细骨料或含水率小于 0.2% 的粗骨料)为基准。当以饱和面干骨料为基准进行计算时，则应做相应的修正。

2. 混凝土配合比的试配

以上求出的初步配合比的各材料用量，是借助于经验公式、图表算出或查得的，能否满足要求，还需要通过试验及试配调整来完成。混凝土试配时，应采用工程中实际使用的原材料；混凝土的搅拌方法，宜与生产时使用的方法相同；每盘混凝土的最小搅拌量应符合表 4-26 的规定；当采用机械搅拌时，其搅拌量不应小于搅拌机额定搅拌量的1/4。

表 4-26　混凝土试配的最小搅拌量

骨料最大粒径/mm	拌和物数量/L
≤31.5	20
40	25

(1)和易性的检验与调整——确定基准配合比

按初步配合比进行试配时，首先应进行试拌以检查拌和物的性能，当试拌得出的拌和物坍落度或维勃稠度不能满足要求时，或黏聚性和保水性不好时，当坍落度比设计值大或小时，可以保持水灰比不变，相应减少或增加水泥浆用量。对于普通混凝土每增加或减少 10mm 坍落度，约需增加或减少 2%～5% 的水泥浆；当坍落度比要求值大时，除上述方法以外，还可以在保持砂率不变的情况下，增加骨料用量；若坍落度值大，且拌和物黏聚性、保水性差时，可减少水泥浆、增大砂率（保持砂石总量不变，增加砂用量，相应减少石子用量），这样重复测试、直至符合要求为止。然后得出和易性已满足要求的供检验混凝土强度用的基准配合比。

（2）强度检验与调整——确定配制强度对应的水灰比

1）混凝土强度试验时至少采用三个不同的配合比。当采用三个不同的配合比时，其中一个应为基准配合比，另外两个配合比的水灰比，宜较基准配合比分别增加或减少0.05；用水量和基准配合比相同，砂率可分别增加或减少1%。当不同水灰比的混凝土拌和物坍落度与要求值的差超过允许偏差值时，可通过增减用水量实行调整。

2）制作混凝土强度试验试件时，应检验混凝土拌和物的坍落度或维勃稠度、黏聚性、保水性及拌和物的表观密度，并以此结果作为代表相应配合比的混凝土拌和物的性能。

3）进行混凝土强度试验时，每种配合比至少应制作一组（三块）试件，标准养护到28d时，测其立方体抗压强度值。并用作图法把不同水灰比值的立方体强度标在以强度为纵轴，水灰比为横轴的坐标上，就可得到强度—水灰比的线性关系。由该直线可求出配制强度对应的水灰比值，即所需的设计水灰比值。也可用线性内插法求得配制强度对应的水灰比值。必要时可制作几组试件，供快速检验或较早龄期试压，以便提前确定配合比，供施工使用。但应以标准养护28d强度或现行国家标准规定的龄期强度的检验结果为依据调整配合比。

3. 混凝土配合比的调整与确定

根据试验得出的3组配合比的混凝土强度与其对应的水灰比（w/c）关系，用作图法或计算法求出混凝土配制强度（$f_{cu,o}$）对应的水灰比，并按下列原则确定每立方米混凝土的材料用量。

（1）按强度检验结果修正配合比

1）用水量（m_{wo}）：应在基准配合比的用水量的基础上，根据制作强度试件时测得的坍落度或维勃稠度进行调整。

2）水泥用量（m_{co}）：应以用水量乘由强度—水灰比关系直线上定出的配制强度对应的水灰比计算确定。

3）粗骨料和细骨料用量（m_{so}、m_{go}）：应在基准配合比的基础上，按选定的水灰比进行调整后确定。

（2）经试配确定配合比后，尚应按下列步骤进行校正：

1）按下式计算混凝土的表观密度计算值 $\rho_{c,c}$：

$$\rho_{c,c} = m_c + m_g + m_s + m_w$$

2）按下式计算混凝土配合比校正系数 δ：

$$\delta = \frac{\rho_{c,t}}{\rho_{c,c}}$$

式中，$\rho_{c,t}$——混凝土表观密度实测值，kg/m^3；

$\rho_{c,c}$——混凝土表观密度计算值，kg/m^3。

3)当混凝土表观密度实测值与计算值之差的绝对值不超过计算值 2％时，不需乘校正系数；当二者之差超过 2％时，应将配合比中每项材料用量均乘以校正系数后，即为确定的设计配合比。

（3）根据本单位常用的材料，可设计出常用的混凝土的配合比备用；在使用过程中，应根据材料情况及混凝土质量检验的结果予以调整。但有下列情况之一时，应重新进行配合比设计。

1)混凝土性能有特殊要求时。

2)水泥、外加剂或矿物掺合料品种、质量有显著变化时。

3)该配合比的混凝土生产间断半年以上时。

4. 施工配合比

上述确定的设计配合比中，骨料是按干燥状态（即石的含水率小于 0.2％，砂的含水率小于 0.5％计算的）。而施工现场的砂、石，常含一定量水分，并且含水率经常变化。为保证混凝土质量，应根据现场砂石含水率，对设计配合比进行修正。修正后的配合比称为施工配合比。

若施工现场实测砂含水率为 $a\%$，石子含水率为 $b\%$，则将上述设计配合比换算成现场施工配合比，即

$$m'_c = m_c$$
$$m'_s = m_s(1 + a\%)$$
$$m'_g = m_g(1 + b\%)$$
$$m'_w = m_w - m_s \times a\% - m_g \times b\%$$

应用实例：设计要求：某工程现浇室内钢筋混凝土梁，混凝土设计强度等级为 C30，施工采用机械拌和、机械振捣，选择混凝土坍落度为 35～50mm。施工单位无混凝土强度统计资料。原材料：42.5 级普通水泥；中砂，级配合格；卵石，最大粒径 40mm；自来水。试设计混凝土的配合比。

解 设计步骤如下。

（1）计算配制强度

查表 4-19，取 $\sigma = 5.0$MPa，则

$$f_{cu,o} = f_{cu,k} + 1.645\sigma$$
$$= 30 + 1.645 \times 5.0$$
$$= 38.23\text{MPa}$$

（2）计算水灰比

原材料选用卵石，取 $\alpha_a = 0.48$，$\alpha_b = 0.33$，则

$$\frac{w}{c} = \frac{\alpha_a \cdot f_{ce}}{f_{cu,o} + \alpha_a \alpha_b f_{ce}} = \frac{0.49 \times 42.5 \times 1.16}{38.23 + 0.49 \times 0.13 \times 42.5 \times 1.13} = 0.58$$

复核水灰比：由于是室内钢筋混凝土梁，属于室内干燥环境，查表 4-19、表 4-20，可知混凝土的最大水灰比（水胶比）是 0.60，该例计算出的水灰比 0.58 未超过规定的最大

水灰比值，因此水灰比满足混凝土耐久性的要求。

（3）确定单位用水量

根据原材料情况，粗骨料为卵石，最大粒径为 40mm；设计要求的混凝土坍落度为 35～50mm，查表 4-24 取 $m_{wo}=160$kg。

（4）计算单位水泥用量

$$m_{co}=160\div0.58=276\text{kg}$$

由于是室内钢筋混凝土梁，属于室内干燥环境，查表 4-21 可知混凝土的最小水泥用量为 280kg，计算出的水泥用量 276＜280kg，因此水泥用量 m_{wo} 取 280kg，耐久性满足要求，此时调整水灰比 $w/c=0.57$。

（5）确定砂率

根据原材料情况，粗骨料为卵石，最大粒径 40mm，水灰比 0.57，查表 4-25，用线性内插法可得 $\beta_s=30\%\sim35\%$，取 $\beta_s=33\%$。

（6）质量法计算砂、石用量

$$\begin{cases} m_{co}+m_{go}+m_{so}+m_{wo}=m_{cp} \\ \beta_s=\dfrac{m_{so}}{m_{so}+m_{go}}\times100\% \end{cases}$$

假定混凝土拌和物的质量 $m_{cp}=2\,400$kg，将已知数据代入计算公式，可得：

$$\begin{cases} 280+160+m_{so}+m_{go}=2\,400 \\ 33\%=\dfrac{m_{so}}{m_{so}+m_{go}}\times100\% \end{cases}$$

解方程组可得：$m_{so}=647$ kg，$m_{go}=1\,313$ kg

（7）计算初步配合比

$$m_{co}:m_{so}:m_{go}=280:647:1\,313$$
$$=1:2.31:4.69$$

$$\frac{w}{c}=0.57$$

（8）确定基准配合比

1）确定试配材料用量。根据原材料情况，查表 4-23，取试配材料用量为 25L：

$$m_{cp}=2\,400\times\frac{25}{1\,000}=60\text{ kg}$$

$$m_{co}=280\times\frac{25}{1\,000}=7\text{ kg}$$

同理

$$m_{wo}=4\text{ kg}$$
$$m_{so}=16.18\text{ kg}$$
$$m_{go}=32.83\text{ kg}$$

2）和易性检验。按上述试配材料用量拌和，检验混凝土拌和物的和易性。

经检验，该混凝土拌和物的坍落度低于 35mm，故需调整。保持水灰比不变，增加

5%的水泥浆数量后，各材料用量为

$$m_{ca} = 7 \times (1 + 5\%) = 7.35 \text{ kg}$$

$$m_{wa} = 4 \times (1 + 5\%) = 4.2 \text{ kg}$$

$$m_{sa} = (60 - 7.35 - 4.2) \times 33\% = 15.99 \text{ kg}$$

$$m_{ga} = 60 - 7.35 - 4.2 - 15.99 = 32.46 \text{ kg}$$

按调整后的材料用量，检验拌和物和易性，测得其坍落度值为38mm，且黏聚性及保水性均良好，即满足和易性要求。

3）基准配合比

$$m_{ca} : m_{sa} : m_{ga} = 7.35 : 15.99 : 32.46 = 1 : 2.18 : 4.42$$

$$\frac{w}{c} = 0.57$$

（9）确定配制强度对应的水灰比

1）确定强度复核与水灰比调整的试配材料用量。取水灰比分别为：

$$\frac{w}{c_1} = 0.52, \quad \frac{w}{c_2} = 0.57, \quad \frac{w}{c_3} = 0.62$$

用水量与基准配合比相同，即

$$m_{wa} = 4.2 \text{ kg}$$

$$m_{ca\ 1} = 8.08 \text{kg}, \quad m_{ca\ 2} = 7.35 \text{kg}, \quad m_{ca\ 3} = 6.77 \text{kg}$$

砂率分别为

$$\beta_1 = 32\%, \quad \beta_2 = 33\%, \quad \beta_3 = 34\%$$

$$m_{sa,\ 1} = 15.27 \text{kg}; \qquad m_{sa,\ 2} = 15.99 \text{kg}; \qquad m_{sa,\ 3} = 16.67 \text{kg}$$

$$m_{ga,\ 1} = 32.45 \text{kg}; \qquad m_{ga,\ 2} = 32.46 \text{kg}; \qquad m_{ga,\ 3} = 32.36 \text{kg}$$

2）强度与表观密度实测。经试验测得三组配合比均满足和易性要求，三组拌和物实测表观密度均为2 330kg/m³。

三组配合比试件28d实测强度分别为

$$\frac{w}{c_1} = 0.52; \frac{c}{w_1} = 1.92; f_{cu,28} = 45.6 \text{MPa}$$

$$\frac{w}{c_2} = 0.57; \frac{c}{w_2} = 1.75; f_{cu,28} = 39.5 \text{MPa}$$

$$\frac{w}{c_3} = 0.62; \frac{c}{w_3} = 1.61; f_{cu,28} = 34.8 \text{MPa}$$

3）计算配制强度对应的水灰比 $\frac{w}{c}$。根据上述三组试块的 $\frac{c}{w}$ 与28d强度的关系，用线性内插法求出与配制强度 $f_{cu,o} = 38.23 \text{MPa}$，对应的 $\frac{c}{w}$ 为1.71，其 $\frac{w}{c}$ 为0.58。

（10）配合比的调整

1）按强度检验结果修正配合比，并计算修正后每立方米混凝土的材料用量：

$$m_{wb} = 160 \times (1 + 5\%) = 168 \text{ kg}$$

$$m_{cb} = m_{wb} \times \frac{c}{w} = 168 \times 1.71 = 287 \text{kg}$$

取
$$m_{cp} = 2\,400\ \text{kg}; \beta_s = 33\%$$
$$m_{sb} = (2\,400 - 168 - 287) \times 33\% = 642 \text{kg}$$
$$m_{gb} = 2\,400 - 168 - 287 - 642 = 1\,303 \text{kg}$$

2）按实测表观密度修正配合比

计算表观密度为：
$$\rho_{c,c} = 168 + 287 + 642 + 1\,303 = 2\,400 \text{kg/m}^3$$

实测表观密度为
$$\rho_{c,t} = 2\,330 \text{kg/m}^3$$

由于表观密度实测值与计算值之差超过了计算值的 2%，因此按校正系数校正配合比。

计算混凝土配合比校正系数 δ：
$$\delta = \frac{\rho_{c,t}}{\rho_{c,c}} = \frac{2\,330}{2\,400} = 0.97$$

校正后 1m³ 混凝土材料用量：
$$m_c = 287 \times 0.97 = 278 \text{kg}$$
$$m_s = 642 \times 0.97 = 623 \text{kg}$$
$$m_g = 1\,303 \times 0.97 = 1\,264 \text{kg}$$
$$m_w = 168 \times 0.97 = 163 \text{kg}$$

（11）确定设计配合比
$$m_c : m_s : m_g = 278 : 623 : 1\,264$$
$$= 1 : 2.24 : 4.55$$
$$\frac{w}{c} = 0.58$$

应用实例：已知混凝土的设计配合比为 $m_c : m_s : m_g = 343 : 625 : 1\,250$，$\frac{w}{c} = 0.54$；测得施工现场砂含水率 4%，石含水率 2%，计算施工配合比。

解　$m_w = 343 \times 0.54 = 185 \text{kg}$

$m'_c = m_c = 343 \text{kg}$

$m'_s = 625 \times (1 + 4\%) = 650 \text{kg}$

$m'_g = 1\,250 \times (1 + 2\%) = 1\,275 \text{kg}$

$m'_w = 185 - 625 \times 4\% - 1\,250 \times 2\% = 135 \text{kg}$

施工配合比：
$$m'_c : m'_s : m'_g = 343 : 650 : 1\,275 = 1 : 1.90 : 3.72$$
$$\frac{w}{c} = 0.39$$

4.5 混凝土外加剂

混凝土外加剂是一种在混凝土搅拌之前或拌制过程中加入的、用以改善新拌混凝土和(或)硬化混凝土性能的材料,其掺量一般不超过水泥质量的5%。混凝土外加剂掺量较少,一般在混凝土配合比设计时不考虑外加剂对混凝土质量或体积的影响。

混凝土外加剂的使用是混凝土技术的重大突破,其掺量很小,却能显著改善混凝土的某些性能。在混凝土中应用外加剂,具有投资少、见效快、技术效益显著的特点。外加剂现已成为除四种基本组成材料以外的第五种组成材料。

根据国家标准《混凝土外加剂定义、分类、命名与术语》(GB/T8075－2005)的规定,混凝土外加剂按其主要使用功能分为四类。

1)改善混凝土拌和物流变性能的外加剂,包括减水剂和泵送剂等。

2)调节混凝土凝结时间、硬化性能的外加剂,包括缓凝剂、促凝剂和速凝剂等。

3)改善混凝土耐久性的外加剂,包括引气剂、防水剂、阻锈剂。

4)改善混凝土其他性能的外加剂,包括膨胀剂、防冻剂、着色剂。

目前,常用的混凝土外加剂主要有减水剂、引气剂、早强剂、缓凝剂、防冻剂、速凝剂、泵送剂等。

4.5.1 减水剂

减水剂是指在混凝土坍落度基本相同的条件下,能减少拌和用水量的外加剂。

1. 减水剂的作用机理

水泥加水拌和后,由于水泥颗粒间分子引力的作用,产生许多絮状物而形成絮凝结构(如图4-11所示),使10%～30%的游离水被包裹在其中,从而降低了混凝土拌和物的流动性。当加入适量减水剂后,减水剂分子定向吸附于水泥颗粒表面,使水泥的颗粒表面带上电性相同的电荷,产生静电斥力使水泥颗粒分开(如图4-12所示),从而导致絮状结构解体释放出游离水,有效地增加了混凝土拌和物的流动性。当水泥颗粒表面吸附足够的减水剂后,使水泥颗粒表面形成一层稳定的溶剂化水膜,这层水膜是很好的润滑剂,有助于水泥颗粒的滑动,从而使混凝土的流动性进一步提高。此外,减水剂还能使水泥更好地被水润湿,也有利于和易性的改善。

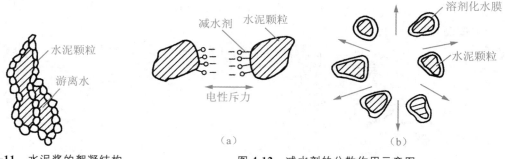

图 4-11　水泥浆的絮凝结构　　　　图 4-12　减水剂的分散作用示意图

2. 减水剂的作用效果

1）提高混凝土拌和物的流动性。在混凝土各组成材料用量一定的条件下，加入减水剂能明显提高混凝土拌和物的流动性，一般坍落度可提高 100～200mm。

2）减少混凝土拌和物的用水量，提高混凝土的强度。在混凝土中掺入减水剂后，可在混凝土拌和物坍落度基本一定的情况下，减少混凝土的单位用水量 5%～25%（普通型 5%～15%，高效型 10%～30%），从而降低了混凝土的水灰比，使混凝土强度提高。

3）节约水泥。在混凝土拌和物坍落度、强度一定的情况下，拌和物用水量减少的同时，水泥用量也可以减少，可节约水泥 5%～20%。

4）改善混凝土拌和物的性能。掺入减水剂后，可以减少混凝土拌和物的泌水、离析现象，延缓拌和物的凝结时间，减缓水泥水化放热速度，显著提高混凝土硬化后的抗渗性和抗冻性，提高混凝土的耐久性。

3. 常用的减水剂

（1）木质素系减水剂

这类减水剂主要成分为木质素磺酸盐或其衍生物，属于天然高分子化合物。目前国内研究及应用较多的有：M 型、木钠、木钙、CH、JM 等，属普通减水剂，具有减水、增强、引气、缓凝等综合效果。

（2）磺化煤焦油系减水剂

这类减水剂以芳香族磺酸盐甲醛缩合物为主要成分。目前国内品种多达 20 多种，一般常用的有：NF、NNO、MF、FDN-SF、JN 等，作用同木质素系减水剂，但效果优于木质素系，属高效减水剂。

工程应用：普通减水剂适用于一般工程，高效减水剂适用于高强或超高强混凝土，高程泵送、超长距离泵送混凝土。

4. 减水剂的掺法

减水剂的掺法主要有先掺法、同掺法、后掺法等，其中以后掺法为最佳。后掺法是指减水剂加入混凝土中时，不是在搅拌时加入，而是在运输途中或在施工现场分一次加入或几次加入，再经二次或多次搅拌，成为混凝土拌和物。后掺法可减少、抑制混凝土拌和物在长距离运输过程中的分层离析和坍落度损失；可提高混凝土拌和物的流动性、减水率、强度和降低减水剂掺量、节约水泥等，并可提高减水剂对水泥的适应性等。特别适合于泵送法施工的商品混凝土。

4.5.2　引气剂

混凝土在搅拌过程中，能引入大量均匀分布、稳定而封闭的微小气泡的外加剂称为引气剂。掺入引气剂，能减少混凝土拌和物泌水离析，改善和易性，并能显著提高混凝土抗冻性、抗渗性。目前常用的引气剂为松香热聚物和松香皂等。近年来开始使用烷基磺酸钠、脂肪醇硫酸钠等品种。引气剂的掺用量极小，一般仅为水泥质量的 0.005％～0.015％，并具有一定的减水效果，减水率为 8％左右，混凝土的含气量为 3％～5％。一般情况下，含气量每增加 1％，混凝土的强度约下降 3％～5％。

工程应用：引气剂可用于抗渗混凝土、抗冻混凝土、抗硫酸盐侵蚀的混凝土、泌水严重的混凝土、贫混凝土、轻混凝土以及对饰面有要求的混凝土等，但引气剂不宜用于蒸养混凝土及预应力混凝土。

4.5.3 早强剂

能提高混凝土早期强度，并对后期强度无显著影响的外加剂称为早强剂。早强剂可分为氯盐类、硫酸盐类、有机胺类及复合早强剂等。

1. 氯盐类早强剂

氯盐类早强剂主要有氯化钙、氯化钠等，其中以氯化钙效果最佳。氯化钙易溶于水，适宜掺量为水泥质量的 1％～2％，能使混凝土 3d 强度提高 40％～100％，7d 强度提高 20％～40％，同时能降低混凝土中水的冰点，防止混凝土早期受冻。

氯盐类早强剂，最大的缺点是含有氯离子，会引起钢筋锈蚀，从而导致混凝土开裂。《混凝土结构工程施工质量验收规范》GB50204—2002 规定，在钢筋混凝土中氯盐的掺量不得超过水泥质量的 1％，在无筋混凝土中掺量不得超过 3％，在使用冷拉和冷拔低碳钢丝的混凝土结构及预应力混凝土结构中，不允许掺用氯盐类早强剂。

为抑制氯盐对钢筋的锈蚀作用，常将氯盐早强剂与阻锈剂亚硝酸钠复合使用。

2. 硫酸盐类早强剂

硫酸盐类早强剂应用较多的是硫酸钠，一般掺量为水泥质量的 0.5％～2.0％，当掺量为 1％～1.5％时，达到混凝土设计强度 70％的时间可缩短一半左右。

硫酸钠对钢筋无锈蚀作用，适用于不允许掺用氯盐的混凝土，但严禁用于含有活性集料的混凝土。同时应注意硫酸钠掺量过多，会导致混凝土后期产生膨胀开裂以及混凝土表面产生"白霜"现象。

3. 有机胺类早强剂

有机胺类早强剂早强效果最好的是三乙醇胺。三乙醇胺呈碱性，能溶于水，掺量为水泥质量的 0.02％～0.05％，能使混凝土早期强度提高 50％左右。与其他外加剂（如氯化钠、氯化钙、硫酸钠等）复合使用，早强效果更加显著。

三乙醇胺对混凝土稍有缓凝作用，掺量过多会造成混凝土严重缓凝和混凝土强度下降，故应严格控制掺量。

4. 复合早强剂

试验表明，上述几类早强剂以适当比例配制成的复合早强剂具有较好的早强效果。

工程应用：早强剂适用于蒸汽养护的混凝土及常温、低温和最低温度不低于−5℃环境中施工的有早强要求的混凝土。炎热环境条件下不宜使用早强剂。粉剂早强剂直接掺入混凝土干料中应延长搅拌时间30s。

4.5.4　缓凝剂

能延缓混凝土凝结时间，并对混凝土后期强度发展无不利影响的外加剂称为缓凝剂。缓凝剂主要有四类：糖类，如糖蜜；木质素磺酸盐类，如木钙、木钠；羟基羧酸及其盐类，如柠檬酸、酒石酸；无机盐类如锌盐、硼酸盐等。常用的缓凝剂是糖蜜和木钙，其中糖蜜的缓凝效果最好。

糖蜜的适宜掺量为水泥质量的0.1%～0.3%，混凝土凝结时间可延长2～4h，掺量过大会使混凝土长期酥松不硬，强度严重下降，但对钢筋无锈蚀作用。木质素磺酸钙的适宜掺量为水泥质量的0.2%～0.3%，混凝土凝结时间可延长1～3h。

工程应用：缓凝剂主要适用于夏季施工的混凝土、大体积混凝土、滑模施工、泵送混凝土、长时间或长距离运输的商品混凝土，不适用于5℃以下施工的混凝土、有早强要求的混凝土及蒸养混凝土。

4.5.5　防冻剂

在规定温度下，能显著降低混凝土的冰点，使混凝土液相不冻结或仅部分冻结，以保证水泥的水化作用，并在一定的时间内获得预期强度的外加剂称为防冻剂。常用的防冻剂有氯盐类(氯化钙、氯化钠)；氯盐阻锈类(以氯盐与亚硝酸钠阻锈剂复合而成)；无氯盐类(以亚硝酸盐、硝酸盐、碳酸盐及尿素复合而成)。

工程应用：氯盐类防冻剂适用于无筋混凝土；氯盐阻锈类防冻剂可用于钢筋混凝土；无氯盐类防冻剂可用于钢筋混凝土和预应力钢筋混凝土。硝酸盐、亚硝酸盐、碳酸盐不适用于预应力混凝土以及与镀锌钢材或与铝铁相接触部位的钢筋混凝土结构。另外，含有六价铬盐、亚硝酸盐等有毒成分的防冻剂，严禁用于饮水工程及与食品接触的部位。

4.5.6　速凝剂

能使混凝土迅速凝结硬化的外加剂称为速凝剂。我国常用的速凝剂有红星Ⅰ型、711型、728型等。

红星Ⅰ型速凝剂适宜掺量为水泥质量的2.5%～4.0%。711型速凝剂适宜掺量为水泥质量的3%～5%。

速凝剂掺入混凝土后，能使混凝土在5min内初凝，10min内终凝，1h就可产生强度，1d强度提高2～3倍，但后期强度会下降，28d强度约为不掺时的80%～90%。

工程应用：速凝剂主要用于矿山井巷、铁路隧道、引水涵洞、地下工程以及喷锚支护时的喷射混凝土或喷射砂浆工程。

4.5.7　泵送剂

能改善混凝土拌和物泵送性能的外加剂称为泵送剂。

泵送混凝土的基本要求是：具有大流动性而不泌水，以减小泵压力；具有施工所要求的缓凝时间，以减少坍落度损失。为此，混凝土泵送剂的组成如下。

1）减水组分：如磺化煤焦油系减水剂、木质素磺酸钙减水剂等。

2）缓凝组分：如糖蜜、糖钙、柠檬酸等。

3）引气组分：如松香热聚物、松香皂等。

4）其他助剂：如助泵剂、保塑剂等。

工程应用：泵送剂适用于工业与民用建筑及其他构筑物的泵送施工的混凝土；特别适用于大体积混凝土、高层建筑和超高层建筑用混凝土；适用于滑模施工等混凝土；也适用于水下灌筑桩混凝土。

4.5.8 外加剂的选择与使用

外加剂品种的选择，应根据工程需要、施工条件、混凝土原材料等因素通过试验确定。

外加剂品种确定后，要认真确定外加剂的掺量；掺量过小，往往达不到预期效果；掺量过大，则会影响混凝土的质量，甚至造成事故。因此，应通过试验试配确定最佳掺量。外加剂一般不能直接投入混凝土搅拌机内，应配制成合适浓度的溶液，随水加入搅拌机进行搅拌。对于不溶于水的外加剂，应与适量水泥或砂混合均匀后再加入搅拌机内。

应用实例：某钢筋混凝土工程为保证工期需在冬季进行施工，试选择合适的混凝土外加剂，并说明理由。

解 由于该工程需在冬季施工，要求混凝土具有较高的早期强度，否则容易产生冻害，因此应选用早强剂；由于该工程属钢筋混凝土工程，可采用硫酸盐类早强剂（如硫酸钠）、有机胺类早强剂（如三乙醇胺）和复合早强剂等。

思考练习

(1)什么是混凝土？什么是普通混凝土？

(2)普通混凝土的组成材料有哪几种？各有什么要求？

(3)配制混凝土时，应如何选择水泥的品种和强度等级？

(4)配制混凝土时，根据什么原则选择石子的最大粒径？

(5)何谓掺和料？工程中常用的掺合料有哪些？

(6)什么是混凝土拌和物的和易性？和易性包括哪些内容？

(7)为什么不能采用仅增加用水量的方式来提高混凝土拌和物的流动性？

(8)按坍落度和维勃稠度大小，混凝土可分为哪几类？

(9)影响混凝土拌和物和易性的因素有哪些？如何改善拌和物的和易性？

(10)什么是混凝土立方体抗压强度标准值？混凝土的强度等级根据什么来划分？有哪些强度等级？

(11)为什么养护条件的好坏对混凝土强度有很大的影响？

(12)影响混凝土强度的因素有哪些？采用哪些措施可提高混凝土强度？

(13)何谓砂率？何谓合理砂率？采用合理砂率配制混凝土有何意义？

(14)什么是混凝土的耐久性？混凝土耐久性包括哪些内容？

(15)什么是混凝土的抗渗性？如何表示？

(16)什么是混凝土的抗冻性？如何表示？

(17)什么是混凝土的碳化？混凝土的碳化带来的最大危害是什么？

(18)什么是混凝土的碱-骨料反应？可采取哪些措施预防碱-骨料反应的发生？

(19)可采取哪些措施提高混凝土的耐久性？

(20)混凝土配合比设计应满足哪些基本要求？

(21)如果不进行施工配合比的换算，直接将设计配合比作为施工配合比在施工现场使用，将带来什么后果？

(22)混凝土外加剂的选用应注意哪些问题？

实训练习

(1)下列工程中若掺入外加剂，各应选择哪种？试为每个工程列举出两种外加剂(具体名称)。

1)早期强度要求高的现浇钢筋混凝土工程；

2)炎热天气施工的预拌混凝土(较长距离运输)；

3)泵送混凝土；

4)游泳池抗渗混凝土。

(2)某工程现浇钢筋混凝土梁，梁断面尺寸为 400mm×600mm，钢筋间最小净距为 40mm，要求混凝土设计强度等级为 C30，工地现存下列材料，试选用合适的一种石子及水泥。

水泥：42.5 级普通水泥，52.5 级普通水泥。

石子：5～10mm；5～20mm；5～30mm；5～40mm。

(3)已知混凝土的设计配合比为 $m_c : m_s : m_g = 1 : 2.2 : 4.4$，$\dfrac{w}{c} = 0.58$；测得施工现场砂含水率 3％，石含水率 1％。试计算拌制一袋水泥(50kg)其他材料用量。

(4)某施工单位现浇钢筋混凝土梁，混凝土设计强度等级为 C25，施工采用机械拌和、机械振捣，选择混凝土坍落度为 35～50mm。施工单位无混凝土强度统计资料。采用材料如下：

32.5 级普通水泥；中砂，级配合格；碎石，最大粒径 40mm；自来水。试用质量法设计混凝土的初步配合比。

(5)某房屋的混凝土柱，其尺寸为 300mm×300mm×3 600mm，采用 $m_c : m_s : m_g = 1 : 2.3 : 3.72$，$\dfrac{w}{c} = 0.57$ 的配合比。试计算制作此柱四种材料的用量。(混凝土的表观密度按 2 400kg/m³ 计算)。

(6)干砂 500g，其筛分结果如下表，试评定此砂的颗粒级配和粗细程度。

筛孔尺寸/mm	5.00	2.50	1.25	0.63	0.315	0.16	0.16 以下
分计筛余量/g	25	50	100	125	100	75	25

(7)已知某混凝土设计配合比为：$m_c : m_s : m_g = 310 : 625 : 1\,210$，$\dfrac{w}{c} = 0.54$；测得施工现场砂含水率 5％，石含水率 2％，试计算施工配合比。

第 5 章

砂　浆

学 习 目 标

1. 掌握砂浆组成材料的技术要求。
2. 掌握砂浆的主要技术性质。
3. 熟悉砂浆的配合比设计方法。
4. 了解抹面砂浆和装饰砂浆的有关知识。

5.1　砌筑砂浆的原材料

砌筑砂浆是将砖、石、砌块等块材黏结为砌体的砂浆。在工程中它起着黏结、衬垫和传递荷载的作用，其主要品种有水泥砂浆和水泥混合砂浆。

水泥砂浆是由水泥、细骨料和水配制的砂浆；水泥混合砂浆是由水泥、细骨料、掺加料和水配制的砂浆（如水泥石灰砂浆、水泥黏土砂浆等）。砌筑砂浆组成材料的选择如下所述。

5.1.1　水泥

应根据砂浆用途、所处环境条件选择水泥的品种。砌筑砂浆宜采用砌筑水泥、普通水泥、矿渣水泥、火山灰水泥和粉煤灰水泥。对用于蒸压加气混凝土砌块和混凝土小型空心砌块的专用砌筑砂浆，一般宜采用普通水泥或矿渣水泥。

砌筑砂浆所用水泥的强度等级，应根据设计要求进行选择。水泥砂浆不宜采用强度等级大于 32.5 级的水泥；水泥混合砂浆不宜采用强度等级大于 42.5 级的水泥。严禁使用不合格水泥。

5.1.2　砂

砌筑砂浆宜采用中砂，其中毛石砌体宜选用粗砂。砂的含泥量不应超过 5％。强度等级为 M2.5 的水泥混合砂浆，砂的含泥量不应超过 10％。砂中含泥量过大，不但会增加砂浆的水泥用量，还会使砂浆的收缩值增大，耐久性降低，影响砌筑质量。M5 级及以上的水泥混合砂浆，如砂的含泥量过大，对强度会有明显的影响。

5.1.3　掺加料

为调节和改善砂浆的性能，砂浆中可加入无机材料（如石灰膏、黏土膏、粉煤灰等）。

石灰膏应充分熟化，生石灰熟化成石灰膏时，应用孔径不大于 3mm×3mm 的网过滤，熟化时间不少于 7d；磨细生石灰粉不少于 2d。为了保证石灰膏的质量，要求石灰膏应防止干燥、冻结和污染。严禁使用脱水硬化的石灰膏，因为这种石灰膏不但起不到塑化作用，还会影响砂浆强度。

黏土膏应采用黏土或亚黏土制备，宜用搅拌机加水搅拌，通过孔径不大于 3mm×3mm 的网过滤，达到所需细度，从而起到塑化作用。黏土中有害物质主要是有机物质，其含量过高会降低砂浆质量。用比色法鉴定黏土中的有机物含量时应浅于标准色。

消石灰粉不得直接用于砌筑砂浆中。

5.1.4 外加剂

砌筑砂浆中掺入砂浆外加剂是发展方向。外加剂包括：微沫剂、减水剂、早强剂、促凝剂、缓凝剂、防冻剂等。

其中，微沫剂是用松香与工业纯碱熬制成的一种憎水性有机表面活性物质，掺入砂浆中经强力搅拌，会形成许多微小气泡，能增强水泥的分散性，从而改善砂浆的和易性。砌筑砂浆中使用的外加剂，应具有法定检测机构出具的检测报告，并经砂浆性能试验合格后，方可使用。

5.1.5 水

配制砂浆用水应符合现行行业标准《混凝土用水标准》(JGJ63—2006)的要求。

5.2 砌筑砂浆的性质

砌筑砂浆应具有良好的和易性、足够的抗压强度、黏结强度和耐久性。

5.2.1 和易性

和易性良好的砂浆便于操作，能在砖、石表面上铺成均匀的薄层，并能很好地与底层黏结。和易性包括稠度和保水性两个方面。

1. 稠度

砂浆稠度（又称流动性）表示砂浆在自重或外力作用下流动的性能，用沉入度表示。沉入度通过砂浆稠度仪测定，以标准圆锥体在砂浆内自由下沉 10s 时，沉入砂浆中的深度数值(mm)表示。其值越大则砂浆流动性越大，但此值过大会降低砂浆强度，过小又不便于施工操作。工程中砌筑砂浆适宜的稠度应按表 5-1 选用。

表 5-1　砌筑砂浆的稠度

砌体种类	砂浆稠度/mm
烧结普通砖砌体	70～90
轻骨料混凝土小型空心砌块砌体	60～90

砌体种类	砂浆稠度/mm
烧结多孔砖、空心砖砌体	60～80
混凝土小型空心砌块砌体	50～80
烧结普通砖平拱式过梁 空斗墙、筒拱 加气混凝土砌块墙体	50～70
石砌体	30～50

2. 保水性

保水性是指砂浆能够保持水分的性能，用分层度表示。

分层度通过分层度仪测定，首先将砂浆拌和物按沉入度试验方法测定沉入度 K_1，然后将拌好的砂浆装入分层度筒内，静止 30min 后，去掉上面一层 200mm 厚度的砂浆，将下面剩余 100mm 砂浆倒出拌和均匀，测其沉入度 K_2，两次沉入度差（$K_1 - K_2$）称为分层度，以 mm 表示。保水性好的砂浆分层度以 10mm～30mm 为宜。分层度小于 10mm 的砂浆，虽保水性良好，但过于黏稠不易施工或易发生干缩裂缝，尤其不宜作抹面砂浆；分层度大于 30mm 的砂浆，保水性差，不宜采用。

5.2.2 抗压强度

砂浆硬化后在砌体中主要传递压力，所以砌筑砂浆应具有足够的抗压强度。确定砌筑砂浆的强度，应按标准试验方法制成边长 70.7mm 的立方体标准试件，在标准条件下养护 28d 测其抗压强度，并以 28d 抗压强度值来划分砂浆的强度等级。

砌筑砂浆分为 M20、M15、M10、M7.5、M5、M2.5 共 6 个强度等级。其中混凝土小型空心砌块砌筑砂浆强度等级用 Mb 表示，分为 Mb30、Mb25、Mb20、Mb15、Mb10、Mb7.5、Mb5.0 共 7 个强度等级。各强度等级相应的强度指标见表 5-2。

表 5-2 砂浆强度指标

强度等级		抗压极限强度/MPa
砌筑砂浆	混凝土小型砌块砌筑砂浆	
	Mb30.0	30.0
	Mb25.0	25.0
M20.0	Mb20.0	20.0
M15.0	Mb15.0	15.0
M10.0	Mb10.0	10.0
M7.5	Mb7.5	7.5
M5.0	Mb5.0	5.0
M2.5		2.5

砌筑砂浆的强度等级应根据工程类别及不同砌体部位选择。在一般建筑工程中，办公楼、教学楼及多层商店等工程宜用 M5～M10 的砂浆；平房宿舍、商店等工程多用 M2.5、M5 的砂浆；食堂、仓库、地下室及工业厂房等多用 M2.5～M10 的砂浆；检查井、雨水井、化粪池等可用 M5 砂浆。特别重要的砌体才使用 M10 以上的砂浆。

5.2.3　黏结强度与耐久性

砌筑砂浆必须有足够的黏结强度，以便将砖、石、砌块黏结成坚固的砌体。从砌体的整体性来看，砂浆的黏结强度较抗压强度更为重要。根据试验结果，凡保水性能优良的砂浆，黏结强度一般较好。砂浆强度等级愈高，其黏结强度也愈大。此外砂浆黏结强度还与砖、砌块表面清洁度、润湿情况及养护条件有关。砌筑前砖和砌块要浇水湿润（冬期施工除外），其含水率控制分别为：烧结普通砖为 10%～15%，蒸压灰砂砖和粉煤灰砖为 8%～12% 为宜；对于混凝土实心砖、普通小砌块，因具有饱和吸水率低和吸水速度迟缓的特点，在一般情况下砌墙时可不浇水；轻骨料小砌块的吸水率较大，有些品种其饱和吸水率可达 15% 左右，对这类小砌块应提前浇水湿润。为了避免砌筑时产生砂浆流淌，在保证砂浆不致失水过快，并保证砌体黏结强度的前提下，施工单位可自行控制砌块的含水率，并应与砌筑砂浆的稠度相适应。其目的就是为了提高砖、砌块与砂浆之间的黏结强度，从而提高砌体的抗剪强度。也可使砂浆强度保持正常增长，以提高砌体的抗压强度。

考虑耐久性，对有冻融循环次数要求的砌筑砂浆，经冻融试验后，质量损失率不得大于 5%，抗压强度损失率不得大于 25%。

5.2.4　密度

水泥砂浆拌和物的堆积密度不宜小于 1 900kg/m³；水泥混合砂浆拌和物的堆积密度不宜小于 1 800kg/m³。

5.3　砌筑砂浆的配合比设计

5.3.1　水泥混合砂浆配合比设计

砂浆配合比设计，应根据原材料的性能和砂浆技术要求及施工水平，进行计算并经试配后确定。

水泥混合砂浆配合比设计步骤如下：

1.　计算试配强度

$$f_{m,o} = f_2 + 0.645\sigma$$

式中，$f_{m,o}$——砂浆试配强度，MPa，精确至 0.1MPa；

f_2——砂浆抗压强度(即设计强度)平均值,MPa,精确至 0.1MPa;

σ——砂浆现场强度标准差,MPa,精确至 0.01MPa。

砌筑砂浆现场强度标准差 σ 的确定,应符合下列规定:

(1)当有统计资料时,应按下式计算:

$$\sigma = \sqrt{\frac{\sum_{i=1}^{n} f_{m,i}^2 - n\mu f_m^2}{n-1}}$$

式中,$f_{m,i}$——统计周期内同一品种砂浆第 i 组试件的强度,MPa;

μf_m——统计周期内同一品种砂浆 n 组试件强度的平均值,MPa;

n——统计周期内同一品种砂浆试件的总组数,$n \geqslant 25$。

(2)当不具有近期统计资料时,水泥混合砂浆现场强度标准差 σ 可按表 5-3 选用;混凝土小型空心砌块砌筑砂浆的强度标准差 σ 按表 5-4 选用。

表 5-3　水泥混合砂浆强度标准差 σ 选用值　　　　　　　　单位:MPa

施工水平	砂浆强度等级					
	M2.5	M5	M7.5	M10	M15	M20
优良	0.50	1.00	1.50	2.00	3.00	4.00
一般	0.62	1.25	1.88	2.50	3.75	5.00
较差	0.75	1.50	2.25	3.00	4.50	6.00

表 5-4　混凝土小型空心砌块砌筑砂浆强度标准差 σ 选用值　　　　　　单位:MPa

施工水平	砂浆强度等级						
	Mb5.0	Mb7.5	Mb10.0	Mb15.0	Mb20.0	Mb25.0	Mb30.0
优良	1.00	1.50	2.00	3.00	4.00	5.00	6.00
一般	1.25	1.88	2.50	3.75	5.00	6.25	7.50
较差	1.50	2.25	3.00	4.50	6.00	7.50	8.00

2. 计算水泥用量

$$Q_C = \frac{1000(f_{m,o} - \beta)}{\alpha \cdot f_{ce}}$$

式中,Q_c——每立方米砂浆的水泥用量,kg,精确至 1kg;

f_{ce}——水泥的实测强度,MPa,精确至 0.1MPa;

α、β——砂浆的特征系数,其中:$\alpha = 3.03$;$\beta = -15.09$。

说明:各地区也可用本地区试验资料确定 α、β 值,统计用的试验组数不得少于 30 组。

在无法取得水泥的实测强度值时,可按下式计算:

$$f_{ce} = \gamma_c \cdot f_{ce,k}$$

式中,$f_{ce,k}$——水泥强度等级对应的强度值,MPa;

γ_c——水泥强度等级值的富余系数，该值应按实际统计资料确定，无统计资料时，γ_c 可取 1.0。

3. 计算掺加料用量

$$Q_D = Q_A - Q_C$$

式中，Q_D——每立方米砂浆的掺加料用量，精确至 1kg；石灰膏、黏土膏使用时的稠度为 $120 \pm 5mm$；当不符合此要求时，可按表 5-5 进行换算。

Q_C——每立方米砂浆的水泥用量，精确至 1kg。

Q_A——每立方米砂浆中水泥和掺加料的总量，精确至 1kg；宜在 300~350kg 选用。

表 5-5　石灰膏不同稠度时的换算系数

石灰膏稠度(mm)	120	110	100	90	80	70	60	50	40	30
换算系数	1.00	0.99	0.97	0.95	0.93	0.92	0.90	0.88	0.87	0.86

4. 计算砂用量

$$Q_S = \rho'_{os} \cdot v'_{os}$$

式中，Q_S——每立方米砂浆的砂用量，kg；

ρ'_{os}——砂的堆积密度，kg/m^3；

v'_{os}——砂的堆积体积，m^3。

采用干砂(含水率小于 0.5%)时，配制 $1m^3$ 砂浆，砂的堆积体积 v'_{os} 取 $1m^3$；若其他含水状态，应对砂的堆积体积进行换算。

5. 用水量的选用

每立方米砂浆中的用水量，根据砂浆稠度等要求可选用 $Qw = 240 \sim 310kg$。

关于用水量的选用说明如下：

①混合砂浆中的用水量，不包括石灰膏或黏土膏中的水；

②当采用细砂或粗砂时，用水量分别取上限或下限；

③稠度小于 70mm 时，用水量可小于下限；

④施工现场气候炎热或干燥季节，可酌情增加用水量。

6. 计算初步配合比

$$Q_C : Q_D : Q_S = 1 : X : Y$$

7. 配合比试配、调整与确定

试配时应采用工程中实际使用的材料；应采用机械搅拌。搅拌时间，应自投料结束算起，并应符合下列规定。

1）对水泥砂浆和水泥混合砂浆，不得小于120s。

2）对掺用粉煤灰和外加剂的砂浆，不得小于180s。

在试配中若初步配合比不满足砂浆和易性要求时，则需要调整材料用量，直到符合要求为止。将此配合比确定为试配时的砂浆基准配合比。

试配时至少应采用三个不同的配合比，其中一个为基准配合比，其余两个配合比的水泥用量，是在基准配合比的基础上，分别增加或减少10%。在保证稠度、分层度合格的前提下，可将用水量或掺加料用量作相应调整。

将三个不同的配合比调整满足和易性要求后，按规定试验方法成型试件，测定28d砂浆强度，从中选定符合试配强度要求且水泥用量最低的配合比作为砂浆配合比。

8. 施工配合比的换算

根据砂的含水率，将配合比换算为施工配合比。

5.3.2　水泥砂浆配合比选用

水泥砂浆配合比，可按表5-6选用各材料用量，试配、调整方法同水泥混合砂浆。

表 5-6　每立方米水泥砂浆材料用量

强度等级	水泥用量（kg）	砂子用量（kg）	用水量（kg）
M2.5～M5	220～230		
M7.5～M10	220～280	1m³砂子的堆积密度值	270～330
M15	280～340		
M20	340～400		

应用实例：水泥混合砂浆配合比设计。

配制强度等级为 M7.5，砌筑砖墙用的水泥石灰砂浆，稠度为70～90mm，现场施工水平一般。采用 42.5 级普通水泥；中砂（干砂），堆积密度为 1 450kg/m³；石灰膏稠度：120mm。

解　设计步骤如下。

1）计算试配强度（查表5-3，取 $\sigma = 1.88$MPa）

$$f_{m,o} = f_2 + 0.645\sigma = 7.5 + 0.645 \times 1.88 = 8.71\text{MPa}$$

2）计算水泥用量（取 $\alpha = 3.03$；$\beta = -15.09$）

$$Q_C = \frac{1\,000(f_{m,o} - \beta)}{\alpha \cdot f_{ce}} = \frac{1\,000 \times (8.71 + 15.09)}{3.03 \times 42.5} = 185\text{kg}$$

3）计算石灰膏用量（取 $Q_A = 330$kg）

$$Q_D = Q_A - Q_C = 330 - 185 = 145\text{kg}$$

4）计算砂用量（取 $v'_{os} = 1\text{m}^3$）

$$Q_S = \rho'_{os} \cdot v'_{os} = 1\,450 \times 1 = 1\,450\text{kg}$$

5)确定用水量

$$Q_w = 300kg$$

6)初步配合比

水泥：石灰膏：砂=185：145：1450=1：0.78：7.84

7)试配、调整(略)。

应用实例：水泥砂浆配合比设计。配制强度等级为 M10 砌筑砖墙用的水泥砂浆，稠度 70～90mm，施工水平优良。采用 32.5 级矿渣水泥；中砂(干砂)，堆积密度为 1 420kg/m³。

解 设计步骤如下。

1)计算试配强度(查表 5-3，取 $\sigma = 2.0MPa$)

$$f_{m,o} = f_2 + 0.645\sigma = 10 + 0.645 \times 2.0 = 11.29MPa$$

2)确定水泥用量。根据表 5-6，选取水泥用量：

$$Q_c = 280kg$$

3)砂用量(取 $v'_{os} = 1m^3$)

$$Q_S = \rho'_{os} v'_{os} = 1\ 420 \times 1 = 1\ 420kg$$

4)确定用水量。根据表 5-6 选用水量：

$$Q_w = 300kg$$

5)初步配合比

水泥：砂=280：1 420=1：5.07

6)试配、调整(略)。

应用实例：确定施工配合比。已知：经试配、调整后满足设计要求的砌砖用水泥石灰砂浆配合比为：水泥：石灰膏：砂=204：126：1 450=1：0.62：7.10，现场砂的含水率为 2%，石灰膏稠度为 110mm。

要求：换算成施工配合比。

解 换算步骤如下。

(1)水泥用量：$Q_C = 204kg$

(2)石灰膏用量：(查表 5-5，取石灰膏稠度换算系数为 0.99)

$$Q_D = 126 \times 0.99 = 125kg$$

(3)砂用量：

由于含水率为 2%，因此：

$$Q_S = 1\ 450 \times (1 + 0.02) = 1\ 479kg$$

施工配合比：水泥：石灰膏：砂=204：125：1 479=1：0.61：7.25

5.4 抹面砂浆与装饰砂浆

5.4.1 抹面砂浆

抹面砂浆也称抹灰砂浆，以薄层涂抹在建筑物内外表面，既可以保护墙体不受风雨、潮气等侵蚀，提高墙体的耐久性；同时也使建筑物表面平整、光滑、清洁、美观。与砌筑砂浆不同，对抹面砂浆的要求不是抗压强度，而是和易性以及与基底材料的黏结力。

为了保证抹灰层表面平整，避免开裂脱落，通常抹面砂浆分为底层、中层和面层。

底层砂浆主要起与基层黏结作用，要求沉入度较大(100～120mm)。砖墙底层抹灰多用石灰砂浆；有防水、防潮要求时用水泥砂浆；混凝土底层抹灰多用水泥砂浆或混合砂浆；板条墙及顶棚的底层抹灰多用混合砂浆或石灰砂浆。

中层砂浆(主要用于高级抹灰，有时可省去)主要起找平作用，多用混合砂浆或石灰砂浆，沉入度比底层稍小(70～90mm)。

面层砂浆主要起保护装饰作用，多用细砂配制的混合砂浆、麻刀石灰砂浆、纸筋石灰砂浆；在容易碰撞或潮湿的部位的面层，如墙裙、踢脚板、雨篷、水池、窗台等均应采用细砂配制的水泥砂浆(沉入度70～80mm)。

5.4.2 装饰砂浆

装饰砂浆是指专门用于建筑物室内外表面装饰，以增加建筑物美观为主的砂浆。它具有特殊的表面效果，呈现各种色彩、线条和花样。

装饰砂浆饰面可分为两类：一类是通过水泥砂浆的着色或水泥砂浆表面形态的艺术加工，获得一定色彩、线条、纹理、质感，达到装饰目的，称为灰浆类饰面；另一类是在水泥浆中掺入各种彩色石渣作骨料，制出水泥石渣浆抹于墙体基层表面，然后用水洗、斧剁、水磨等手段除去表面水泥浆皮，露出石渣的颜色和质感，这类饰面作法称为石渣类饰面。石渣类饰面与灰浆类饰面的主要区别在于：石渣类饰面主要靠石渣的颜色、颗粒形状来达到装饰目的，而灰浆类饰面则主要靠掺入颜料以及砂浆本身所能形成的质感来达到装饰目的。石渣类饰面的色泽比较明亮，质感相对更为丰富，并且不易褪色和污染，但造价较高。

1. 装饰砂浆的组成材料

（1）胶凝材料

装饰砂浆所用胶凝材料与普通抹面砂浆基本相同，只是更多地采用白水泥和彩色水泥。

（2）骨料

装饰砂浆所用骨料除普通砂之外，还常使用石英砂、彩釉砂和着色砂以及石渣、石屑、砾石、彩色瓷粒和玻璃珠等。

1)石英砂。石英砂分天然石英砂、人造石英砂及机制石英砂三种。人造石英砂和机制石英砂是将石英岩加以焙烧，经人工或机械破碎、筛分而成。它们比天然石英砂质量好、纯净，且二氧化硅含量高。

2)彩釉砂和着色砂。彩釉砂和着色砂均为人工砂。彩釉砂是由各种不同粒径的石英砂或白云石粒加颜料焙烧后，再经化学处理而制成的，在高温 80℃、低温－20℃下不变色，具有防酸、防碱性能。着色砂是在石英砂或白云石细粒表面进行着色而制得，着色多采用矿物颜料，人工着色的砂粒色彩鲜艳，耐久性好。

3)石渣。石渣也称石粒、石米等，是由天然大理石、白云石、花岗石、方解石破碎加工而成。石渣具有多种色泽(包括白色)，颜色耐久性好，是石渣类饰面的主要骨料。

4)石屑。石屑是粒径比石渣更小的细骨料，主要用于配制聚合物砂浆。

5)彩色瓷粒和玻璃珠。彩色瓷粒是以石英、长石和瓷土为主要原料烧制而成的。粒径为 1.2～3mm，颜色多样。玻璃珠即玻璃弹子，有各种镶色或花芯。彩色瓷粒和玻璃珠可代替彩色石渣用于室外装饰抹灰，也可嵌在水泥砂浆、混合砂浆或彩色砂浆底层上作为装饰饰面之用，如在檐口、腰线、外墙面、门头线、窗套等表面镶嵌一层各种色彩的瓷粒或玻璃珠，装饰效果极好。

(3)颜料

掺颜料的砂浆一般用在室外抹灰工程中。这些装饰面长期处于风吹、日晒、雨淋之中，且受到大气中有害气体的腐蚀和污染，因此选择合适的颜料，是保证饰面质量、避免褪色和变色、延长使用年限的关键。颜料选择要根据其价格、砂浆品种、建筑物所处的环境和设计要求而定。在装饰砂浆中，通常采用耐碱性好的矿物颜料。

2. 灰浆类砂浆饰面

(1)拉毛灰

拉毛灰是先用水泥砂浆或混合砂浆做底层，再用水泥石灰砂浆或水泥纸筋灰浆做面层，在面层灰浆尚未凝结之前用铁抹子或木蟹将罩面灰轻压后顺势轻轻拉起，形成凹凸质感较强的饰面层。要求表面拉毛花纹、斑点分布均匀，颜色一致，同一平面上不显接槎。拉毛灰同时具有装饰和吸声作用，多用于外墙面及影剧院等公共建筑的室内墙壁和顶棚的饰面。

(2)甩毛灰

甩毛灰是用竹丝刷等工具，将罩面灰浆甩洒在墙面上，形成大小不一但又很有规律的云朵状毛面。也有先在基层上刷水泥色浆，再甩上不同颜色的罩面灰浆，并用抹子轻轻压平，形成两种颜色的套色做法。要求甩出的云朵必须大小相称，纵横相同，既不能杂乱无章，也不能整齐划一，以免显得呆板。

(3)搓毛灰

搓毛灰是罩面灰浆初凝时，用硬木抹子由上至下搓出一条细而直的纹路，也可沿水平方向搓出一条 L 形细纹路,当纹路明显搓出后即停。这种装饰方法工艺简单、造价低、效果朴实大方,远看有如石材经过细加工的效果。

(4)扫毛灰

扫毛灰是采用竹丝扫帚,把按设计组合分格的面层砂浆,扫出不同方向的条纹,或做成仿岩石的装饰抹灰。扫毛灰做成假石以代替天然石饰面,施工方便,造价便宜,适用于影剧院、宾馆的内墙和庭院的外墙饰面。

(5)拉条

拉条抹灰是采用专用模具在面层砂浆上做出竖向线条的装饰做法。拉条抹灰有细条形、粗条形、半圆形、波形、梯形、方形等多种形式,是一种较新的抹灰做法。它具有美观、大方、不易积灰、成本低等优点,并有良好的音响效果,适用于公共建筑门厅、会议室、观众厅等。

(6)假面砖

假面砖是采用掺氧化铁系颜料的水泥砂浆,通过手工操作达到模拟面砖装饰效果的饰面做法,适用于房屋建筑外墙抹灰饰面。

(7)假大理石

假大理石是用掺适当颜料的石膏色浆和素石膏浆按 1∶10 比例配合,通过手工操作,做成具有大理石表面特征的装饰抹灰。这种装饰在颜色、花纹和光洁度等方面,都接近天然大理石,适用于高级装饰工程中的室内墙面抹灰。

(8)喷涂

喷涂多用于外墙饰面,是用挤压式砂浆泵或喷斗将聚合物水泥砂浆喷涂到墙面基层或底灰上,形成饰面层,在涂层表面再喷一层甲基硅醇钠或甲基硅树脂疏水剂,以提高饰面层的耐久性和减少墙面污染。

(9)外墙滚涂

外墙滚涂是将聚合物水泥砂浆抹在墙体表面上,用棍子滚出花纹,再喷罩甲基硅醇钠疏水剂形成饰面层。

(10)弹涂

弹涂是在墙体表面涂刷一道聚合物水泥色浆后,通过电动(或手动)弹力器分几遍将各种水泥色浆弹到墙面上,形成直径 1~3mm,大小近似、颜色不同、互相交错的圆形色点,深浅色点互相衬托,构成彩色的装饰面层。由于饰面凹凸起伏不大,加以外罩甲基硅树脂或聚乙烯醇缩丁醛涂料,故耐污染性能、耐久性较好。适用于建筑物内外墙面,也可用于顶棚饰面。

3. 石渣类砂浆饰面

(1)水刷石

水刷石是将水泥和粒径为 5mm 左右的石渣按比例混合,配制成水泥石渣砂浆,用做建筑物表面的面层抹灰,待水泥浆初凝后,以硬毛刷蘸水刷洗,或用喷浆泵、喷枪等喷以清水冲洗，将表面水泥浆冲走，使石渣半露而不脱落。水刷石饰面具有石料饰面的质感效果，如果再结合适当的艺术处理，如分格、分色、凹凸线条等，可使饰面获得自然美观、明快庄重、秀丽淡雅的艺术效果。因此，水刷石是一种深受人们欢迎的传统外墙装饰工艺，长期以来在我国各地被广泛采用。其不足之处是操作技术要求较高，费工费料，湿作业量大，劳动条件较差，且不能适应墙体改革的要求，故其应用日渐减少。

水刷石饰面除用于建筑物外墙面外，檐口、腰线、窗套、阳台、雨篷、勒脚及花台等部位也经常使用。

（2）斩假石

斩假石又称剁斧石，是以水泥石渣浆或水泥石屑浆作面层抹灰，待其硬化具有一定强度时，用钝斧及各种凿子等工具，在表面剁斩出类似石材经雕琢的纹理效果。

在石渣类饰面的各种做法中，斩假石的效果最好。它既具有貌似真石的质感，又有精工细作的特点，给人以朴实、自然、素雅、凝重的感觉。其存在的问题是费工费力，劳动强度大，施工效率较低。斩假石饰面一般多用于局部小面积装饰，如勒脚、台阶、柱面、扶手等。

（3）拉假石

这种工艺实质上是斩假石工艺的演变，它不是用斧子等工具在表面剁斩，而是用废锯条或 5～6mm 厚的铁皮加工成锯齿形，钉于木板上形成抓耙，用抓耙挠刮，除去表面水泥浆皮露出石渣，并形成条纹效果。与斩假石相比，其施工速度快，劳动强度较低，装饰效果类似斩假石，可大面积使用。

（4）干粘石

干粘石是在素水泥浆或聚合物水泥砂浆黏结层上，把石渣、彩色石子等骨料直接粘在砂浆层上，再拍平压实的一种装饰抹灰做法，分为人工甩粘和机械喷粘两种。要求石子黏结牢固，不脱落，不露浆。装饰效果与水刷石相同，而且避免了湿作业，提高了施工效率，又节约材料，应用广泛。

（5）水磨石

水磨石是由水泥、彩色石渣或白色大理石碎粒及水按适当比例配合，需要时掺入适量颜料，经拌匀、浇筑捣实、养护、硬化打磨、洒草酸冲洗、干后上蜡等工序制成。既可现场制作，也可工厂预制。

水磨石与前面介绍的干粘石、水刷石和斩假石同属石渣类饰面，但在装饰效果，特别是在质感方面有明显的不同。水刷石最为粗犷，干粘石粗中带细，斩假石则典雅、凝重，而水磨石则具有润滑细腻之感。其次是在颜色花纹方面，色泽华丽和花纹美观首推水磨石。斩假石的颜色一般较浅，很像斩凿过的灰色花岗石，水刷石有青灰、奶黄等颜色，干粘石的色彩主要决定于所用石渣的颜色，这三者都不像水磨石那样，能在表面制成细巧的图案花纹。

思考练习

(1)砌筑砂浆的主要品种有哪些?

(2)砌筑砂浆的组成材料有哪些?对组成材料有什么要求?

(3)砌筑砂浆有哪些主要性质?

(4)新拌砂浆的和易性包括哪两方面的含义?如何测定?

(5)砌筑砂浆的强度等级如何确定?有哪些强度等级?

(6)何谓装饰砂浆?装饰砂浆的做法有哪些?

实训练习

(1)砌筑砂浆流动性过大或过小,保水性的好坏会对工程质量有何影响?应如何选择?

(2)某工程砌筑用混合砂浆,强度等级为M10,沉入度为80~100mm。用强度等级为32.5的矿渣水泥,堆积密度为1 450kg/m³的中砂,稠度为120mm的石灰膏及自来水配制,施工水平一般。试设计该砂浆的初步配合比。

(3)某工程砌砖用水泥石灰砂浆设计配合比为:水泥:石灰膏:砂=139:211:1 500,现场砂的含水率为2%,石灰膏稠度为100mm。试换算成施工配合比。

第 6 章

建筑钢材

学 习 目 标

1. 掌握建筑钢材的基本性能。
2. 熟悉常用钢材的品种。
3. 掌握常用钢筋的性能及用途。
4. 熟悉钢丝及钢绞线的性能及用途。
5. 了解钢材在选用、验收及保管时应注意的问题。

　　人类大约在 17 世纪开始使用生铁，19 世纪开始用熟铁建造桥梁。19 世纪中叶开始出现强度高、延展性好、质量均匀的建筑钢材，从而使钢结构在桥梁及建筑方面得到广泛应用。除应用原有的梁、拱结构外，桁架、框架、网架、悬索结构逐渐发展，工程的跨径从砖石结构与木结构的几米、几十米发展到一百米、几百米直到现代的千米以上。工程的高度，由单层的几米，多层的十几米到高层、超高层的几十米、几百米。1998 年建成的上海金茂大厦，采用钢筋混凝土核心筒、外框钢骨混凝土柱及钢柱结构，高 421 米，当时居世界第三。2008 年 3 月完工的"鸟巢"(图 6-1)，其外形结构主要是由巨大的门式钢架组成，共有 24 根桁架柱，形态如同孕育生命的"巢"，它更像一个摇篮，寄托着人类对未来的希望，2009 年入选世界 10 年十大建筑。

图 6-1　鸟巢

　　建筑钢材是指用于建筑工程中的各种钢材，包括用于钢筋混凝土工程、预应力混凝土工程中的各种钢筋、钢丝及钢绞线和用于钢结构工程中的各类型钢(如角钢、槽钢、工字钢等)、钢板和钢管。此外，还有大量的钢材被用作门窗和建筑五金等。

6.1 钢材的力学性能和工艺性能

6.1.1 钢材的力学性能

1. 抗拉性能

抗拉性能是钢材的主要性能。由拉伸试验测定的屈服强度、抗拉强度和伸长率是钢材的主要技术指标。

钢材的抗拉性能可通过低碳钢受拉的应力-应变曲线图说明,如图 6-2(a)所示。其拉伸过程可分为四个阶段:弹性阶段(O-A)、屈服阶段(A-B)、强化阶段(B-C)和颈缩阶段(C-D)。

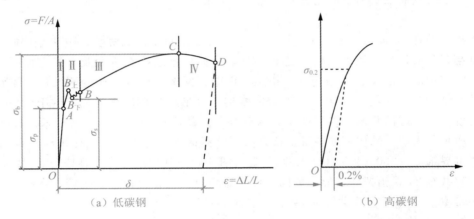

图 6-2　钢材拉伸时的 σ-ε 曲线

(1)弹性阶段

从图 6-2(a)可以看出,钢材开始受拉时,荷载较小,应力与应变成正比例,OA 是一条直线,此阶段产生的变形是弹性变形。OA 阶段称为弹性阶段,A 点对应的极限荷载 F_p(N),除以原始截面积 A_0(mm²),所得的应力称为弹性极限,用 σ_p(MPa)表示。

$$\sigma_p = \frac{F_P}{A_0}$$

在弹性极限范围内,应力 σ 与应变 ε 的比值为常数,称为弹性模量,用 E 表示,即 $E = \sigma / \varepsilon$。弹性模量是衡量材料产生弹性变形难易程度的指标,E 越大,使其产生一定量弹性变形的应力值也越大。弹性模量是计算钢结构变形的重要指标,建筑工程中广泛使用的 Q235 碳素结构钢的弹性模量 E 一般为$(2.0 \sim 2.1) \times 10^5$ MPa。

(2)屈服阶段

当荷载超过弹性极限 A 后,应力和应变不再成正比例关系,即应力的增长滞后于应变的增长,从 $B_上$ 至 $B_下$ 点甚至出现了应力减小的情况,到达 $B_上$ 点后钢材开始暂时失去抵抗变形的能力,这一现象称为"屈服"。

在屈服阶段内，若卸去外力，则试件变形不能完全恢复，即产生了塑性变形。$B_{\text{上}}$ 点所对应的应力称为屈服上限，$B_{\text{下}}$ 点所对应的应力称为屈服下限。由于 $B_{\text{下}}$ 点比较稳定且容易测定，故常以屈服下限作为钢材的屈服强度，用 σ_s 或 R_{el} 表示。

$$\sigma_s = \frac{F_s}{A_0}$$

钢材受力达到屈服强度后，尽管尚未断裂，但由于变形的迅速增长，已不能满足使用要求，故设计中一般以屈服强度作为钢材强度取值的依据。

对于在外力作用下屈服现象不明显的钢材(如某些合金钢或高碳钢)，则有规定非比例伸长应力，如可将产生残余变形为 0.2％原始标距长度时的应力作为该钢材的非比例伸长应力，又称为条件屈服强度，如图 6-2(b)所示，用 $\sigma_{p0.2}$ 表示为

$$\sigma_{p0.2} = \frac{F_{P0.2}}{A_0}$$

(3)强化阶段

当钢材屈服到一定程度后，由于内部晶格扭曲、晶粒破碎等原因，阻止了塑性变形的进一步发展，钢材抵抗外力的能力重新提高，表现在应力—应变图上曲线从 B 点开始上升至最高点 C，这一过程通常称为强化阶段，对应于最高点 C 的应力称为强度极限，又称抗拉强度，用 σ_b 或 R_m 表示。

$$\sigma_b = \frac{F_b}{A_0}$$

抗拉强度是钢材所能承受的最大拉应力。如 Q235 号钢的屈服强度在 235MPa 以上，抗拉强度在 370 MPa 以上。抗拉强度在设计计算中虽然不能直接利用，但屈服强度与抗拉强度的比值即屈强比，却是评价钢材受力特征的一个参数。屈强比值越高，钢材的利用率越高，但安全性较低；屈强比值低，钢材的利用率低，但安全性高。所以，合理的屈强比一般在 0.60～0.75。如 Q235 号钢的屈强比大约为 0.58～0.63，普通低合金钢的屈强比约为 0.65～0.75。

(4)颈缩阶段

当钢材强化达到 C 点后，在试件薄弱处的断面将显著减小，塑性变形急剧增加，产生"颈缩"现象而很快断裂，此时拉力下降到断裂点 D 点。将断裂后的试件拼合起来，便可量出标距范围的长度 l_1(如图 6-3 所示)，l_1 与试件受力前原始标距 l_0 之差为塑性变形值 Δl，Δl 与 l_0 之比称为伸长率，用 δ 或 A 表示。

$$\delta = \frac{l_1 - l_0}{l_0} \times 100\%$$

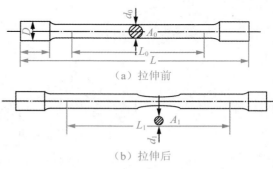

图 6-3　钢材拉伸示意图

通过拉力试验，还可测定另一个表示钢材塑性的指标——断面收缩率。它是试件拉断后，颈缩处断面积(如图 6-3 所示)收缩值($A_0 - A_1$)与原始断面积 A_0 之比，用 Ψ 表示。

$$\Psi = \frac{A_0 - A_1}{A_0} \times 100\%$$

伸长率 A 和断面收缩率 Ψ 都反映了钢材塑性变形能力的大小，是钢材重要的技术指标。A 和 Ψ 值越大，塑性越好。

应用实例： 经切削加工的试件直径为 20mm，做拉伸试验，达到 B_F 点时，试验机上荷载读数为 90 252N，达到 C 点时的读数为 133 416N，试件的测量长度为 200mm，拉断后的长度为 260mm，试计算该试件的屈服强度、抗拉强度和伸长率。

解 计算钢筋的横截面积

$$A_0 = \pi r^2 = 3.14 \times 10^2 = 314\text{mm}^2$$

再计算屈服强度和抗拉强度

$$\sigma_s = \frac{F_s}{A_0} = \frac{90\ 252\text{N}}{314\text{mm}^2} = 287\text{MPa}$$

$$\sigma_b = \frac{F_b}{A_0} = \frac{133\ 416\text{N}}{314\text{mm}^2} = 425\text{MPa}$$

计算伸长率

$$A = \frac{l_1 - l_0}{l_0} \times 100\% = \frac{260 - 200}{200} \times 100\% = 30\%$$

2. 冲击韧性

冲击韧性是指钢材抵抗冲击荷载的能力，简称韧性。冲击韧性指标是通过标准试件的冲击韧性试验确定的（如图 6-4 所示）。试验时，以摆锤冲击试件刻槽的背面，将其打断，试件单位截面积上所消耗的功即为钢材的冲击韧性指标，以 a_k 表示（J/cm^2）。a_k 越大，表明钢材的冲击韧性越好。a_k 低的钢材在断裂前没有显著的塑性变形，属脆性材料，不宜用作承受冲击荷载的构件，如连杆、桥梁、轨道等。对于重要钢结构及使用时承受动荷载作用的钢构件，要求钢材具有一定的冲击韧性。

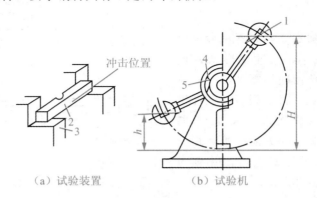

（a）试验装置 　　　　　（b）试验机

图 6-4　冲击韧性试验图

1—摆锤；2—试件；3—试验台；4—刻度盘；5—指针

冲击韧性能非常敏感地反映出钢材内部晶体组织、有害杂质、各种缺陷、应力状态及环境温度等微小变化对其性能的影响。温度对钢材冲击韧性的影响很大，某些钢材在室温条件下试验时并不呈脆性，但在较低温度下则呈现脆性。这种随温度降低而由韧性断裂转变为脆性断裂，冲击韧性显著降低的现象，称为冷脆性。与之相应的温度称为脆性转变温度，这个温度越低，表明钢材的冷脆性越小，低温韧性越好。所以在负温条件下使用的结构，应当选用脆性转变温度比使用温度要低的钢材。

3. 疲劳强度

钢材在受重复或交变应力作用下，循环一定周次 N（一般 $N=10\times10^6$）后，断裂时所能承受的最大应力，称为疲劳强度。此时 N 称为疲劳寿命。

对于承受重复或交变荷载的结构，如桥梁或工业厂房的吊车梁等，在选择钢材时必须考虑钢材的疲劳强度。

4. 钢材的硬度

钢材表面局部体积抵抗硬物压入的能力称为硬度，是衡量钢材软硬程度的指标。建筑钢材的硬度常用布氏法和洛氏法测定。其中布氏硬度是用一定直径的硬钢球，在一定荷载作用下压入钢材表面后，荷载值与压痕面积之比，如图 6-5 所示。

布氏硬度测定结果准确性较高，但压痕较大，不宜用作测定已成构件。而用洛氏硬度测定时，压痕微小，测后不影响构件的使用。硬度高的钢材一般采用洛氏法测定其硬度。

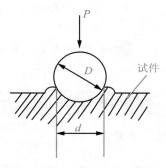

图 6-5　布氏硬度测定示意图

6.1.2　钢材的工艺性能

建筑钢材不仅应有优良的力学性能，而且还应有良好的工艺性能，以满足施工工艺的要求。其中冷弯性能和焊接性能是钢材的重要工艺性能。

1. 冷弯性能

钢材的冷弯性能是指钢材在常温下承受弯曲变形而不破裂的能力，通过弯曲试验确定，常用弯曲角度 α 和弯心直径 d 与试件直径（或厚度）a 的比值来表示，如图 6-6 所示。弯曲角度越大，d/a 值越小，说明试件受弯程度越高。钢材的技术标准中对不同钢材的冷弯指标均有具体规定。当按规定的弯曲角度和 d/a 值对试件进行冷弯时，试件受弯处不发生裂缝、断裂或起层，即认为冷弯性能合格。

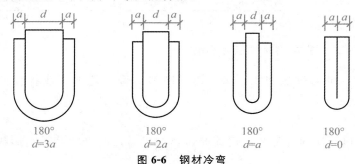

图 6-6　钢材冷弯

通过弯曲试验，有利于暴露钢材的某些内在缺陷，如钢材因冶炼、轧制过程不良产生的气孔、杂质、裂纹及焊接时出现的局部脆性和焊接接头质量缺陷等。所以，钢材的弯曲性能不仅是加工性能的要求，也是评定钢材塑性和保证焊接接头质量的重要指标之一。一般钢材塑性好，其弯曲性能必然好。对于弯曲成型和重要结构用的钢材，其弯曲性能必须合格。

2. 焊接性能

钢材的焊接性能（又称可焊性）是指在一定焊接工艺条件下，能否形成相当于基本钢材性能或技术条件规定的焊接件的能力。焊接性差的钢材焊接后焊缝强度低，还可能出现变形、开裂现象。所以，钢材的焊接性能是钢材加工中必须测定和注明的重要工艺性能。

6.1.3 影响钢材技术性能的因素

1. 钢材中主要化学成分对钢材性能的影响

表 6-1   影响钢材性能的主要化学成分及说明

影响因素	对钢材性能的影响
含碳量	含碳量增高，钢材的屈服强度和抗拉强度增高，硬度增大，但塑性、韧性、焊接性变差，耐腐蚀性降低
含硅量	硅属有益元素，能提高钢材的强度，对其他性能影响不显著，含量过高使钢材的耐腐蚀性降低
含锰量	锰属有益元素，能提高钢材的强度，降低热脆性，但含量过高焊接性变差
含硫量	硫属有害元素，能降低钢材的各种力学性能，使钢材焊接性、耐腐蚀性等性能变差
含磷量	磷属有害元素，能加剧钢材的冷脆性，使钢材焊接性能、冷弯性能变差
含氧量	氧属有害元素，氧化物对钢的热加工力学性能、疲劳强度、焊接性能、冷弯性能均有不利影响
含氮量	氮属有害元素，能引起钢的热脆性，使钢的焊接性能、塑性、冷弯性能降低
含钒量	钒是钢中的脱氧剂和除气剂，含量小于 0.5% 时，可显著提高钢的强度，改善焊接性
含钛量	钛是钢中的脱氧剂和除气剂，可显著提高钢的强度、冲击韧性、降低热敏感性

2. 钢材的加工工艺对钢材性能的影响

钢水铸锭后，可通过热加工、热处理、冷加工等工艺加工成各种型材、板材和管材等。

（1）热加工

热加工有热压、轧制等工艺。钢锭通过热加工后，不仅能够得到形状和尺寸合乎要求的钢材，而且能够消除钢材中的气泡、细化晶粒，提高钢的强度。轧制次数越多，强度提高的程度就越大。

（2）热处理工艺

钢的热处理是对其进行加热、保温和冷却的综合操作工艺。钢的热处理工艺有：退火、正火、淬火、回火等形式，通过这些工艺来改变钢的晶体组织，以改善钢的性质。

（3）冷加工

在钢材使用前，在常温条件下进行加工，使其性能发生变化的工艺过程称为冷加工。冷加工的主要目的是提高钢材的屈服强度，节约钢材。但冷加工往往导致塑性、韧性及弹性模量的降低，工程中常用的冷加工形式有冷拉、冷拔和冷轧。以冷拉和冷拔应用最为广泛。

冷拉是将钢筋一端固定，在其另一端施加拉力至产生塑性变形为止，它可使钢筋强度增加 $20\% \sim 30\%$，可节约钢材 $10\% \sim 20\%$。钢材经冷拉后屈服强度提高，塑性降低，材质变硬。

冷拉后的钢材随着时间延长，强度提高，塑性、韧性下降的现象，称为"时效"。将冷拉过的钢材试件在常温下存放 $15 \sim 20d$ 或加热至 $100 \sim 200℃$ 保持 $2h$ 左右，钢材的屈服强度、抗拉强度及硬度都进一步提高，而其塑性和韧性继续降低直至完成时效过程。前者为自然时效，后者为人工时效。时效还可使冷拉损失的弹性模量基本恢复，但塑性、韧性将进一步降低。

钢材的时效是普遍而长期的过程。未经冷拉的钢材同样存在时效问题。冷拉只是加速了时效发展而已。

冷拔是将低碳钢丝（Φ6 以下的盘条）从孔径略小于被拔钢丝直径的硬质拔丝模孔中强力拔出，使钢丝断面减小、长度伸长的工艺。钢丝在冷拔过程中，不仅受拉，同时受到挤压作用，经过一次或多次冷拔后的钢筋，表面光洁度高，屈服强度提高 $40\% \sim 60\%$，但塑性和韧性大大降低，具有硬钢的性质。

冷轧是使低碳钢丝通过硬质轧辊，在钢丝表面轧制出呈一定规律分布的轧痕，如刻痕钢丝，可以提高其强度及与混凝土的握裹力。钢丝在冷轧时，纵向和横向同时产生变形，因而能较好地保持钢的塑性及内部结构的均匀性。

建筑工地和混凝土构件厂常利用冷拉、冷拔及时效处理的方法，对钢筋和低碳钢丝的性能进行调整，达到提高钢材机械强度和节约钢材的目的。在冷拉和冷拔的同时钢筋得到调直和除锈。但经冷加工的钢材，其可焊性会变坏，并增加焊接后的硬脆倾向，为了防止发生突然的硬脆倾向，承受动荷载的焊接构件不得使用经过冷加工的钢材。

6.1.4　钢材的腐蚀与防腐

1. 钢材的腐蚀

钢材因受周围介质的化学作用而逐渐破坏的现象称为腐蚀，亦称为锈蚀。根据环境介质对钢材的作用，钢材腐蚀可分为化学腐蚀和电化学腐蚀两种。化学腐蚀是由于钢材与氧化介质（如 O_2、CO_2、SO_2、Cl_2 等）接触产生化学反应，在钢材表面形成疏松的氧化物，它易破裂，有害介质可进一步进入而发生反应，造成腐蚀。这种反应在干燥环境下进展缓慢，但在温度和湿度较高的条件下，进展很快。电化学腐蚀也称湿腐蚀，钢材的组成为非均一体，当其表面有水分存在时，构成电解质水膜，产生电极电位差，建立许多微电池，出现金属离子反应而引起腐蚀。钢材的腐蚀将影响结构的耐久性，严重时会导致结构的破坏。

2. 防止钢材腐蚀的措施

钢材防锈的根本方法是防止潮湿和隔绝空气。目前在钢结构中通常的办法是表面涂漆。底漆有红丹、铁红环氧底漆、环氧富锌漆等，面漆有灰铅漆、醇酸磁漆、酚醛磁漆等。此外，也可以采取镀锌后再涂塑料涂层等方法。对重要的钢结构，还可以采取阴极保护的措施，即使用锌、镁等低电位的金属与钢结构相连，作为阴极的锌、镁受到腐蚀，从而保护了作为阳极的钢材。

混凝土中钢筋因处于碱性介质中，而且氧化保护膜也为碱性，所以不致锈蚀。但当存在氯离子时，它们能破坏保护膜，使腐蚀迅速发展。因此，在钢筋混凝土结构中，为防钢筋锈蚀，除严格控制钢筋质量外，应采取措施提高混凝土的密实度，加大保护层厚度，严格控制氯盐掺量，必要时加入亚硝酸盐等阻锈剂。

6.2 常用建筑钢材品种

碳素结构钢、优质碳素结构钢、低合金高强度结构钢和合金结构钢是常用的建筑钢材品种，用以生产钢筋混凝土用钢筋、预应力混凝土用钢丝及钢绞线和钢结构用型钢。

6.2.1 碳素结构钢

碳素结构钢为含碳量小于 0.24% 的钢。

1. 牌号及其表示方法

钢的牌号是给每一种具体的钢所取的名称。钢的牌号又叫钢号。

根据《碳素结构钢》(GB/T700－2006)规定，碳素结构钢分为 Q195、Q215、Q235、Q275 共四个牌号。牌号由代表钢材屈服强度的字母 Q、屈服强度数值、质量等级符号（A、B、C、D)和脱氧程度符号四个部分按顺序组成。

由于冶炼过程中，铁被氧化成氧化铁，从而影响钢的质量。因此，在浇筑钢锭之前，先要进行脱氧处理，即加入少量锰铁、硅铁和铝等物质使之与铁水中剩余的氧化铁反应，还原出铁到达去氧的目的。根据脱氧程度的不同，将钢分为沸腾钢、镇静钢。

（1）沸腾钢

沸腾钢是没有充分脱氧的钢，钢液中保留相当数量的氧化铁。当钢水注入钢锭模后，随着温度逐渐下降至凝固时，钢水中的碳和氧化铁发生反应，放出大量的一氧化碳气体，产生沸腾现象，故称沸腾钢。这种钢塑性好，成本较低；但化学成分不均匀，强度及抗腐蚀性较差，特别是低温冲击韧性显著降低。

（2）镇静钢

镇静钢是脱氧充分的钢。在浇筑和凝固过程中，钢水平静没有沸腾现象，故称镇静钢。这种钢结构致密、强度高、质量均匀、焊接性能好、抗腐蚀性强，但成本高。

沸腾钢用"F"表示；镇静钢用"Z"表示；特殊镇静钢用"TZ"表示。当为镇静钢或特殊镇静钢时，"Z"与"TZ"可以省略。

钢的质量等级，按硫、磷的含量分为 A、B、C、D 四个等级。A 级为最低等级，D 级为最高等级。

碳素结构钢的牌号及化学成分见表 6-2。

标记示例：

Q235AF——屈服强度为不小于 235MPa，质量等级为 A 级的沸腾钢，其牌号代号为 U12350。

Q235DTZ（省略后写作 Q235D）——屈服强度为不小于 235MPa，质量等级为 D 级的特殊镇静钢，其牌号代号为 U12359。

2. 技术要求

碳素结构钢的力学性能和工艺性能应符合《碳素结构钢》（GB/T700—2006）的规定。

表 6-2　碳素结构钢的牌号及化学成分（GB/T700—2006）

牌号	统一数字代号[a]	等级	厚度（或直径）/mm	脱氧方法	化学成分（质量分数）/%≤				
					C	Si	Mn	P	S
Q195	U11952	—	—	F、Z	0.12	0.30	0.50	0.035	0.040
Q215	U12152	A	—	F、Z	0.15	0.35	1.20	0.045	0.050
	U12155	B							0.045
Q235	U12352	A	—	F、Z	0.22	0.35	1.40	0.045	0.050
	U12355	B			0.20[b]				0.045
	U12358	C		Z	0.17			0.040	0.040
	U12359	D		TZ				0.035	0.035
Q275	U12752	A	—	F、Z	0.24	0.35	1.50	0.045	0.050
	U12755	B	≤40	Z	0.21			0.045	0.045
			>40		0.22				
	U12758	C	—	Z	0.20			0.040	0.040
	U21759	D		TZ				0.035	0.035

a. 表中为镇静钢、特殊镇静钢牌号的统一数字，沸腾钢牌号的统一数字代号如下：
　　Q195F—U11950，　Q215AF—U12150，　Q215BF—U12153，　Q235AF—U12350，　Q235BF—U12353，　Q275AF—U12750。

b. 经需方同意，Q235B 的碳含量可不大于 0.22%。

工程应用：

Q195、Q215 号钢塑性好，易于冷弯和焊接，但强度较低，常用于受荷载较小及焊接构件，制造钢钉、铆钉、螺栓及铁丝等。

Q235 号钢有较高的强度，良好的塑性、韧性、易于焊接，有利于冷热加工，广泛用于建筑结构中，制作钢结构屋架、闸门、管道、桥梁、钢筋混凝土结构中的钢筋，是目前应用最广泛的钢种。

Q275 号钢强度高但塑性和韧性较差，可焊性也差，不易焊接和冷弯加工，可用于轧制钢筋、做螺栓配件等，更多地用于机械零件和工具等。

6.2.2 优质碳素结构钢

优质碳素结构钢，简称优质碳素钢，这类钢主要是镇静钢。与碳素结构钢相比，硫、磷等杂质含量控制较严，一般不超过 0.035％，其他缺陷限制也较严格，所以性能好、质量稳定。

1. 牌号及其表示方法

优质碳素结构钢按含碳量划分共有 31 个牌号，如 08F、10F、08、10、20、35、50、70、80、85、20Mn、35Mn、50Mn、60Mn 等。

牌号中两位阿拉伯数字表示平均含碳量的万分数的近似值，F 表示沸腾钢。

优质碳素钢按含锰量的不同分为普通含锰量钢（Mn＜0.7％）和较高含锰量钢（Mn 含量在 0.7％～1.2％）。锰的含量增多，可以提高钢的淬透性。因此，在其他条件相同时，较高含锰量钢比普通含锰量钢强度较高，韧性和塑性降低，硬度和耐磨性提高。较高含锰量的优质碳素钢，在表示平均含碳量的阿拉伯数字后加元素符号"Mn"。

优质碳素钢按含碳量的不同分为：低碳钢、中碳钢和高碳钢。低碳钢具有良好的塑性和韧性；中碳钢性能适中，经过调质热处理具有较高的综合力学性能；高碳钢具有较高的强度和硬度。

高级优质碳素钢在牌号后加符号"A"；特级优质碳素钢在牌号后加"E"。

标记示例：

45——平均含碳量为 0.45％的镇静钢；

10F——平均含碳量为 0.10％的沸腾钢；

30Mn——平均含碳量为 0.30％的较高含锰量优质碳素钢；

20A——平均含碳量为 0.20％的高级优质碳素钢；

45E——平均含碳量为 0.45％的特级优质碳素钢。

2. 技术要求

应符合《优质碳素结构钢》（GB/T699—1999）的规定。

工程应用：

一般常用 30、35、40 和 45 号钢制作高强度螺栓，45 号钢还可用以制作预应力混凝土钢筋的锚具；65、70、75 和 80 号钢，用于生产预应力混凝土用的碳素钢丝、刻痕钢丝和钢绞线。

6.2.3　低合金高强度结构钢

低合金高强度结构钢是在碳素结构钢的基础上加入总量小于 3％的合金元素而形成的钢种。常用的合金元素有锰、硅、钒、钛、铌、铬、镍、铜等，它们不仅可以提高钢的强度和硬度，还能改善塑性和韧性。

1.　牌号及其表示方法

低合金高强度结构钢分为镇静钢和特殊镇静钢两类，共有 Q345、Q390、Q420、Q460、Q500、Q550、Q620、Q690 八个牌号。Q345、Q390、Q420 分为 A、B、C、D、E 五个质量等级；Q460、Q500、Q550、Q620、Q690 分为 C、D、E 三个质量等级。

低合金高强度结构钢的牌号由代表屈服强度的汉语拼音字母"Q"、屈服强度数值（MPa）、质量等级符号三个部分按顺序排列组成。

标记示例：

Q345D——屈服强度为 345MPa，质量等级为 D 的低合金高强度结构钢。

Q690E——屈服强度为 690MPa，质量等级为 E 的低合金高强度结构钢。

2.　技术要求

应符合《低合金高强度结构钢》（GB/T1591—2008）的规定。

工程应用：

此类钢强度高，综合性能（如耐磨性、耐蚀性、耐低温性等）好，并有较好的加工和焊接性能。用低合金高强度结构钢取代碳素结构钢，可以节约钢材 20％～30％，减轻结构物质量，提高结构的可靠性，又加上其成本与碳素结构钢接近，从而可降低工程造价。

在钢结构中，常采用低合金高强度结构钢轧制型钢、钢板、钢管来建造桥梁、高层建筑及大跨度钢结构建筑。

6.2.4　合金结构钢

合金结构钢是在碳素结构钢的基础上加入适量的一种或几种合金元素而形成的，它比碳素结构钢的综合性能好，是合金钢中用量最大的一类钢。

1.　牌号及其表示方法

合金结构钢共 81 个牌号。如 45Mn2、27MnSi、25SiMn2MoV、20CrNi3、12Cr2Ni4 等。

合金结构钢牌号是采用阿拉伯数字（平均含碳量的万分数的近似值）、合金元素及其含量表示。钢中的化学元素符号见表 6-3。

表 6-3　钢中常用化学元素符号

元素名称	化学符号	元素名称	化学符号	元素名称	化学符号
铁	Fe	钼	Mo	硼	B
锰	Mn	钒	V	碳	C
铬	Cr	钛	Ti	硅	Si
镍	Ni	铝	Al	硫	S
钨	W	铌	Nb	磷	P
铜	Cu				

合金元素含量表示方法如下所述。

1)合金元素含量小于 1.5% 时,牌号仅标明元素,一般不标注含量。

2)平均合金元素含量为 1.5%～2.49%、2.5%～3.49%、3.5%～4.49%、4.5%～5.49%…时,在合金元素后相应写成 2、3、4、5…

标记示例:

20CrNi3——表示平均含碳量为 0.2%,含有铬、镍元素的合金结构钢,其中铬的含量小于 1.5%,镍的含量在 2.5%～3.49%;

25SiMn2MoV——表示平均含碳量为 0.25%,含有硅、锰、钼、钒四种元素的合金结构钢,其中硅、钼、钒的含量均小于 1.5%,锰的含量在 1.5%～2.49%。

2. 技术要求

应符合《合金结构钢》(GB/T3077—1999)的要求。

工程应用:

合金结构钢的强度高、韧性好、易于淬硬、具有较好的综合性能,适用于大型的或荷载较大的工程结构。

6.3　钢筋、钢丝及钢绞线

6.3.1　钢筋

用于钢筋混凝土和预应力混凝土工程中的钢产品主要有热轧光圆钢筋、热轧带肋钢筋、余热处理钢筋、冷轧带肋钢筋和冷轧扭钢筋等。

1. 热轧钢筋

根据表面特征的不同,热轧钢筋分为热轧光圆钢筋和热轧带肋钢筋。

热轧光圆钢筋:指经热轧成型,横截面通常为圆形,表面光滑的成品钢筋。

热轧带肋钢筋按生产工艺不同可分为普通热轧钢筋和细晶粒热轧钢筋。普通热轧钢筋是指按热轧状态交货的钢筋。细晶粒热轧钢筋是指在热轧过程中,通过控轧和控冷工艺形成的细晶粒钢筋,其晶粒度不粗于 9 级。

　　热轧带肋钢筋通常带有纵肋，也可不带纵肋。带有纵肋的月牙肋钢筋表面形状如图6-7 所示。

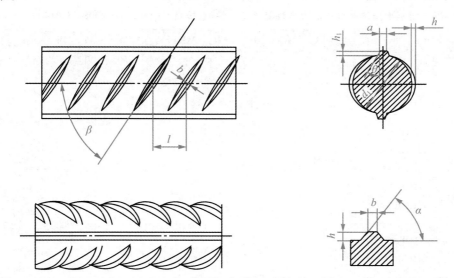

图 6-7　月牙肋钢筋(带纵肋)表面及截面形状

d_1—钢筋内径；α—横肋斜角；h—横肋高度；β—横肋与轴线夹角；

h_1—纵肋高度；θ—纵肋斜角；a—纵肋顶宽；l—横肋间距；b—横肋顶宽

(1)牌号

　　热轧带肋钢筋牌号的构成及其含义见表6-4。

(2)公称直径

　　热轧光圆钢筋的直径范围为 6～22mm，推荐的钢筋公称直径为 6、8、10、12、16、20mm。

　　普通热轧钢筋及细晶粒热轧钢筋的直径范围为 6～50mm，推荐的钢筋公称直径为 6、8、10、12、16、20、25、32、40、50mm。

表 6-4　热轧钢筋牌号的构成及其含义

类别	牌号	牌号构成	英文字母含义
热轧光圆钢筋	HPB235 HPB300	由 HPB＋屈服强度特征值构成	HPB—热轧光圆钢筋的英文(Hot rolled Plain Bars)缩写
普通热轧钢筋	HRB335 HRB400 HRB500	由 HRB＋屈服强度特征值构成	HRB—热轧带肋钢筋的英文(Hot rolled Rid-bed Bars)缩写
细晶粒热轧钢筋	HRBF335 HRBF400 HRBF500	由 HRBF＋屈服强度特征值构成	HRBF—在热轧带肋钢筋的英文缩写后加"细"的英文(Fine)首位字母

（3）力学性能和弯曲性能

热轧钢筋的力学性能和弯曲性能应符合表 6-5 的规定。

表 6-5　钢筋混凝土用热轧钢筋的力学性能与冷弯性能（摘自 GB1499.1—2008、GB1499.2—2007）

表面形状	牌号	直径 /mm	R_{eL}/ MPa	R_m/ MPa	A/%	180°冷弯，d 为弯心直径，a 为钢筋公称直径
			不小于			
光圆	HPB235 HPB300	6～22	235 300	370 420	25	$d=a$
带肋钢筋	HRB335 HRBF335	6～25 28～40 ＞40～50	335	455	17	$d=3a$ $d=4a$ $d=5a$
	HRB400 HRBF400	6～25 28～40 ＞40～50	400	540	16	$d=4a$ $d=5a$ $d=6a$
	HRB500 HRBF500	6～25 28～40 ＞40～50	500	630	15	$d=6a$ $d=7a$ $d=8a$

　　工程应用：钢筋混凝土用热轧钢筋除光圆钢筋为低碳钢外，其余均为低合金钢。HPB235 和 HPB300 钢筋主要用作非预应力混凝土的受力筋或构造筋。HRB335、HRB400、HRBF335、HRBF400 钢筋由于强度较高，塑性和可焊性也好，可用于大、中型钢筋混凝土结构的受力筋。HRB500、HRBF500 钢筋虽然强度高，但塑性及可焊性较差，可用作预应力筋。

2. 余热处理钢筋

余热处理钢筋是指热轧后立即穿水，进行表面控制冷却，然后利用芯部余热自身完成回火处理所得的成品钢筋。

余热处理钢筋表面形状同热轧带肋钢筋。

（1）牌号

余热处理钢筋的牌号为 20MnSi。

（2）公称直径

余热处理钢筋的直径范围为 8～40mm，推荐的钢筋直径为 8、10、12、16、20、25、32 和 40mm。

（3）力学性能和工艺性能

余热处理钢筋的力学性能和工艺性能应符合表 6-6 的规定。

表 6-6　余热处理钢筋的力学性能和工艺性能（GB13014—1991）

表面形状	钢筋级别	强度等级代号	牌号	公称直径	屈服点 σ_s/MPa	抗拉强度 σ_b/MPa	伸长率 δ_5/%	冷弯 d 为弯芯直径，a 为钢筋公称直径
					不小于			
月牙肋	Ⅲ	KL400	20MnSi	8～25 28～40	440	600	14	90°，$d=3a$ 90°，$d=4a$

工程应用：

余热处理钢筋按照热轧Ⅲ级钢筋的性能要求和使用范围进行生产，因此强度较高，塑性和可焊性也好，可用于大中型钢筋混凝土结构的受力筋。

3. 冷轧带肋钢筋

冷轧带肋钢筋是指热轧圆盘条经冷轧后，在其表面带有沿长度方向均匀分布的三面或二面横肋的钢筋。

（1）牌号

冷轧带肋钢筋的牌号由 CRB 和钢筋的抗拉强度最小值构成。C、R、B 分别为冷轧（Cold rolled）、带肋（Ribbed）、钢筋（Bar）三个词的英文首位字母。冷轧带肋钢筋分为 CRB550、CRB650、CRB800、CRB970 四个牌号。

冷轧带肋钢筋的表面形状如图 6-8 和图 6-9 所示。

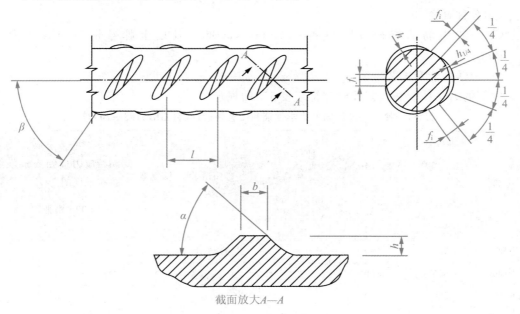

图 6-8　三面肋钢筋表面及截面形状

α—横肋斜角；β—横肋与钢筋轴线夹角；h—横肋中点高；

l—横肋间距；b—横肋顶宽；f_i—横肋间隙

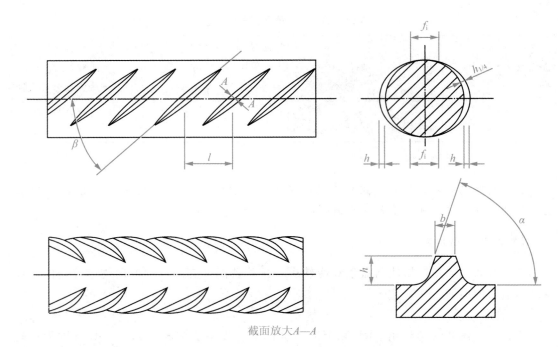

图 6-9　二面肋钢筋表面及截面形状

α—横肋斜角；β—横肋与钢筋轴线夹角；h—横肋中点高；
l—横肋间距；b—横肋顶宽；f_i—横肋间隙

（2）公称直径

CRB550 钢筋的直径范围为 4～12mm，CRB650 及以上牌号钢筋的直径为 4、5、6mm。

（3）力学性能和工艺性能

钢筋的力学性能和工艺性能应符合表 6-7 的规定。

表 6-7　冷轧带肋钢筋的力学性能和工艺性能（摘自 GB13788—2008）

牌号	$R_{P0.2}$/MPa 不小于	R_m/MPa 不小于	伸长率/% 不小于		弯曲试验 180°	反复弯 曲次数	应力松弛 初始应力应相当于公称 抗拉强度的70% 1 000h松弛率/% 不大于
			$A_{11.3}$	A_{100}			
CRB550	500	550	8.0	—	D=3d	—	—
CRB650	585	650	—	4.0	—	3	8
CRB800	720	800	—	4.0	—	3	8
CRB970	875	970	—	4.0	—	3	8

说明：表中 D 为弯心直径，d 为钢筋公称直径。

工程应用：冷轧带肋钢筋可用于没有振动荷载和重复荷载的工业与民用建筑和一般构筑物的钢筋混凝土结构。CRB 550 级用作普通钢筋混凝土结构，其他牌号为预应力混凝土用钢筋。

4. 冷轧扭钢筋

冷轧扭钢筋使用低碳钢（Q235 或 Q215）热轧圆盘条，经专用钢筋冷轧扭机调直、冷轧并冷扭（或冷滚）一次成型，具有规定截面形式和相应节距的连续螺旋状钢筋，如图6-10所示。

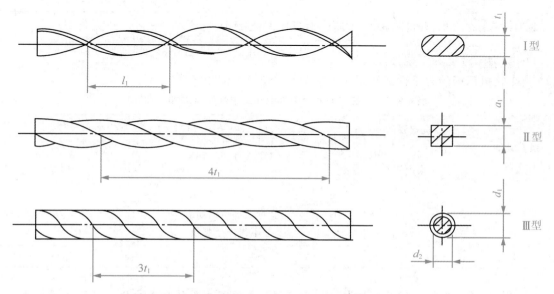

图 6-10　冷轧扭钢筋形状及截面控制尺寸

t_1—近似矩形截面，较小边尺寸，称轧扁厚度；a_1—近似正方形截面的边长；d_1—近似圆形截面的外圆直径；l_1—节距，指钢筋截面位置沿钢筋轴线旋转变化的前进距离，Ⅰ型为 1/2 周期（180°）；Ⅱ型为 1/4 周期（90°）；Ⅲ型为 1/3 周期（120°）

（1）分类

按其截面形状分为三种类型：Ⅰ型——近似矩形截面；Ⅱ型——近似正方形截面；Ⅲ型——近似圆形截面（带螺旋状纵筋）。

按其强度等级分为：CTB 550 级和 CTB 650 级。

（2）标记

冷轧扭钢筋的标记由产品名称代号[CTB，冷轧（Cold rolled）、扭转（Twisted）和钢筋（Bars）英文单词的第一个字母]、强度级别代号、标志代号（Φ^T）、主参数代号（标志直径）及类型代号（Ⅰ、Ⅱ、Ⅲ）组成。

标记示例：

CTB550Φ^T10—Ⅱ，表示冷轧扭钢筋 550 级Ⅱ型，标志直径为 10mm。

CTB650Φ^T8—Ⅲ，表示冷轧扭钢筋 650 级Ⅲ型，标志直径为 8mm。

（3）标志直径

不同强度级别及型号的冷轧扭钢筋标志直径，见表 6-8。

表 6-8　冷轧扭钢筋标志直径

强度级别	型号	标志代号	标志直径/mm
CTB550	I	Φ^T	6.5、8.0、10、12
	II		6.5、8.0、10、12
	III		6.5、8.0、10
CTB650	III		6.5、8.0、10

说明：标志直径为冷轧扭钢筋加工前原材料（母材）的直径（d）。

（4）力学性能和工艺性能

冷轧扭钢筋的力学性能和工艺性能应符合表 6-9 的规定。

表 6-9　冷轧扭钢筋的力学性能和工艺性能（JG190－2006）

强度级别	型号	抗拉强度 σ_b /(N/mm²)	伸长率 A /%	180°弯曲试验 （弯心直径＝3d）	应力松弛率/% （当 $\sigma_{con}=0.7f_{ptk}$ ） 10h	1 000h
CTB550	I	≥550	$A_{11.3}$≥4.5	受弯曲部位钢筋表面不得产生裂纹	—	—
	II	≥550	A≥10		—	—
	III	≥550	A≥12		—	—
CTB650	III	≥650	A_{100}≥4		≤5	≤8

工程应用：冷轧扭钢筋刚度大，不易变形，与混凝土黏结握裹力强，可避免混凝土收缩裂缝，保证现浇构件质量，适用于小型梁和板类构件。采用冷轧扭钢筋可减小板类构件的设计厚度、节约混凝土和钢材用量，减轻自重。冷轧扭钢筋还可按下料尺寸成型，根据施工需要和计划进度，将成品钢筋直接供应现场铺设，免除现场加工钢筋的困难，变传统的现场钢筋加工为适度规模的工厂化和机械化生产，节约加工场地。III 型冷轧扭钢筋（CTB550 级）可用于焊接网。

6.3.2　钢丝

预应力混凝土用钢丝是用 60～80 号的优质碳素钢盘条，经酸洗、冷拉或冷拉后再回火等工艺制成。

1.　分类与代号

1）钢丝按加工状态分为冷拉钢丝和消除应力钢丝两类。消除应力钢丝按松弛性能又分为低松弛级钢丝和普通松弛级钢丝。

冷拉钢丝是用盘条通过拔丝模孔或轧辊经冷加工而成的产品，以盘卷供货的钢丝，代号 WCD。

低松弛钢丝是在塑性变形下进行短时热处理得到的钢丝，代号 WLR。

普通松弛级钢丝是通过矫直工序后在适当温度下进行短时热处理得到的钢丝，代号 WNR。

2)钢丝按外形分为光圆、螺旋肋、刻痕三种，其代号为：光圆钢丝 P；刻痕钢丝 I，其外形如图 6-11 所示；螺旋肋钢丝 H，其外形如图 6-12 所示。螺旋肋钢丝和刻痕钢丝与光圆钢丝相比，增加了与混凝土间的握裹力。

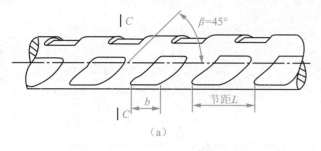
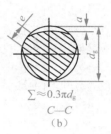

图 6-11　三面刻痕钢丝的外形

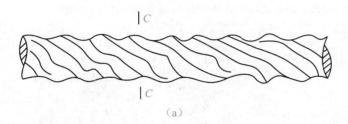
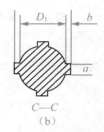

图 6-12　螺旋肋钢丝的外形

2. 标记

钢丝的标记内容包括预应力钢丝、公称直径、抗拉强度、加工状态代号、外形代号和标准号。

标记示例：

预应力钢丝 4.00−1670−WCD−P−GB/T5223−2002，表示直径为 4.00mm，抗拉强度为 1 670MPa 的冷拉光圆钢丝；

预应力钢丝 7.00−1570−WLR−H−GB/T5223−2002，表示直径为 7.00mm，抗拉强度为 1 570MPa 的低松弛螺旋肋钢丝。

3. 力学性能

冷拉钢丝的力学性能应符合表 6-10 的规定。

表 6-10　冷拉钢丝的力学性能(摘自 GB/T5223—2002)

公称直径 d_n/mm	抗拉强度 σ_b/MPa 不小于	规定非比例伸长应力 $\sigma_{po.2}$/MPa 不小于	最大力下总伸长率 ($L_0=200$mm) δ_{gt}/% 不小于	弯曲次数/(次/180°) 不小于	弯曲半径 R/mm	断面收缩率 ψ/% 不小于	每210mm扭距的扭转次数 n 不小于	初始应力相当于70%公称抗拉强度时，1000h后应力松弛率 r/% 不大于
3.00	1 470	1 100	1.5	4	7.5	—	—	8
4.00	1 570	1 180		4	10	35	8	
	1 670	1 250						
5.00	1 770	1 330		4	15		8	
6.00	1 470	1 100		5	15		7	
7.00	1 570	1 180		5	20	30	6	
	1 670	1 250						
8.00	1 770	1 330		5	20		5	

消除应力光圆及螺旋肋钢丝的力学性能应符合表 6-11 的规定。

表 6-11　消除应力光圆及螺旋肋钢丝的力学性能(摘自 GB/T5223—2002)

公称直径 d_0/mm	抗拉强度 σ_b/MPa 不小于	规定非比例伸长应力 $\sigma_{po.2}$/MPa 不小于 WLR	WNR	最大力下总伸长率 ($L_0=200$mm) δ_{gt}/% 不小于	弯曲次数/(次/180°) 不小于	弯曲半径 R/mm	初始应力相当于公称抗拉强度的百分数/%	1000h后应力松弛率 r/% 不大于 WLR	WNR
								对所有规格	
4.00	1 470	1 290	1 250	3.5	3	10	60	1.0	4.5
	1 570	1 380	1 330						
4.80	1 670	1 470	1 410		4	15			
	1 770	1 560	1 500						
5.00	1 860	1 640	1 580						
6.00	1 470	1 290	1 250		4	15	70	2.0	8.0
	1 570	1 380	1 330		4	20			
6.25	1 670	1 470	1 410		4	20			
7.00	1 770	1 560	1 500		4	20			
8.00	1 470	1 290	1 250		4	20	80	4.5	12.0
9.00	1 570	1 380	1 330		4	25			
10.00	1 470	1 290	1 250		4	25			
12.00					4	30			

消除应力刻痕钢丝的力学性能应符合表 6-12 的规定。

表 6-12　消除应力刻痕钢丝的力学性能(摘自 GB/T5223－2002)

公称直径 d_0/mm	抗拉强度 σ_b/MPa 不小于	规定非比例伸长应力 $\sigma_{p0.2}$/MPa 不小于		最大力下总伸长率 (L_0=200mm) δ_{gt}/% 不小于	弯曲次数/ (次/180°) 不小于	弯曲半径 R/mm	初始应力相当于公称抗拉强度的百分数/%	1 000h 后应力松弛率 r/% 不大于	
		WLR	WNR					WLR	WNR
								对所有规格	
≤5.00	1 470	1 290	1 250	3.5	3	15	60	1.0	4.5
	1 570	1 380	1 330					2.0	8.0
	1 670	1 470	1 410					4.5	12.0
	1 770	1 560	1 500				70		
	1 860	1 640	1 580						
>5.00	1 470	1 290	1 250			20	80		
	1 570	1 380	1 330						
	1 670	1 470	1 410						
	1 770	1 560	1 500						

工程应用:

预应力混凝土用钢丝主要用在桥梁、电杆、轨枕、吊车梁等预应力混凝土工程中。

6.3.3　钢绞线

预应力混凝土用钢绞线是由 2 根、3 根或 7 根冷拉光圆钢丝或刻痕钢丝在绞线机上进行螺旋形绞捻后,为减少应用时的应力损失,在一定张力下经短时热处理制成。

1. 分类与代号

钢绞线按结构分为 5 类,其代号为:

用两根钢丝捻制的钢绞线:	1×2;
用 3 根钢丝捻制的钢绞线:	1×3;
用 3 根刻痕钢丝捻制的钢绞线:	(1×3)I;
用 7 根钢丝捻制的标准型钢绞线:	1×7;
用 7 根钢丝捻制的模拔型钢绞线:	(1×7)C。

2. 钢绞线外形

钢绞线外形如图 6-13 和图 6-14 所示。

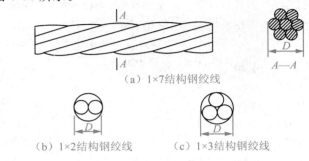

（a）1×7结构钢绞线

（b）1×2结构钢绞线　　　（c）1×3结构钢绞线

图 6-13　模拔钢绞线　　　　　图 6-14　预应力钢绞线

D—钢绞线公称直径

3. 标记

钢绞线标记内容包括预应力钢绞线、结构代号、公称直径、强度级别和标准号。

标记示例：

预应力钢绞线 1×7－15.20－1860－GB/T5224－2003，表示公称直径为 15.20mm，强度级别为 1 860MPa 的七根钢丝捻制的标准型钢绞线；

预应力钢绞线 1×3 Ⅰ－8.74－1670－GB/T5224－2003，表示公称直径为 8.74mm，强度级别为 1 670MPa 的三根刻痕钢丝捻制的钢绞线；

预应力钢绞线（1×7）C－12.70－1860－GB/T5224－2003，表示公称直径为 12.70mm，强度级别为 1 860MPa 的七根钢丝捻制又经模拔的钢绞线。

4. 力学性能

1×2 结构钢绞线的力学性能应符合表 6-13 的规定。

1×3 结构钢绞线的力学性能应符合表 6-14 的规定。

1×7 结构钢绞线的力学性能应符合表 6-15 的规定。

表 6-13　1×2 结构钢绞线力学性能(摘自 GB/T5224—2003)

钢绞线结构	钢绞线公称直径 D_n/mm	抗拉强度 R_m/MPa 不小于	整根钢绞线的最大力 F_m/kN 不小于	规定非比例延伸力 $F_{p0.2}$/kN 不小于	最大力总伸长率 ($L_o \geqslant 400mm$) A_{gt}/% 不小于	应力松弛性能	
						初始负荷相当于公称最大力的百分数/%	1 000h 后应力松弛率 r/% 不大于
1×2	5.00	1 570	15.4	13.9	对所有规格	对所有规格	对所有规格
		1 720	16.9	15.2			
		1 860	18.3	16.5			
		1 960	19.2	17.3			
	5.80	1 570	20.7	18.6	3.5	60	1.0
		1 720	22.7	20.4			
		1 860	24.6	22.1			
		1 960	25.9	23.3		70	2.5
	8.00	1 470	36.9	33.2			
		1 570	39.4	35.5			
		1 720	43.2	38.9		80	4.5
		1 860	46.7	42.0			
		1 960	49.2	44.3			
	10.00	1 470	57.8	52.0			
		1 570	61.7	55.5			
		1 720	67.6	60.8			
		1 860	73.1	65.8			
		1 960	77.0	69.3			
	12.00	1 470	83.1	74.8			
		1 570	88.7	79.8			
		1 720	97.2	87.5			
		1 860	105	94.5			

注：规定非比例延伸力 $F_{p0.2}$ 值不小于整根钢绞钱公称最大力 F_m 的 90%。

表 6-14　1×3 结构钢绞线力学性能（摘自 GB/T5224－2003）

钢绞线结构	钢绞线公称直径 D_n/mm	抗拉强度 R_m/MPa 不小于	整根钢绞线的最大力 F_m/kN 不小于	规定非比例延伸力 $F_{p0.2}$/kN 不小于	最大力总伸长率（$L_0 \geqslant 400mm$）A_{gt}/% 不小于	应力松弛性能	
						初始负荷相当于公称最大力的百分数/%	1 000h 后应力松弛率 r/% 不大于
1×3	6.20	1 570	31.1	28.0	对所有规格	对所有规格	对所有规格
		1 720	34.1	30.7			
		1 860	36.8	33.1			
		1 960	38.8	34.9			
	6.50	1 570	33.3	30.0			
		1 720	36.5	32.9		60	1.0
		1 860	39.4	35.5			
		1 960	41.6	37.4			
	8.60	1 470	55.4	49.9			
		1 570	59.2	53.3			
		1 720	64.8	58.3	3.5	70	2.5
		1 860	70.1	63.1			
		1 960	73.9	66.5			
	8.74	1 570	60.6	54.5			
		1 670	64.5	58.1			
		1 860	71.8	64.6			
	10.80	1 470	86.6	77.9			
		1 570	92.5	83.3		80	4.5
		1 720	101	90.9			
		1 860	110	99.0			
		1 960	115	104			
	12.90	1 470	125	113			
		1 570	133	120			
		1 720	146	131			
		1 860	158	142			
		1 960	166	149			
1×3 I	8.74	1 570	60.6	54.5			
		1 670	64.5	58.1			
		1 860	71.8	64.6			

注：规定非比例延伸力 $F_{p0.2}$ 值不小于整根钢铰线公称最大力 F_m 的 90%。

表 6-15　1×7 结构钢绞线力学性能(摘自 GB/T5224—2003)

钢绞线结构	钢绞线公称直径 D_n/mm	抗拉强度 R_m/MPa 不小于	整根钢绞线的最大力 F_m/kN 不小于	规定非比例延伸力 $F_{p0.2}$/kN 不小于	最大力总伸长率 ($L_0 \geqslant 500mm$) A_{gt}/% 不小于	应力松弛性能	
						初始负荷相当于公称最大力的百分数/%	1 000h 后应力松弛率 r/% 不大于
1×7	9.50	1 720	94.3	84.9	对所有规格	对所有规格	对所有规格
		1 860	102	91.8			
		1 960	107	96.3			
	11.10	1 720	128	115		60	1.0
		1 860	138	124			
		1 960	145	131			
	12.70	1 720	170	153	3.5	70	2.5
		1 860	184	166			
		1 960	193	174			
	15.20	1 470	206	185			
		1 570	220	198			
		1 670	234	211			
		1 720	241	217		80	4.5
		1 860	260	234			
		1 960	274	247			
	15.70	1 770	266	239			
		1 860	279	251			
	17.80	1 720	327	294			
		1 860	353	318			
(1×7)C	12.70	1 860	208	187			
	15.20	1 820	300	270			
	18.00	1 720	384	346			

注：规定非比例延伸力 $F_{p0.2}$ 值不小于整根钢绞钱公称最大力 F_m 的 90%。

工程应用：预应力混凝土钢绞线具有强度高、安全可靠、柔性好、与混凝土握裹力强等特点，主要用于薄腹梁、吊车梁、电杆、大型屋架、大型桥梁等预应力混凝土结构中。

6.3.4　型钢

钢结构构件一般宜直接选用型钢，这样可以减少制造工作量，降低造价。型钢尺寸不够合适或构件很大时则用钢板制作。构件间或直接连接或辅以连接钢板进行连接。所以，钢结构中元件是型钢和钢板。型钢有热轧和冷轧两种。

1. 热轧钢板

热轧钢板分厚板和薄板两种，厚板的厚度为 4.5～60mm，薄板的厚度为 0.35～4mm。前者广泛用来组成焊接构件和连接钢板，后者是冷弯薄壁型钢的原料。在图纸中钢板用"厚×宽×长"（单位：mm），前面附加钢板横断面的方法表示，如"－12×800×2 100"等。

2. 热轧型钢

（1）角钢

角钢有等边和不等边角钢两种。等边角钢（也称等肢角钢），以边宽和厚度表示，如 L100×10 为肢宽 100mm、厚 10mm 的等边角钢。不等边角钢（也称不等肢角钢）则以两边宽度和厚度表示，如 L100×80×8 等。我国目前生产的等边角钢，其肢宽为 20～200mm，不等边角钢的肢宽为 25mm×16mm～200mm×125mm。

（2）槽钢

我国槽钢有两种尺寸系列，即热轧普通槽钢与热轧轻型槽钢。前者的表示方法如 [30a，指槽钢外廓高度为 30cm 且腹板厚度为最薄的一种；后者的表示方法如 [25Q，指槽钢外廓高度为 25cm，Q 是汉语拼音"轻"的拼音字首。同样号数时，轻型者由于腹板薄及翼缘宽而薄，因而截面积小但回转半径大，能节约钢材减小自重。不过轻型系列的实际产品较少。

（3）工字钢

与槽钢相同，也分为上述的两种尺寸系列：普通型和轻型。与槽钢一样，工字钢外廓高度的厘米数即为型号，普通型者当型号较大时腹板厚度分为 a、b 及 c 三种。轻型者由于壁厚较薄故不再按厚度划分。两种工字钢的表示法如：I32c，I32Q 等。

（4）H 型钢和剖分 T 型钢

热轧 H 型钢分为三类：宽翼缘 H 型钢（HW）、中翼缘 H 型钢（HM）和窄翼缘 H 型钢（HN）。H 型钢型号的表示方法是先用符号 HW、HM 和 HN 表示型钢的类别，后面加"高度（mm）×宽度（mm）"，例如 HW300×300，即为截面高度为 300mm，翼缘宽度为 300mm 的宽翼缘 H 型钢。

剖分 T 型钢也分为三类：宽翼缘剖分 T 型钢（TW）、中翼缘剖分 T 型钢（TM）和窄翼缘剖分 T 型钢（TN）。剖分 T 型钢是由对应的 H 型钢沿腹板中部对等剖分而成。其表示方法与 H 型钢类同，如 TN225×200 即表示截面高度为 225mm，翼缘宽度为 200mm 的窄翼缘剖分 T 型钢。

3. 冷弯薄壁型钢

冷弯薄壁型钢是用 2～6mm 厚的薄钢板经冷弯或模压而成型的。在国外，冷弯型钢所用钢板的厚度有加大范围的趋势。压型钢板是近年来开始使用的薄壁型材，所用钢板厚度为 0.4～2mm。

6.4　建筑钢材的选用、验收与保管

6.4.1　建筑钢材的选用原则

选用钢材时应综合考虑各种因素，一般应遵循以下原则。

1. 荷载性质

对经常承受动荷载或振动荷载的结构，易产生应力集中，引起疲劳破坏，须选用质量高的钢材。

2. 使用温度

经常处于低温状态下的结构，钢材易发生冷脆断裂，特别是焊接结构，冷脆倾向更加显著，应要求钢材具有良好的塑性和低温冲击韧性。

3. 连接方式

选用钢材时要考虑结构本身采用的连接方式。焊接结构在温度变化或受力性质改变时，焊缝附近的母体金属出现冷、热裂缝，促使结构早期破坏。所以焊接结构对钢材的化学成分和机械性能要求较严，而非焊接结构可适当放宽。

4. 钢材厚度

钢材轧制后的机械性能，一般随厚度的增大而降低。钢材经多次轧制后，内部结晶组织更加紧密，强度更高，质量更好，故一般结构用钢材厚度不宜超过 40mm。

5. 结构的重要性

选择钢材要考虑结构的重要性，如大跨度结构、重要的建筑物结构，为确保安全，应选用质量较好的钢材。

6.4.2　建筑钢材验收的基本要求

1. 订货和发货资料应与实物一致

检验发货码单和质量证明书内容是否与建筑钢材标码标志上的内容相符。对于钢筋混凝土用热轧钢筋、冷轧带肋钢筋和预应力混凝土用钢丝、钢绞线等必须检查其是否有《全国工业产品生产许可证》。

2. 检查包装

除大中型型钢外，不论钢筋还是型钢，都必须成捆交货，每捆必须用钢带、盘条或

铁丝均匀捆扎结实，断面要求平齐，不得有异常钢材混装现象。

每一捆扎件上一般都拴有两个标牌，上面标有生产企业名称或厂标、牌号、规格、炉罐号、生产日期、带肋钢筋生产许可证和编号等内容。

3. 对建筑钢材质量证明书内容进行审核

质量证明书必须字迹清楚，证明书中应注明：供方名称或厂标；需方名称；发货日期；合同书；标准号及水平等级；牌号；炉罐（批）号、交货状态、加工用途、重量、支数或件数；品种名称、规格尺寸（型号）和级别；标准中所规定的各项试验结果（包括参考性指标）；技术监督部门印记等。

质量证明书应加盖生产单位公章或质监部门检验专用章。若建筑钢材是通过中间供应商购买的，则证明书复印件上应注明购买时间、供应数量、买受人名称、质量证明书原件存放单位，在质量证明书复印件上必须加盖中间供应商的红色印章，并有送交人的签名。

4. 建立材料台账

建筑钢材进场后，施工单位应及时建立"建设工程材料采购验收检验使用综合台账"。监理单位可设立"建设工程材料监督台账"。内容包括：材料名称、规格品种、生产单位、供应单位、进货日期、送货单位编号、实收数量、生产许可证编号、质量证明书编号、产品标识（标志）、外观质量情况、材料检验日期、检验报告编号、材料检测结果、工程材料报审表签认日期、使用部位、审核人员签名等。

建筑材料的实物质量主要是看所送检的钢材是否满足规范及相关标准要求：现场所检测的建筑钢材尺寸偏差是否符合产品标准规定；外观缺陷是否在标准规定的范围内；对于建筑钢材的锈蚀现象各方也应引起足够的重视。

6.4.3 建筑钢材的保管

钢材与周围环境介质接触易发生化学腐蚀和电化学腐蚀，因此在保管工作中，应设法消除或减轻介质中的有害组分，如祛湿、防尘，以消除空气中所含的水蒸气、二氧化硫、尘土等有害组分。防止钢材的锈蚀，是做好保管工作的核心。

1. 选择适宜的存放处所

风吹、日晒、雨淋等自然因素，对钢材的性能有较大影响，应入库存放；对只忌雨淋，但风吹、日晒、潮湿不十分敏感的钢材，可入棚存放；自然因素对其性能影响轻微，或使用前可通过加工措施来消除影响的钢材，可在露天存放。

存放处所应尽量远离有害气体和粉尘的污染，避免受酸、碱、盐及其气体的侵蚀。

2. 保持库房干燥通风

库、棚地面的种类会影响钢材的锈蚀速度，土地面和砖地面都易返潮，加上采光不好，库、棚内会比露天料场还要潮湿，因此库、棚应采用水泥地面，正式库房还应做地面防潮处理。

根据库房内、外的温度和湿度情况，进行通风、降潮。有条件的，应加吸潮剂。

相对湿度小时，钢材的锈蚀速度甚微；但相对湿度大到某一限度时，会使锈蚀速度明显加快，称此时的湿度为临界湿度。当环境湿度高于临界湿度时，温度越高，锈蚀越快，钢材的临界湿度约为 70%。

3. 合理码垛

料垛应稳固，垛位的质量不应超过地面的承载力，垛底要垫高 30～50cm。有条件的要采用料架。根据钢材的形状、大小和多少，确定平放、坡放、立放等不同方法。垛形应整齐，便于清点，防止不同品种的混乱。

4. 保持料场清洁

尘土、碎布、杂物都能吸收水分，应注意及时清除。杂草根部易存水，阻碍通风，夜间能排放二氧化碳，必须彻底清除。

5. 加强防护措施

有保管条件的，应以箱、架、垛为单位，进行密封保管。表面涂敷防护剂，是防止锈蚀的有关措施。油性防锈剂易黏土，且不是所有的钢材都能采用，应采用使用方便、效果较好的防锈涂料。

6. 加强计划管理

制订合理的库存周期计划和储备定额，制订严格的库存锈蚀检查计划。

思考练习

(1)钢材的力学性能包括哪些？各性能用什么指标表示？有何实际意义？

(2)钢材的工艺性能包括哪些？有何实际意义？

(3)何谓冷加工？冷加工后钢材性质发生了哪些变化？

(4)何谓"时效"？"时效"后钢材性质发生了哪些变化？

(5)何谓钢材的腐蚀？有哪几种类型？如何防止钢材的腐蚀？

(6)碳素结构钢分几个牌号？其牌号如何表示？

(7)为什么 Q235 号钢被广泛应用于建筑工程中？

(8)低合金高强度结构钢分几个牌号？其牌号如何表示？试述其特点及应用。

(9)试述合金结构钢牌号及合金元素含量的表示方法。

(10)试述热轧钢筋的分类、牌号及应用。

(11)试述余热处理钢筋的牌号及应用。

(12)试述冷轧带肋钢筋的牌号及应用。

(13)试述冷轧扭钢筋的强度等级、标记方法及应用。

(14)试述钢丝的分类、标记方法及其应用。

(15)试述钢绞线的结构种类、标记方法及应用。

实训练习

(1)东北某厂需焊接一支撑室外排风机的钢架。请从下列牌号中选用合适的钢材，并说明理由。

Q235AF 价格便宜

Q235C　价格较高

(2)工地上为何常对强度偏低而塑性偏大的低碳钢盘条钢筋进行冷拉？

(3)工程中构造筋应选用哪种钢筋？

(4)某设计所为了保证结构强度，采用较高的屈强比，问是否合理？会对工程产生什么影响？

(5)从新进货的一批钢筋中抽样，截取两根做拉伸试验，测得结果如下：屈服下限荷载分别为 42.4kN 和 41.5kN；抗拉极限荷载分别为 62.0kN 和 61.6kN，钢筋公称直径为 12mm，标距为 60mm，拉断时长度分别为 71.1mm 和 71.5mm。试评定该钢筋的牌号，其强度利用率和结构安全性如何？

(6)钢材选用时一般应遵循的原则是什么？

(7)如何保管钢材？

第 7 章　　　　　　　　　　　**天然石材**

◎ 学 习 目 标

1. 掌握石材的主要技术性质。
2. 熟悉砌筑用石材的相关知识。
3. 熟悉建筑饰面石材的相关知识。
4. 了解岩石的形成和分类。

　　天然石材是建筑工程中使用历史悠久，应用范围广泛的建筑材料之一。凡采自天然岩石，未经加工或者经过人工或机械加工的石材都称为天然石材。

　　天然石材具有抗压强度高、耐久性好，生产成本低等优点，是古今中外建筑工程中修建城垣、房屋、园林、桥梁、道路和水利工程的常用建筑材料。天然石材经加工后具有良好的装饰性，也是装饰工程中常用的一种装饰材料。

7.1　岩石的形成与分类

　　天然石材是采自地壳表层的岩石。岩石根据生成条件，按地质分类法可分为火成岩、沉积岩和变质岩三大类。

7.1.1　火成岩

　　火成岩又称岩浆岩，是由地壳内部熔融岩浆上升冷却而成的岩石（如图 7-1 所示）。它根据冷却条件不同，又可分为深成岩、喷出岩和火山岩三类。

图 7-1　岩浆岩

1. 深成岩

　　深成岩是岩浆在地壳深处，受上部覆盖层的压力作用，缓慢且均匀地冷却而成的岩石。深成岩的特点是结晶完全、晶粒较粗，呈致密块状结构。因此，深成岩的表观密度大、强度高、吸水率小、抗冻性好。工程中常用的深成岩有花岗岩、正长岩、闪长岩和辉长岩。

2. 喷出岩

　　喷出岩为熔融的岩浆喷出地壳表面，迅速冷却而成的岩石。由于岩浆喷出地表时压力骤减且迅速冷却，结晶条件差，多呈隐晶质或玻璃体结构。如喷出岩凝固成很厚的岩层，其结构接近深成岩。当喷出岩凝固成比较薄的岩层时，常呈多孔构造。工程中常用的喷出岩有玄武岩、安山岩和辉绿岩。

3. 火山岩

火山岩是火山爆发时岩浆喷到空中，急速冷却后形成的岩石。火山岩为玻璃体结构而且呈多孔构造，如火山灰、火山砂、浮石和凝灰岩。火山砂和火山灰常用作水泥的混合材料。

7.1.2　沉积岩

地表岩石经长期风化后，成为碎屑颗粒状，经风或水的搬运，通过沉积和再造作用而形成的岩石称为沉积岩（如图 7-2 所示）。沉积岩大都呈层状构造、表观密度小、孔隙率大、吸水率大、强度低、耐久性差。而且各层间的成分、构造、颜色及厚度都有差异。沉积岩可分为机械沉积岩、化学沉积岩和生物沉积岩。

图 7-2　沉积岩

1. 机械沉积岩

机械沉积岩是各种岩石在风盖层的压力作用下自然胶结而成，如页岩、砂岩和砾岩。

2. 化学沉积岩

化学沉积岩是岩石中的矿物溶解在水中，经沉淀沉积而成，如石膏、菱镁矿、白云岩及部分石灰岩。

3. 生物沉积岩

生物沉积岩是由各种有机体残骸经沉积而成的岩石，如石灰岩、硅藻土等。

7.1.3　变质岩

岩石由于强烈的地质活动，在高温和高压作用下，矿物再结晶或生成新矿物，使原来岩石的矿物成分及构造发生显著变化而成为一种新的岩石，称为变质岩（如图 7-3 所示）。

一般沉积岩形成变质岩后，其建筑性能有所提高，如石灰岩和白云岩变质后成为大理岩，砂岩变质成为石英岩，都比原来的岩石坚固耐久。相反，原为深成岩经变质后产生片状构造，建筑性能反而恶化。如花岗岩变质成为片麻岩后，易于分层剥落，耐久性差。

图 7-3　变质岩

7.2 石材的主要技术性质

7.2.1 表观密度

石材的表观密度与矿物组成及孔隙率有关。致密的石材如花岗石和大理石等，其表观密度接近于密度，约为 2 500~3 100kg/m³。孔隙率较大的石材，如火山凝灰岩、浮石等，其表观密度较小，约为 500~1 700kg/m³。天然石材根据表观密度可分为轻质石材和重质石材。表观密度小于 1 800kg/m³ 的为轻质石材，一般用作墙体材料；表观密度大于 1 800kg/m³ 的为重质石材，可作为建筑物的基础、贴面、地面、房屋外墙、桥梁和水工构筑物等。

7.2.2 吸水性

石材的吸水性主要与其孔隙率和孔隙特征有关。孔隙特征相同的石材，孔隙率愈大，吸水率也愈高。深成岩以及许多变质岩孔隙率都很小，因而吸水率也很小。如花岗石吸水率通常小于 0.5%，而多孔贝类石灰岩吸水率可高达 15%。石材吸水后强度降低，抗冻性变差，导热性增加，耐水性和耐久性下降。表观密度大的石材，孔隙率小，吸水率也小。

7.2.3 耐水性

石材的耐水性以软化系数来表示。根据软化系数的大小，石材的耐水性分为高、中、低三等，软化系数大于 0.90 的石材为高耐水性石材；软化系数在 0.70~0.90 的石材为中耐水性石材；软化系数为 0.60~0.70 的石材为低耐水性石材。建筑工程中使用的石材，软化系数应大于 0.80。

7.2.4 抗冻性

抗冻性是指石材抵抗冻融破坏的能力，是衡量石材耐久性的一个重要指标。石材的抗冻性与吸水率大小有密切关系。一般吸水率大的石材，抗冻性能较差。另外，抗冻性还与石材吸水饱和程度、冻结温度和冻融次数有关。石材在水饱和状态下，经规定次数的冻融循环作用后，若无贯穿裂缝且重量损失不超过 5%，强度损失不超过 25% 时，则为抗冻性合格。

7.2.5 耐火性

石材的耐火性取决于其化学成分及矿物组成。由于各种造岩矿物热膨胀系数不同，受热后体积变化不一致，将产生内应力而导致石材崩裂破坏。另外，在高温下，造岩矿物会产生分解或晶型转变。如含有石膏的石材，在 100℃ 以上时即开始破坏；含有石英和其他矿物结晶的石材，如花岗石等，当温度在 573℃ 以上时，由于石英受热膨胀，强度会迅速下降。

7.2.6 抗压强度

天然石材的抗压强度取决于岩石的矿物组成、结构、构造特征、胶结物质的种类及均匀性等。如花岗石的主要造岩矿物是石英、长石、云母和少量暗色矿物，若石英含量高，则强度高；若云母含量高，则强度低。

石材是非均质和各向异性的材料，而且是典型的脆性材料，其抗压强度高、抗拉强度比抗压强度低得多，约为抗压强度的 1/20～1/10。测定岩石抗压强度的试件尺寸为 50mm×50mm×50mm 的立方体。按吸水饱和状态下的抗压极限强度平均值，天然石材的强度等级分为 MU100、MU80、MU60、MU50、MU40、MU30、MU20、MU15、MU10 九个。

7.2.7 硬度

天然石材的硬度以莫氏或肖氏硬度表示。它主要取决于组成岩石的矿物硬度与构造。凡由致密、坚硬的矿物所组成的岩石，其硬度较高；结晶质结构硬度高于玻璃质结构；构造紧密的岩石硬度也较高。岩石的硬度与抗压强度有很好的相关性，一般抗压强度高的其硬度也大。岩石的硬度越大，其耐磨性和抗刻划性能越好，但表面加工越困难。

7.2.8 耐磨性

石材耐磨性是指石材在使用条件下抵抗摩擦、边缘剪切以及撞击等复杂作用而不被磨损（耗）的性质。耐磨性包括耐磨损性和耐磨耗性两个方面。耐磨损性以磨损度表示，它是石材受摩擦作用，其单位摩擦面积的质量损失的大小。耐磨耗性以磨耗度表示，它是石材同时受摩擦与冲击作用，其单位质量产生的质量损失的大小。

石材的耐磨性与岩石组成矿物的硬度及岩石的结构和构造有一定的关系。一般而言，岩石强度高，构造致密，则耐磨性也较好。用于建筑工程中的石材，应具有较好的耐磨性。

7.3 砌筑用石材

用于砌筑工程的石材主要有以下类型。

7.3.1 毛石

毛石是在采石场将岩石经爆破等方法直接得到的形状不规则的石块。按外形毛石分为乱毛石和平毛石两类。乱毛石是表面形状不规则的石块；平毛石是石块略经加工，大致有两个平行面的毛石（如图 7-4 所示）。建筑用毛石一般要求中部厚度不小于 150mm，长度为 300～400mm，质量约为 20～30kg，抗压强度应在 MU10 以

图 7-4　平毛石

上，软化系数应大于 0.80。

工程应用：毛石主要用于砌筑基础、勒脚、墙身、挡土墙、堤岸及护坡等，也可用于配制片石混凝土。

7.3.2　料石

料石是指经人工或机械加工而成的，形状比较规则的六面体石材（如图 7-5 所示）。按照表面加工的平整程度分为毛料石、粗料石、半细料石和细料石四种。毛料石是表面不经加工或稍加凿琢修整的料石，叠砌面凹凸深度应不大于 25mm；粗料石表面经加工后凹凸深度应不大于 20mm；半细料石表面加工凹凸深度应不大于 15mm；细料石表面加工凹凸深度应不大于 10mm。

图 7-5　料石

工程应用：料石根据加工程度可用于砌筑基础、石拱、台阶、勒脚、墙体等处。

7.3.3　广场地坪、路面、庭院小径用石材

广场地坪、路面、庭院小径用石材主要有石板、条石、方石、拳石、卵石等，这些石材要求具有较高的强度和耐磨性，良好的抗冻和抗冲击性能。

7.4　建筑饰面石材

饰面石材是指用于建筑物表面起装饰和保护作用的石材。主要用于建筑物内外墙面、柱面、地面、台阶、门套、台面等处，石材用作建筑表面装饰尤显庄重华贵、典雅自然的效果。常用的天然饰面石材主要有大理石和花岗石。

7.4.1　天然大理石

天然大理石是石灰岩或白云岩在高温、高压等地质条件下重新结晶变质而成的变质岩（如图 7-6 所示），其主要成分为碳酸钙及碳酸镁，我国云南大理因盛产大理石故而得名。建筑装饰材料中所说的大理石范围较广，除了大理石加工的石材外还包括变质岩中部分蛇纹岩和石英岩，以及质地致密的部分沉积岩，如白云岩等。

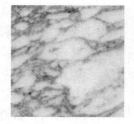

图 7-6　大理石

质地纯的大理石为白色，俗称汉白玉。汉白玉产量较少，是大理石中的优良品种。多数大理石因混有杂色物质，故有各种色彩或花纹，形成众多品种。

天然大理石结构比较致密，表观密度 $2\,500\sim2\,700\text{kg/m}^3$，抗压强度较高达 $60\sim150\text{MPa}$，硬度不高，莫氏硬度 $3\sim4$，耐磨性好而且易于抛光或雕琢加工，表面可获得细腻光洁的效果。

装饰工程中用的天然大理石多为经机械加工成的板材，包括直角四边形的普通型板材（PX）、装饰面轮廓线的曲率半径处相同的圆弧板（HM）。国家标准《天然大理石建筑板材》

GB/T19766－2005 根据板材加工规格尺寸的精度以及正面外观缺陷划分为优等品（A级）、一等品（B级）和合格品（C级）三个质量等级，并要求同一批板材的花纹色调应基本一致。

我国国内生产的普通型大理石板材，其命名与标记如下：

板材命名顺序：荒料产地地名、花纹色调特征名称、大理石（M）。

板材标记顺序：命名、编号（按 GB/T17670 的规定）、分类、规格尺寸、等级、标准号。

标记示例：用北京房山白色大理石荒料生产的普通型规格尺寸为 600mm×400mm×20mm 的一等品板材示例为：

命名：房山汉白玉大理石

标记：房山汉白玉：M1101　PX　600×400×20　B　GB/T19766－2005

工程应用：天然大理石为高级饰面材料，适用于纪念性建筑、大型公共建筑（如宾馆、展览馆、商场、图书馆、机场、车站等）的室内墙面、柱面、地面、楼梯踏步等，有时也可作楼梯栏杆、服务台、门面、墙裙、窗台板、踢脚板等。

大理石的抗风化能力较差。由于大理石的主要组成成分 $CaCO_3$ 为碱性物质，当受到酸雨或空气中酸性氧化物（如 CO_2、SO_2）遇水形成的酸类侵蚀，表面会失去光泽，甚至出现斑孔现象，从而降低了建筑物的装饰效果，特别是大理石中的有色物质很容易在大气中溶出或风化。因此除了汉白玉等少数纯正品种外，多数大理石不宜用于室外装饰。

另外镜面磨光或抛光的装饰薄板，在粘贴施工后表面局部易出现返碱、起霜、水印等现象，称为潮华。为防止该现象发生，应选用吸水率低，结构致密的石材。粘贴用的胶凝材料应选用阻水性好的材料，或在施工后及时勾缝、打蜡。

7.4.2　天然花岗石

花岗岩是典型的深成岩，是全晶质岩石（如图 7-7 所示），其主要成分是石英、长石及少量暗色矿物和云母。按照花岗岩结晶颗粒的大小，分为细粒、中粒和斑状结晶结构。花岗岩的品质取决于矿物成分和结构，品质优良的花岗岩晶粒细且均匀，构造紧密，云母含量少，不含黄铁矿等杂质，光泽明亮无风化迹象。建筑装饰材料中所说的花岗石也是广义的，是指据具有装饰功能，并可磨平、抛光的各类岩浆岩及少量变质岩。这类岩石组织构造十分致密，表面经研磨抛光后富有光泽并呈现不同色彩的斑点状花纹。花岗石的色彩有灰白、黄色、蔷薇色、红色、绿色和黑色等。

图 7-7　花岗岩

与其他石材相比，天然花岗石表观密度大，抗压强度高，吸水率很低，材质硬度大（莫氏硬度 6～7），耐磨性强。所以它是建筑永久性建筑的高耐久性材料，耐久年限可高达 200 多年。

工程应用：在建筑工程中主要用于地面、外墙面、踏步、墩柱、勒脚、护坡等处，也可用作各种雕塑的原材料。

花岗石荒料经锯切或雕琢可加工成毛光板（MG）；普型板（PX）；圆弧板（HM）；异型板（YX）。根据其表面加工程度又分为：

1. 粗面板材（CM）

表面粗糙但平整，有较规则的加工条纹，给人以坚固、自然的感受，如用作室外地面或踏步有防滑效果。

2. 细面板材（YG）

表面经磨平但无光泽的板材，给人以庄重华贵的感觉。

3. 镜面板材（JM）

是在细面板材的基础上经过抛光处理，使石材的本色和晶体结构一览无余，熠熠生辉。用于室内外柱面、墙面或室内地面等处，装饰和实用效果俱佳。

天然岩石加工的板材属非均质材料，在外观花色和加工的规格尺寸方面可能有较大的差别。为保证装饰施工的效果，事前必须进行选择。国家标准《天然花岗石建筑板材》（GB18601－2009）对花岗石板材的尺寸及外观质量都作出了具体要求。

天然花岗石板材的命名与标记如下：

板材命名顺序：荒料产地地名、花纹色调特征名称、花岗石。

板材标记顺序：名称、类别、规格尺寸、等级、标准编号。

标记示例：用山东济南青花岗石荒料加工的 600mm×600mm×20mm、普通型、镜面、优等品板材

标记如下：济南青花岗石（G3701）PX　JM　600×600×20　A　GB/T18601－2009

花岗石因含大量石英，耐火性差，石英在 573℃以上会发生晶态转变，产生体积膨胀会形成开裂破坏，所以不得用于高温场合。另外石材属于脆性材料，加工好的石材在运输保管中边角部位须加以保护以免损坏。

建筑装饰工程中使用的石材，除了各种天然石材外，现在各种人造饰面石材应用也逐渐增多。与天然石材相比，人造石材质量轻、强度高、耐腐蚀性弱、施工方便，并且色彩花纹、图案可以人为设计，甚至胜于天然石材。人造石材主要类型有：水泥型、树脂型、复合型、烧结型。

思考练习

（1）简述火成岩、沉积岩、变质岩的形成、主要特征和种类。

（2）石材的主要技术性质有哪些？

（3）毛石和料石有何区别？毛石和料石分别有哪几种？

实训练习

（1）砌筑石材常用哪些种类？

（2）毛石和料石分别可用于哪些工程部位？

（3）大理石饰面板为何不宜用于室外？

（4）花岗石饰面板材主要用途有哪些？

第 2 编

专业部分

第 8 章、第 9 章——建筑工程施工专业
第 10 章～第 12 章——道路与桥梁工程施工专业
第 13 章～第 15 章——建筑装饰专业

防水材料

1. 熟悉沥青防水卷材的特点及应用。
2. 掌握改性沥青防水卷材的特点及应用。
3. 掌握合成高分子防水卷材的特点及应用。
4. 了解防水涂料和密封材料的特点和应用。
5. 了解各种防水材料的技术要求。

防水材料在建筑物中的使用比例不大，但其作用和功能却在整个建筑物中占有突出的地位，除本身的防水功能外，还赋予建筑物节能、隔音、防尘、装饰及健康等功能。

随着建筑业的发展，我国的防水材料得到了迅速发展，在生产水平上得到了长足进步，产品品种增多，产品质量提高。国际市场上防水材料的主要品种国内基本均可生产，而且数量在发展，质量在提高，配套材料、施工机械等也逐步完善，基本上形成了一个种类齐全，高、中、低档配套的较为完善的体系，为建筑业的发展提供了一系列选择范围更大，适用工程更广的各类防水材料体系。

8.1 沥青防水卷材

8.1.1 石油沥青纸胎油毡(简称油毡)

石油沥青纸胎油毡是以石油沥青浸渍原纸，再涂以高软化点石油沥青盖其两面，表面涂或撒隔离材料所制成的卷材。

1. 分类

油毡按卷重和物理性能分为Ⅰ型、Ⅱ型、Ⅲ型。

2. 规格

油毡幅宽为1 000mm，其他规格可由供需双方商定。

3. 标记

按产品名称、类型和标准号顺序标记。

标记示例：Ⅲ型石油沥青纸胎油毡标记为：油毡Ⅲ型 GB326－2007。

4. 技术要求

（1）物理性能

油毡的物理性能应符合表 8-1 的规定。

表 8-1　物理性能（摘自 GB326－2007）

项　目		指　标		
		Ⅰ型	Ⅱ型	Ⅲ型
单位面积浸涂材料总量/(g/m²)≥		600	750	1 000
不透水性	压力/MPa≥	0.02	0.02	0.10
	保持时间/min≥	20	30	30
吸水率/%≤		3.0	2.0	1.0
耐热度		(85±2)℃，2h涂盖层无滑动、流淌和集中性气泡		
拉力(纵向)/(N/50mm)≥		240	270	340
柔度		(18±2)℃，绕φ20棒或弯板无裂纹		

注：本标准Ⅲ型产品物理性能要求为强制性的，其余为推荐性的。

（2）其他技术要求

其他技术要求应符合《石油沥青纸胎油毡》GB326－2007 的有关规定。

5. 特点

石油沥青纸胎油毡由于采用了普通的氧化沥青，胎基采用纸胎，因此耐腐蚀性差，易老化，使用年限较短。

工程应用：Ⅰ型、Ⅱ型油毡适用于辅助防水、保护隔离层、临时性建筑防水、防潮及包装等；Ⅲ型油毡适用于屋面工程的多层防水。

8.1.2　石油沥青玻璃纤维胎防水卷材（简称沥青玻纤胎卷材）

石油沥青玻璃纤维胎防水卷材是以玻纤毡为胎基，浸涂石油沥青，两面覆以隔离材料制成的防水卷材。

1. 类型

产品按单位面积质量分为 15 号、25 号。

产品按上表面材料分为 PE 膜、砂面，也可按生产厂要求采用其他类型的上表面材料。

产品按力学性能分为Ⅰ型和Ⅱ型。

2. 规格

卷材公称宽度为 1m；卷材面积为 10m²、20m²。

3. 标记

产品按名称、型号、单位面积质量、上表面材料、面积和本标准编号顺序标记。

标记示例：面积 20m²、砂面、25 号 I 型石油沥青玻纤胎防水卷材标记为：沥青玻纤胎卷材 I25 号　砂面　20m² GB/T14686－2008。

4. 技术要求

(1)材料性能

材料性能应符合表 8-2 的规定。

表 8-2　材料性能(摘自 GB/T14686－2008)

序号	项目		指标	
			I 型	II 型
1	可溶物含量/(g/m²)≥	15 号	700	
		25 号	1 200	
		试验现象	胎基不燃	
2	拉力/(N/50mm)≥	纵向	350	500
		横向	250	400
3	耐热性		85℃	
			无滑动、流淌、滴落	
4	低温柔性		10℃	5℃
			无裂缝	
5	不透水性		0.1MPa，30min 不透水	
6	钉杆撕裂强度/N≥		40	50
7	热老化	外观	无裂纹、无起泡	
		拉力保持率/%≥	85	
		质量损失率/%≤	2.0	
		低温柔性	15℃	10℃
			无裂缝	

(2)其他技术要求

其他技术要求应符合《石油沥青玻璃纤维胎防水卷材》GB/T14686－2008 的有关规定。

5. 特点

柔度在 0～10℃下弯曲无裂纹，且耐化学微生物腐蚀性强，因此耐久性好、使用年限长。

工程应用：Ⅰ型适用于一般工业与民用建筑的多层防水及作防腐保护层；Ⅱ型适用于屋面、地下及水利等工程的多层防水。

8.1.3 铝箔面石油沥青防水卷材(简称铝箔面卷材)

铝箔面石油沥青防水卷材是以玻纤毡为胎基，浸涂石油沥青，其上表面用压纹铝箔，下表面采用细砂或聚乙烯膜作为隔离处理的防水卷材。

1. 分类

产品分为 30 号、40 号两个标号。

2. 规格

卷材幅宽为 1 000mm。

3. 标记

按产品名称、标号和本标准号的顺序标记。

标记示例：30 号铝箔面石油沥青防水卷材标记为：铝箔面卷材 30 JC/T504－2007。

4. 技术要求

(1)物理性能

卷材的物理性能应符合表 8-3 的规定。

表 8-3　物理性能(摘自 JC/T504－2007)

项　目	指　标	
	30 号	40 号
可溶物含量，g/m²≥	1 550	2 050
拉力，N/50mm≥	450	500
柔度，℃	5	
	绕半径 35mm 圆弧无裂纹	
耐热度	(90±2)℃，2h 涂盖层无滑动，无起泡、流淌	
分层	(50±2)℃，7d 无分层现象	

（2）其他技术要求

其他技术要求应符合《铝箔面石油沥青防水卷材》JC/T504－2007 的有关规定。

5. 特点

铝箔作为覆面材料具有反射紫外线、反射热量的功能，有美观的装饰效果，具有降低屋面及室内温度的作用。

工程应用：30 号铝箔面油毡适用于多层防水工程的面层，40 号铝箔面油毡适用于单层或多层防水工程的面层。

8.2 改性沥青防水卷材

改性沥青防水卷材的快速发展带动了胎体材料和改性材料的发展。我国目前由于改性沥青防水卷材和高分子防水卷材的迅速发展与应用，一改传统石油沥青纸胎油毡一统天下的落后局面。由于新型防水材料具有良好性能，因此，今后随着新型防水材料的大量应用，纸胎油毡的使用量将会逐渐减少。以下介绍工程中常用的改性沥青防水卷材。

8.2.1 弹性体改性沥青防水卷材（简称 SBS 防水卷材）

弹性体改性沥青防水卷材是以聚酯毡、玻纤毡、玻纤增强聚酯毡为胎基，以苯乙烯－丁二烯－苯乙烯（SBS）热塑性弹性体作石油沥青改性剂，两面覆以隔离材料所制成的防水卷材，如图 8-1 所示。

图 8-1　**SBS /APP 防水卷材**

1. 类型

1）按胎基分为聚酯毡（PY）、玻纤毡（G）、玻纤增强聚酯毡（PYG）。

2）按上表面隔离材料分为聚乙烯膜（PE）、细砂（S）、矿物粒料（M）。下表面隔离材料为细砂（S）、聚乙烯膜（PE）。

注意：细砂为粒径不超过 0.60mm 的矿物颗粒。

3）按材料性能分为Ⅰ型和Ⅱ型。

2. 规格

卷材公称宽度为 1 000mm。聚酯毡卷材公称厚度为 3mm、4mm、5mm。玻纤毡卷材公称厚度为 3mm、4mm。玻纤增强聚酯毡卷材公称厚度为 5mm。每卷卷材公称面积为 7.5m²、10m²、15m²。

3. 标记

产品按名称、型号、胎基、上表面材料、下表面材料、厚度、面积和标准编号顺序标记。

标记示例：10m²面积、3mm厚上表面为矿物粒料、下表面为聚乙烯膜、聚酯毡、Ⅰ型弹性体改性沥青防水卷材标记为：

SBSⅠPY M PE 3 10 GB18242—2008

4. 技术要求

(1)材料性能

材料性能应符合表8-4的要求。

表8-4 材料性能(摘自 GB18242—2008)

序号	项目		指标				
			Ⅰ		Ⅱ		
			PY	G	PY	G	PYG
1	可溶物含量/(g/m²)≥	3mm	2 100				—
		4mm	2 900				—
		5mm	3 500				
		试验现象	—	胎基不燃	—	胎基不燃	—
2	耐热性	℃	90		105		
		≤mm	2				
		试验现象	无流淌、滴落				
3	低温柔性/℃		—20		—25		
			无裂缝				
4	不透水性 30min		0.3MPa	0.2MPa	0.3MPa		
5	拉力	最大峰拉力/(N/50mm)≥	500	350	800	500	900
		次高峰拉力/(N/50mm)≥	—	—	—	—	800
		试验现象	拉伸过程中，试件中部无沥青涂层开裂与胎基分离现象				
6	延伸率	最大峰时延伸率/%≥	30	—	40	—	
		第二峰时延伸率/%≥	—	—	—	—	15
7	浸水后质量增加/%≤	PE、S	1.0				
		M	2.0				
8	热老化	拉力保持率/%≥	90				
		延伸率保持率/%≥	80				
		低温柔性/%	—15		—20		
			无裂缝				
		尺寸变化率/%≤	0.7	—	0.7	—	0.3
		质量损失/%≤	1.0				

序号	项目		指标				
			I		II		
			PY	G	PY	G	PYG
9	渗油性	张数≤	2				
10	接缝剥离强度/(N/mm)≥		1.5				
11	钉杆撕裂强度[a]/N≥		—				300
12	矿物粒料粘附性[b]/g≤		2.0				
13	卷材下表面沥青涂盖层厚度[c]/mm≥		1.0				
14	人工气候加速老化	外观	无滑动、流淌、滴落				
		拉力保持率/%≥	80				
		低温柔性/℃	—15		—20		
			无裂缝				

a. 仅适用于单层机械固定施工方式卷材。

b. 仅适用于矿物粒料表面的卷材。

c. 仅适用于热熔施工的卷材。

（2）其他技术要求

单位面积质量、面积、厚度、外观等技术要求应符合《弹性体改性沥青防水卷材》GB18242—2008 的规定。

5. 特点

聚酯胎具有下列特点：

1）不透水性能强；

2）抗拉强度高，延伸率大，对基层收缩变形和开裂适应能力强；

3）低温性能好，在—50℃下仍能保持功效，冷热地区都可适用，特别是寒冷地区；

4）耐穿刺、耐硌破、耐撕裂；

5）耐腐蚀、耐霉变、耐候性好；

6）施工方便，热熔法施工四季均可操作，接缝可靠。

玻纤胎具有下列特点：

1）较高的拉伸强度，尺寸稳定性能好；

2）耐高低温性能好；

3）耐损伤、耐腐蚀、耐霉变、耐候性能好；

4）施工性能好，接缝可靠。

玻纤增强聚酯毡：该类卷材综合了玻纤毡和聚酯毡的优点。

工程应用：重要防水和一般等级的工业与民用建筑工程的屋面、地下室、卫生间等的防水防潮；桥梁、道路、隧道、停车场、游泳池、蓄水池等建筑物的防水；特别适用于结构变形频繁和寒冷地区的建筑物；管道、防腐层的保护及防潮。

8.2.2 塑性体改性沥青防水卷材（简称 APP 防水卷材）

塑性体改性沥青防水卷材是以聚酯毡、玻纤毡、玻纤增强聚酯毡为胎基，以无规聚丙烯（APP）或聚烯烃类聚合物（APAO、APO）作石油沥青改性剂，两面覆以隔离材料所制成的防水卷材，如图 8-1 所示。

1. 类型和规格

同弹性体改性沥青防水卷材。

2. 标记

产品按名称、型号、胎基、上表面材料、下表面材料、厚度、面积和标准编号顺序标记。

标记示例：10m² 面积、3mm 厚上表面为矿物粒料、下表面为聚乙烯膜、聚酯毡、Ⅰ型塑性体改性沥青防水卷材标记为：APP Ⅰ PY M PE 3 10 GB18243—2008。

3. 技术要求

（1）材料性能
材料性能应符合表 8-5 的要求。

表 8-5 材料性能（摘自 GB18243—2008）

序号	项目		指标				
			Ⅰ		Ⅱ		
			PY	G	PY	G	PYG
1	可溶物含量/(g/m²)≥	3mm	2 100				—
		4mm	2 900				—
		5mm	3 500				
		试验现象	—	胎基不燃	—	胎基不燃	
2	耐热性	℃	110		130		
		≤mm	2				
		试验现象	无流淌、滴落				
3	低温柔性/℃		—7		—15		
			无裂缝				
4	不透水性 30min		0.3MPa	0.2MPa	0.3MPa		

序号	项目		指标				
			I		II		
			PY	G	PY	G	PYG
5	拉力	最大峰拉力/(N/50mm)≥	500	350	800	500	900
		次高峰拉力/(N/50mm)≥	—	—	—	—	800
		试验现象	拉伸过程中，试件中部无沥青涂层开裂与胎基分离现象				
6	延伸率	最大峰时延伸率/%≥	30		40		—
		第二峰时延伸率/%≥	—				15
7	浸水后质量增加/%≤	PES	1.0				
		M	2.0				
8	热老化	拉力保持率/%≥	90				
		延伸率保持率/%≥	80				
		低温柔性/%	—2		—10		
			无裂缝				
		尺寸变化率/%≤	0.7	—	0.7	—	0.3
		质量损失/%≤	1.0				
9	接缝剥离强度/(N/mm)≥		1.0				
10	钉杆撕裂强度[a]/N≥		—				300
11	矿物粒料粘附性[b]/g≤		2.0				
12	卷材下表面沥青涂盖层厚度[c]/mm≥		1.0				
13	人工气候加速老化	外观	无滑动、流淌、滴落				
		拉力保持率/%≥	80				
		低温柔性/℃	—2		—10		
			无裂缝				

a. 仅适用于单层机械固定施工方式卷材。

b. 仅适用于矿物粒料表面的卷材。

c. 仅适用于热熔施工的卷材。

（2）其他技术要求

单位面积质量、面积、厚度、外观等应符合《塑性体改性沥青防水卷材》GB18243—2008 的规定。

5. 特点

聚酯胎具有下列特点：

1）不透水性能强；

2）抗拉强度高，延伸率大，对基层收缩变形和开裂适应能力强；

3）耐高温性能好，130℃不流淌；

4）耐腐蚀、耐霉变、耐候性好、耐穿刺、耐硌破、耐撕裂；

5）施工方便，热熔法施工四季均可操作，接缝可靠。

玻纤胎具有下列特点：

1）拉伸强度高，尺寸稳定性好；

2）耐高温性能好，130℃不流淌；

3）耐损伤、耐腐蚀、耐霉变、耐候性能好；

4）施工性能好，接缝可靠；

5）施工方便，热熔法施工四季均可操作，接缝可靠。

玻纤增强聚酯毡：该类卷材综合了玻纤毡和聚酯毡的优点。

工程应用：重要防水和一般等级的工业与民用建筑工程的屋面、地下室、卫生间等的防水防潮；桥梁、道路、隧道的防水；特别适用于结构变形大和较高气温环境下的建筑防水。

8.2.3 自粘聚合物改性沥青防水卷材（简称自粘卷材）

自粘聚合物改性沥青防水卷材是以自粘聚合物改性沥青为基料，非外露使用的无胎基或采用聚酯毡胎基增强的本体自粘防水卷材。

1. 类型

产品按有无胎基增强分为无胎基（N类）、聚酯毡（PY类）。

N类按上表面材料分为聚乙烯膜（PE）、聚酯膜（PET）、无膜双面自粘（D）。

PY类按上表面材料分为聚乙烯膜（PE）、细砂（S）、无膜双面自粘（D）。

产品按性能分为Ⅰ型和Ⅱ型，卷材厚度为2.0mm的PY类只有Ⅰ型。

2. 规格

卷材公称宽度为1 000mm、2 000mm。

卷材公称面积为10m²、15m²、20m²、30m²。

卷材的厚度为：N类为1.2mm、1.5mm、2.0mm；

PY类为2.0mm、3.0mm、4.0mm。

其他规格可由供需双方商定。

3. 标记

按产品名称、类、型、上表面材料、厚度、面积、本标准编号顺序标记。

标记示例：20m²、2.0mm聚乙烯膜Ⅰ型N类自粘聚合物改性沥青防水卷材标记为：

自粘卷材　N　Ⅰ　PE　2.0　20　GB23441—2009。

4. 物理力学性能

N 类卷材物理力学性能应符合表 8-6 的规定；PY 类卷材物理力学性能应符合表 8-7 的规定。

表 8-6　N 类卷材物理力学性能(摘自 GB23441—2009)

序号	项目		指标				
			PE		PET		D
			I	II	I	II	
1	拉伸性能	接力/(N/50mm)≥	150	200	150	200	—
		最大拉力时延伸率/%≥	200		30		—
		沥青断裂延伸率/%≥	250		150		450
		拉伸现象	拉伸过程中，在膜断裂前无沥青涂盖层与膜分离现象				—
2	钉杆撕裂强度/N≥		60	110	30	40	—
3	耐热性		70℃滑动不超过 2mm				
4	低温柔性/℃		—20	—30	—20	—30	—20
			无裂纹				
5	不透水性		0.2MPa，120min 不透水				—
6	剥离强度/(N/mm)≥	卷材与卷材	1.0				
		卷材与铝板	1.5				
7	钉杆水密性		通过				
8	渗油性/张数≤		2				
9	持黏性/min≥		20				
10	热老化	拉力保持率/%≥	80				
		最大拉力时延伸率/%≥	200		30		400(沥青层断裂延伸率)
		低温柔性/℃	—18	—28	—18	—28	—18
			无裂纹				
		剥离强度卷材与铝板/(N/mm)≥	1.5				
11	热稳定性	外观	无起鼓、皱褶、滑动、流淌				
		尺寸变化/%≤	2				

表 8-7 PY 类卷材物理力学性能（摘自 GB23441－2009）

序号	项目			指标	
				I	II
1	可溶物含量/(g/m²)≥		2.0mm	1 300	—
			3.0mm	2 100	
			4.0mm	2 900	
2	拉伸强度	拉力/(N/50mm)≥	2.0mm	350	—
			3.0mm	450	600
			4.0mm	450	800
		最大拉力时延伸率/%≥		30	40
3	耐热性			70℃无滑动、流淌、滴落	
4	低温柔性/℃			−20	−30
				无裂纹	
5	不透水性			0.3MPa，120min 不透水	

5. 特点

1）黏结力强、自粘施工，安全可靠。

2）延伸性能好，可抵御基层一般变形、裂缝等不利现象；

3）寿命长，耐候性能优良。能适应炎热和寒冷地区的气候变化。采取特别措施，可在−15℃进行施工；

4）能自行愈合较小的穿刺破损，可自动填塞愈合较小的基层裂缝。

工程应用：适用于工业、民用建筑的屋面、地下室、室内、市政工程、蓄水池、泳池及隧道防水；木质、金属结构屋面；特别适用于不易明火施工的油库、化工厂、纺织厂、粮库等防水工程。

8.3 合成高分子防水卷材

8.3.1 三元乙丙橡胶防水卷材

三元乙丙橡胶防水卷材是以三元乙丙橡胶为主体，掺入适当的化学助剂和一定量的填充材料，经过配料、密炼、混炼、过滤、挤出成型、硫化、检验、分卷、包装等工序加工制成的高弹性橡胶防水卷材（如图 8-2 所示）。按工艺分为硫化橡胶类(JL1)和非硫化橡胶类(JF1)两种。

图 8-2 三元乙丙橡胶防水卷材

1. 规格

幅宽：1 000mm、1 100mm、1 200mm。

厚度：1.0mm、1.2mm、1.5mm、1.8mm、2.0mm。

长度：20m 以上。

2. 产品标记

产品应按下列顺序标记，并可根据需要增加标记内容：

类型代号、材质（简称或代号）、规格（长度×宽度×厚度）

标记示例：长度为 20 000mm，宽度为 1 000mm，厚度为 1.2mm 的均质硫化型三元乙丙橡胶（EPDM）片材标记为：JL1—EPDM—20 000mm×1 000mm×1.2mm

3. 技术要求

1）均质型片材的物理性能应符合表 8-8 的规定。

2）其他技术要求：其他技术要求应符合《高分子防水材料—片材》GB18173.1－2006 的规定。

4. 特点

1）耐老化性能好、耐酸碱、抗腐蚀，使用寿命可达 30～50 年。

2）拉伸性能好，延伸率大，能够较好适应基层伸缩或开裂变形的需要。

3）耐高低温性能好，低温可达－40℃，高温可达 160℃，能在恶劣环境下长期使用。

4）质量轻，减少屋顶负载。

工程应用：适用于工业与民用建筑、桥涵、隧道、水坝、蓄水池等建筑工程及各种地下工程的防水、隔潮。

表 8-8　均质片的物理性能（摘自 GB18173.1－2006）

项目		指标			
		硫化橡胶类		非硫化橡胶类	
		JL1	JL2	LF1	JF2
断裂拉伸强度（MPa）	常温≥	7.5	6.0	4.0	3.0
	60℃≥	2.3	2.1	0.8	0.4
扯断伸长率/%	常温≥	450	400	400	200
	－20℃≥	200	200	200	100
撕裂强度/(kN/m)≥		25	24	18	10
不透水性(30min)		0.3 MPa 无渗漏			0.2MPa 无渗漏
低温弯折温度/℃≤		－40	－30	－30	－20

项目		指标			
		硫化橡胶类		非硫化橡胶类	
		JL1	JL2	LF1	JF2
加热伸缩量 /mm	延伸≤	2	2	2	4
	收缩≤	4	4	4	6
热空气老化 (80℃×168h)	断裂拉伸强度保持率(%)≥	80	80	90	60
	扯断伸长率保持率(%)≥	70	70	70	70
耐碱性(饱和Ca(OH)$_2$ 溶液常温×168h)	断裂拉伸强度保持率(%)≥	80	80	80	70
	扯断伸长率保持率(%)≥	80	80	90	80
臭氧老化 (40℃×168h)	伸长率40% 500×10^{-8}	无裂纹	—	无裂纹	—
	伸长率20% 500×10^{-8}	—	无裂纹	—	—
	伸长率20% 100×10^{-8}	—	—	—	无裂纹
人工气候老化	断裂拉伸强度保持率(%)≥	80	80	80	70
	扯断伸长率保持率(%)≥	70	70	70	70
黏结剥离强度 (片材与片材)	N/mm(标准试验条件)≥	1.5			
	浸水保持率(常温×168h)≥	70			

8.3.2 聚氯乙烯(PVC)防水卷材

聚氯乙烯(PVC)防水卷材是以PVC树脂为主要原料,加入增塑剂、抗紫外线剂、抗老化剂、稳定剂等加工助剂,通过挤出法生产成型的高分子防水卷材,如图8-3所示。

图 8-3 PVC 防水卷材

1. **分类**

产品按有无复合层分类，无复合层的为 N 类，用纤维单面复合的为 L 类，织物内增强的为 W 类。每类产品按物理性能分为Ⅰ型和Ⅱ型。

2. **规格**

卷材长度规格为 10m、15m、20m。

厚度规格为 1.2mm、1.5mm、2.0mm。

其他长度、厚度规格可由供需双方商定，厚度规格不得小于 1.2mm。

3. **标记**

按产品名称(代号 PVC 卷材)、外露或非外露使用、类、型、厚度、长×宽和标准顺序标记。

标记示例：长度 20m、宽度 1.2m、厚度 1.5mmⅡ型 L 类外露使用聚氯乙烯防水卷材标记为：PVC 卷材外露 LⅡ1.5/20×1.2　GB12952－2003。

4. **技术要求**

1)聚氯乙烯(PVC)防水卷材的理化性能应符合表 8-9 的规定。

表 8-9　N 类、L 类及 W 类卷材理化性能(摘自 GB12952－2003)

序号	项目			L 及 W 类		N 类	
				Ⅰ 型	Ⅱ 型	Ⅰ 型	Ⅱ 型
1	＊拉力/(N/cm)≥			100	160	＊8.0	＊12.0
2	断裂伸长率%≥			150	200	200	250
3	热处理尺寸变化率%≤			1.5	1.0	3.0	2.0
4	低温弯折性			−20℃无裂纹	−25℃无裂纹	−20℃无裂纹	−25℃无裂纹
5	抗穿孔性			不渗水		不渗水	
6	不透水性			不透水		不透水	
7	剪切状态下的黏合性(N/mm)≥			3.0 或卷材破坏		3.0 或卷材破坏	
8	热老化处理		外观	无气泡、裂纹、黏结和孔洞		无气泡、裂纹、黏结和孔洞	
		拉伸强度变化率%		±25	±20	±25	±20
		断裂伸长率变化率%					
		低温弯折性%		−15℃无裂纹	−20℃无裂纹	−15℃无裂纹	−20℃无裂纹
9	耐化学侵蚀		拉伸强度变化率%	±25	±20	±25	±20
		断裂伸长率变化率%					
		低温弯折性%		−15℃无裂纹	−20℃无裂纹	−15℃无裂纹	−20℃无裂纹

续表

序号	项目		L 及 W 类		N 类	
			Ⅰ型	Ⅱ型	Ⅰ型	Ⅱ型
10	人工气候加速老化	拉伸强度变化率%	±25	±20	±25	±20
		断裂伸长率变化率%				
		低温弯折性%	−15℃无裂纹	−20℃无裂纹	−15℃无裂纹	−20℃无裂纹

注：非外露使用可以不考核人工气候加速老化标准，＊N类为拉伸强度/MPa≥

2）其他技术要求：其他技术要求应符合《聚氯乙烯防水卷材》GB12952－2003的规定。

5. 特点

1）使用寿命长，耐老化、屋面材料可使用30年以上，地下可达50年之久。
2）拉伸强度高、延伸率高、热处理尺寸变化小。
3）低温柔性好，适应环境温差变化性好。
4）抗穿孔性和耐冲击性好。
5）耐化学腐蚀性强。

工程应用：PVC防水卷材可用于工业与民用建筑的各种屋面防水、建筑物的地下防水、隧道防水以及旧屋面的维修等。

8.3.3 氯化聚乙烯-橡胶共混防水卷材（简称橡塑共混卷材）

氯化聚乙烯-橡胶共混防水卷材是以氯化聚乙烯树脂和丁苯橡胶混合体为基本原料，加入适量软化剂、防老化剂、稳定剂、填充剂和硫化剂，经混合、混炼、过滤、挤出或压延成型、硫化等工序，加工制成的防水卷材。

橡塑共混卷材按工艺分为硫化均质型和非硫化均质型。其产品规格为：幅宽1 000mm、1 200mm两种；厚度1.0mm、1.2mm、1.5mm、1.8mm、2.0mm五种；长度20m。

产品代号为：JL2（硫化均质类橡塑共混卷材）和JF2（非硫化均质类橡塑共混卷材）。其中JL2和JF2的技术要求见表8-8。

橡塑共混卷材具有橡胶和塑料的特点，具有高强度和较好的耐老化性能，以及高弹性、高延伸性和耐臭氧性及良好的耐低温性能。共混卷材大气稳定性好，使用年限长，可采用单层冷作业粘贴，工艺简便。

工程应用：可用于屋面工程作单层外露防水，也可用于有保护层的屋面或楼（地）面、厨房、卫生间及贮水池等处防水。

8.3.4 防水材料的选用

根据建筑物的性质、重要程度、使用功能及防水层合理的使用年限等，将屋面防水分为四个等级，按照《屋面工程技术规范》（GB50345－2004）的规定选择适宜的防水材料，以满足工程的防水需要。屋面防水等级和设防要求见表 8-10。

表 8-10　屋面防水等级和设防要求（摘自 GB50345－2004）

项目	屋面防水等级			
	Ⅰ级	Ⅱ级	Ⅲ级	Ⅳ级
建筑物类别	特别重要或对防水有特殊要求的建筑	重要的建筑和高层建筑	一般的建筑	非永久性的建筑
防水层合理使用年限	25 年	15 年	10 年	5 年
设防要求	三道或三道以上防水设防	二道防水设防	一道防水设防	一道防水设防
防水层选用材料	宜选用合成高分子防水卷材、高聚物改性沥青防水卷材、金属板材、合成高分子防水涂料、细石防水混凝土等材料	宜选用高聚物改性沥青防水卷材、合成高分子防水卷材、金属板材、合成高分子防水涂料、高聚物改性沥青防水涂料、细石防水混凝土、平瓦、油毡瓦等材料	宜选用高聚物改性沥青防水卷材、合成高分子防水卷材、三毡四油沥青防水卷材、金属板材、高聚物改性沥青防水涂料、合成高分子防水涂料、细石防水混凝土、平瓦、油毡瓦等材料	可选用二毡三油沥青防水卷材、高聚物改性沥青防水涂料等材料

注：1. 本规范中采用的沥青均指石油沥青，不包括煤沥青和煤焦油等材料；

2. 石油沥青纸胎油毡和沥青复合胎柔性防水卷材，系限制使用材料；

3. 在Ⅰ、Ⅱ级屋面防水设防中，如仅做一道金属板材时，应符合有关技术规定。

8.4　防水涂料与密封材料

8.4.1　防水涂料

建筑防水涂料是无定型材料（液体、稠状物、粉剂加水现场拌和、液体加粉剂现场拌和等），通过现场刷、刮、抹、喷等施工操作，固化形成具有防水功能的膜层材料。下面介绍几种常用的防水涂料。

1. 聚氨酯防水涂料

聚氨酯防水涂料按组分分为单组分（S）和多组分（M）两种；按产品拉伸性能分为Ⅰ、Ⅱ两类。

（1）标记

按产品名称、组分、类型和标准号顺序标记。

标记示例：Ⅰ类单组分聚氨酯防水涂料标记为：

PU 防水涂料　S Ⅰ GB/T19250—2003。

（2）技术要求

聚氨酯防水涂料的技术要求应符合《聚氨酯防水涂料》GB/T19250—2003 的有关规定。

（3）特点

聚氨酯涂膜防水有透明、彩色、黑色等品种，并兼有耐酸碱、耐磨、装饰、阻燃、绝缘、抗老化等特点，可与木材、钢材、瓷砖等黏结。

工程应用：广泛用于屋面、地下室、卫生间、隧道工程及石化管道、金属、容器等防水，施工方便。彩色聚氨酯防水涂料可作装饰材料。

2. 水泥基渗透结晶型防水涂料

水泥基渗透结晶型防水涂料（C）是一种粉状材料，经与水拌和可调配成刷涂或喷涂在水泥混凝土表面的浆料；亦可将其以干粉撒覆并压入未完全凝固的水泥混凝土表面，是水泥基渗透结晶型防水材料（CCCW）的一种类型。

（1）分类

水泥基渗透结晶型防水涂料按物理力学性能分为Ⅰ型和Ⅱ型两种类型。

（2）标记

按照产品名称、类型、型号、标准号顺序排列。

标记示例：Ⅰ型水泥基渗透结晶型防水涂料标记为：

CCCW　C　Ⅰ　GB18445

（3）特点

黏结性好，无论是光基面和毛基面，背水面和迎水面，干基面和湿基面都不影响其施工效果。

（4）技术要求

水泥基渗透结晶型防水涂料应符合《水泥基渗透结晶型防水材料》（GB18445—2001）的有关规定。

工程应用：广泛用于隧道、大坝、水库、发电站、核电站、冷却塔、地下铁道、立交桥、桥梁、地下连续墙、机场跑道，桩头桩基、废水处理池、蓄水池、工业与民用建筑地下室、屋面、厕浴间的防水施工，以及混凝土建筑设施等所有混凝土结构弊病的维修堵漏。

3. 有机硅防水涂料

有机硅防水涂料是以硅橡胶乳及其纳米复合乳液为主要基料，掺入无机填料及各种助剂而制成的水性环保型防水涂料。

有机硅防水涂料采用喷、滚、刷等冷施工作业均可，适用于各种形状复杂的地上、地下防水工程的施工，其应用效果和综合性能优于目前使用的建筑防水涂料，是代替沥青，聚氨酯防水涂料等防水材料的理想材料，该产品经检测应符合 Q/GKH03—2001 和 JC/T864—2000 要求，该产品目前达国内领先水平。

有机硅防水涂料具有独特防水性、高弹性和整体性；良好的延伸率及较好的拉伸强度；绿色环保，无毒无味，使用方便安全等特点。

工程应用：用于新旧屋面、楼顶、地下室、洗浴间、游泳池、仓库、桥梁工程的防水、防渗、防潮、隔气等用途。

8.4.2　密封材料

建筑密封材料又称嵌缝材料，分为定型（密封条、压条）和不定型（密封膏或密封胶）两类。将其嵌填于板缝、玻璃镶嵌部位或涂布于屋面，可防水、防尘和隔气，并具有良好的粘附性、强度、耐老化性和温度适应性，能长期经受被粘附构件的收缩与振动而不破坏。下面介绍几种工程中常用的不定型密封材料。

1. 硅酮建筑密封胶

硅酮建筑密封胶是以聚硅氧烷为主要成分、室温固化的单组分密封胶。按用途可分为镶嵌玻璃用的 G 类和建筑接缝用的 F 类。

此类密封胶对硅酸盐制品、金属、塑料具有良好的黏结性，具有耐水、耐热、耐低温、耐老化等性能。

工程应用：适用于门窗玻璃镶装，贮槽、水族箱、卫生陶瓷的接缝密封，不适用于建筑幕墙和中空玻璃。

2. 聚硫密封胶

聚硫密封胶是以液态聚硫橡胶为主体材料，配合以增粘树脂、硫化剂、促进剂、补强剂等制成的密封胶。

此类密封胶具有优良的耐燃油、液压油、水和各种化学药品性能以及耐热和耐大气老化性能。一般为可硫化型。按组分可分为双组分（或三组分）和单组分型。

工程应用：适用于中空玻璃、混凝土、金属结构的接缝密封，也适用于耐油、耐试剂要求的车间，实验室的地板、墙板密封和一般建筑、土木工程的各种接缝。

3. 聚氨酯密封胶

聚氨酯密封胶是以聚氨酯橡胶及聚氨酯预聚体为主要成分的密封胶。具有高的拉伸强度、优良的弹性、耐磨性、耐油性和耐寒性，但耐水性，特别是耐碱水性欠佳。此类密封胶可分为加热硫化型、室温硫化型和热熔型三种。其中室温硫化型又有单组分和双组分之分。

工程应用：适用于建筑物屋面、墙板、地板、窗框、卫生间的接缝密封，也适用于混凝土结构的伸缩缝、沉降缝和高速公路、机场跑道、桥梁等土木工程的嵌缝密封。

4. 丙烯酸酯密封胶

丙烯酸酯密封胶是以聚丙烯酸酯为主要成分的塑料弹性体密封胶，在大多数材料表面上具有良好的粘附性，如木材、混凝土、砌体、石棉水泥、铝材以及所有常用建筑材料。

工程应用：丙烯酸酯密封胶可用于踢脚板，装饰线脚，隔板的填缝以及细木制品，金属合成制品与砖、石材和混凝土间的填缝，还可用于堵缝，但不适用于长期浸在水里的填缝。

思考练习

(1)常用沥青防水卷材有哪些品种？各有什么特点？各自的用途如何？

(2)常用改性沥青防水卷材有哪些品种？各有什么特点？各自的用途如何？

(3)常用合成高分子防水卷材有哪些品种？各有什么特点？各自的用途如何？

(4)什么是防水涂料？常用的防水涂料有哪几种？各自的特点和用途如何？

(5)什么是建筑密封材料？分为哪两种类型？

(6)工程中常用的不定型密封材料有哪些？各自的特点和用途如何？

实训练习

(1)某小区在建一幢33层的住宅楼，应选择什么样的防水材料做屋面防水材料？

(2)根据本章介绍的密封材料的知识，建筑物的沉降缝应选择什么样的密封材料进行处理？

(3)某地下停车场需做防水处理，请选择一种合适的防水卷材。

(4)为什么说石油沥青纸胎油毡系限制使用材料？

第 9 章　墙体材料

学 习 目 标

1. 熟悉砌墙砖的主要技术要求。
2. 熟悉墙用砌块的主要技术要求。
3. 了解各种类型的墙用板材。

　　墙体材料是建筑工程中十分重要的材料，在房屋建筑材料中占 70％的比重。在房屋建筑中它不但具有结构、围护功能，而且可以美化环境。因此，合理选用墙体材料对建筑物的功能、安全以及造价等均具有重要意义。

　　为了适应建筑功能的改善和建筑节能的要求，今后我国墙体材料发展的重点是：积极发展利用当地资源、生产低能耗、低污染、高性能、高强度、多功能、系列化、能提高施工效率的新型墙体材料产品，以满足不同等级建筑的需要。

　　目前，用于墙体的材料品种较多，总体可归纳为砌墙砖、墙用砌块和墙用板材三大类。

9.1　砌　墙　砖

　　砌墙砖系指以黏土、工业废料或其他地方资源为主要原料，以不同工艺制造的、用于砌筑承重和非承重墙体的墙砖。

　　砌墙砖按照生产工艺分为烧结砖和非烧结砖。经焙烧制成的砖为烧结砖；经碳化或蒸汽（压）养护硬化而成的砖属于非烧结砖。按照孔洞率（砖上孔洞和槽的体积总和与按外阔尺寸算出的体积之比的百分率）的大小，砌墙砖分为实心砖、多孔砖和空心砖。实心砖是没有孔洞或孔洞率小于 15％的砖；孔洞率等于或大于 25％，孔的尺寸小而数量多的砖称为多孔砖；而孔洞率等于或大于 40％，孔的尺寸大而数量少的砖称为空心砖。

9.1.1　烧结砖

1. 烧结普通砖

　　烧结普通砖是以黏土、页岩、煤矸石、粉煤灰为主要原料，经焙烧而成的普通砖。按主要原料分为烧结黏土砖（符号为 N）、烧结页岩砖（符号为 Y）、烧结煤矸石砖（符号为 M）和烧结粉煤灰砖（符号为 F）。其形状如图 9-1 所示。

　　以黏土、页岩、煤矸石、粉煤灰等为原料烧制普通砖时，其生产工艺基本相同。基本生产工艺过程如下：

图 9-1　烧结普通砖

采土→配料调制→制坯→干燥→焙烧→成品。

砖的焙烧温度要适当，以免出现欠火砖和过火砖。在焙烧温度范围内生产的砖称为正火砖，未达到焙烧温度范围生产的砖称为欠火砖，而超过焙烧温度范围生产的砖称为过火砖。欠火砖颜色浅、敲击时声音哑、孔隙率高、强度低、耐久性差，工程中不得使用欠火砖。过火砖颜色深、敲击声响亮、强度高，但往往变形大，变形不大的过火砖可用于基础等部位。

烧结普通砖的公称尺寸是 240mm×115mm×53mm。通常将 240mm×115mm 面称为大面，240mm×53mm 面称为条面，115mm×53mm 面称为顶面。砌筑 1m³ 砖砌体需砖512块，即四个砖长、八个专宽、十六个转厚，加上灰缝厚度(10mm)，都恰好是 1m。

(1)烧结普通砖的主要技术要求

1)质量等级。根据《烧结普通砖》(GB5101—2003)规定，强度、抗风化性能和放射性物质合格的砖，根据尺寸偏差、外观质量、泛霜和石灰爆裂分为优等品(A)、一等品(B)和合格品(C)三个质量等级，见表 9-1 所示。

表 9-1　烧结普通砖的质量等级划分(摘自 GB5101—2003)

项目		优等品		一等品		合格品	
尺寸偏差	公称尺寸	样本平均偏差	样本极差≤	样本平均偏差	样本极差≤	样本平均偏差	样本极差≤
	(1)长度/mm	±2.0	6	±2.5	7	±3.0	8
	(2)宽度/mm	±1.5	5	±2.0	6	±2.5	7
	(3)高度/mm	±1.5	4	±1.6	5	±2.0	6
外观质量	(1)两条面高度差，不大于/mm	2		3		4	
	(2)弯曲，不大于/mm	2		3		4	
	(3)杂质凸出高度，不大于/mm	2		3		4	
	(4)缺棱掉角的三个破坏尺寸，不得同时大于/mm	5		20		30	
	(5)裂纹长度，不大于/mm　a. 大面上宽度方向及其延伸至条面的长度	30		60		80	
	b. 大面上长度方向及其延伸至顶面的长度或条顶面上的水平裂纹的长度	50		80		100	
	(6)完整面不得少于	二条面和二顶面		一条面和一顶面		—	
	(7)颜色	基本一致		—		—	
泛霜		无泛霜		不允许出现中等泛霜		不允许出现严重泛霜	

项目	优等品	一等品	合格品
泛霜	无泛霜	不允许出现中等泛霜	不允许出现严重泛霜
石灰爆裂	不允许出现最大破坏尺寸大于2mm的爆裂区域	a. 最大破坏尺寸大于2mm且小于等于10mm的爆裂区域，每组砖样不得多于15处。 b. 不允许出现最大破坏尺寸大于10mm的爆裂区域	a. 最大破坏尺寸大于2mm且小于等于15mm的爆裂区域，每组砖样不得多于15处。其中大于10mm的不得多于7处。 b. 不允许出现最大破坏尺寸大于15mm的爆裂区域

注：凡有下列缺陷之一者，不得称为完整面：

①缺损在条面或顶面上造成的破坏面尺寸同时大于10mm×10mm；

②条面或顶面上裂纹宽度大于1mm，其长度超过30mm；

③压陷、粘底、焦花在条面或顶面上的凹陷或凸出超过2mm，区域尺寸同时大于10mm×10mm。

2）强度。烧结普通砖根据抗压强度分为 MU30、MU25、MU20、MU15、MU10 五个强度等级，各强度等级应符合表 9-2 的规定。表中的强度标准值，是砖石结构设计规范中砖强度取值的依据。

表 9-2　烧结普通砖的强度等级（摘自 GB5101－2003）

强度等级	抗压强度平均值 $\bar{f}$/MPa≥	变异系数 $\delta \leqslant 0.21$ 强度标准值 f_k/MPa≥	变异系数 $\delta > 0.21$ 单块最小抗压强度值 f_{min}/MPa≥
MU30	30.0	22.0	25.0
MU25	25.0	18.0	22.0
MU20	20.0	14.0	16.0
MU15	15.0	10.0	12.0
MU10	10.0	6.5	7.5

3）抗风化性能。抗风化性能是指在干湿变化、温度变化、冻融变化等物理因素作用下，材料不破坏并长期保持原有性质的能力。它是材料耐久性的重要内容之一。烧结普通砖的抗风化性能应符合表 9-3 的规定。

表 9-3　抗风化性能

种类	项目	严重风化区				非严重风化区			
		5h沸煮吸水率/%≤		饱和系数≤		5h沸煮吸水率/%≤		饱和系数≤	
		平均值	单块最大值	平均值	单块最大值	平均值	单块最大值	平均值	单块最大值
普通砖	黏土砖	18	20	0.85	0.87	19	20	0.88	0.90
	粉煤灰砖	21	23			23	25		
	页岩砖	16	18	0.74	0.77	18	20	0.78	0.80
	煤矸石砖								
多孔砖	黏土砖	21	23	0.85	0.87	23	25	0.88	0.90
	粉煤灰砖	23	25			30	32		
	页岩砖	16	18	0.74	0.77	18	20	0.78	0.80
	煤矸石砖	19	21			21	23		
空心砖	黏土砖	—	—	0.85	0.87	—	—	0.88	0.90
	粉煤灰砖								
	页岩砖			0.74	0.77			0.78	0.80
	煤矸石砖								

注：1. 严重风化区（黑龙江省、吉林省、辽宁省、内蒙古自治区、新疆维吾尔自治区、宁夏回族自治区、甘肃省、青海省、陕西省、山西省、河北省、北京市、天津市）中的砖，必须进行冻融试验；

2. 其他地区砖的抗风化性能，符合表9-3的规定时，可不做冻融试验，否则必须进行冻融试验。冻融试验后，每块砖样不允许出现裂纹、分层、掉皮、缺棱、掉角等现象。

4）泛霜。在新砌筑的砖砌体表面，有时会出现一层白色的粉状物，这种现象称为泛霜。出现泛霜的原因是由于砖内含有较多可溶性盐类，这些盐类在砌筑施工时溶解于进入砖内的水中，当水分蒸发时在砖的表面结晶成霜状。这些结晶的粉状物有损于建筑物的外观，而且结晶膨胀也会引起砖表层的疏松甚至剥落。

对烧结普通砖泛霜的要求，应符合表9-1的规定。

5）石灰爆裂。石灰爆裂是指烧结砖的原料中夹杂着石灰石，焙烧时石灰石被烧成生石灰块，在使用过程中生石灰吸水熟化转变为熟石灰，体积膨胀而引起砖裂缝，严重时使砖砌体强度降低，直至破坏。

对烧结普通砖石灰爆裂的要求，应符合表9-1的规定。

6）放射性物质。砖的放射性物质应符合《建筑材料放射性核素限量》（GB 6566—2001）的规定。

（2）烧结普通砖的产品标记

烧结普通砖的产品标记按产品名称、类别、强度等级、质量等级和标准编号的顺序编写。

标记示例：烧结普通砖，强度等级MU15，一等品的黏土砖，其标记为：

烧结普通砖 N　MU15　B　GB5101

（3）烧结普通砖的优缺点

烧结普通砖具有较高的强度、较好的耐久性及隔热、隔声、价格低廉等优点，加之原料广泛、工艺简单，所以是应用历史最久，应用范围最为广泛的墙体材料。

工程应用：优等品烧结普通砖用于清水墙和墙体装饰，一等品、合格品可用于混水墙，中等泛霜的砖不能用于潮湿部位。另外，烧结普通砖也可用来砌筑柱、拱、烟囱、地面及基础等，还可与轻骨料混凝土、加气混凝土、岩棉等复合砌筑成各种轻质墙体，在砌体中配置适当的钢筋或钢丝网也可制作柱、过梁等，代替钢筋混凝土柱、过梁使用。

黏土实心砖的缺点是大量毁坏土地、破坏生态、能耗高、砖的自重大、尺寸小、施工效率低、抗震性能差等。从节约黏土资源及利用工业废渣等方面考虑，目前在大城市和发达地区提出"禁实"，是指禁止使用实心黏土砖，今后将逐步"禁黏"，是指禁止使用黏土制品，提倡大力发展非黏土砖。所以，我国正大力推广墙体材料改革，以空心砖、工业废渣砖、砌块及轻质板材等新型墙体材料代替黏土实心砖，已成为不可逆转的势头。近10多年，我国各地采用多种新型墙体材料代替黏土实心砖，已取得了令人瞩目的成就。

2. 烧结多孔砖

烧结多孔砖是以黏土、页岩、煤矸石、粉煤灰为主要原料，经焙烧而成的孔洞率≥25%，孔的尺寸小而数量多的砖。按主要原料分为黏土砖（N）、页岩砖（Y）、煤矸石砖（M）和粉煤灰砖（F）。烧结多孔砖的孔洞垂直于大面，砌筑时要求孔洞方向垂直于承压面。烧结多孔砖的形状如图9-2所示。

图 9-2　烧结多孔砖

（1）烧结多孔砖的主要技术要求

1）质量等级。根据《烧结多孔砖》（GB13544—2000）的规定，强度和抗风化性能合格的烧结多孔砖，根据尺寸偏差、外观质量、孔形及孔洞排列、泛霜、石灰爆裂分为优等品（A）、一等品（B）和合格品（C）三个质量等级。

2）强度等级。烧结多孔砖根据抗压强度分为 MU30、MU25、MU20、MU15、MU10五个强度等级。各强度等级的要求同烧结普通砖。

3）抗风化性能。烧结多孔砖的抗风化性能应符合表9-3的规定。

4）泛霜、石灰爆裂、放射性物质。烧结多孔砖的泛霜、石灰爆裂、放射性物质的要求同烧结普通砖。

（2）烧结多孔砖的产品标记

烧结多孔砖的产品标记按产品名称、品种、规格、强度等级、质量等级和标准编号的顺序编写。

标记示例：规格尺寸 290mm×140mm×90mm、强度等级 MU25、优等品的黏土砖，其标记为：烧结多孔砖 N　290×140×90　25　A　GB13544。

工程应用：烧结多孔砖主要用于建筑物承重部位，但有冻胀环境和条件的地区，地面以下或防潮层以下的砌体不宜采用多孔砖。

3.　烧结空心砖

烧结空心砖是以黏土、页岩、煤矸石、粉煤灰为主要原料，经焙烧而成的孔洞率≥40%，孔的尺寸大而数量少的砖。其孔洞垂直于顶面，砌筑时要求孔洞方向与承压面平行。因为它的孔洞大、强度低，主要用于砌筑非承重墙体或框架结构的填充墙。其形状如图9-3所示。

图 9-3　烧结空心砖

烧结空心砖的规格尺寸有 290mm×190mm×90mm 和 240mm×180mm×115mm 两种。其构造示意图见图9-4。

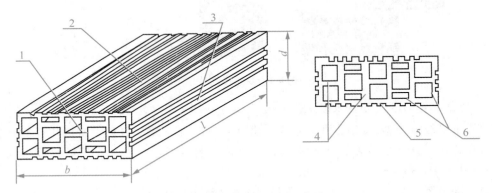

图 9-4　烧结空心砖构造示意图

1—顶面；2—大面；3—条面；4—肋；5—凹线槽；6—外壁；

l—长度；b—宽度；d—高度

（1）烧结空心砖的主要技术要求

1）质量等级。根据《烧结空心砖和空心砌块》(GB 13545—2003)的规定，强度、密度、抗风化性能和放射性物质合格的砖，根据尺寸偏差、外观质量、孔洞排列及其结构、泛霜、石灰爆裂、吸水率分为优等品(A)、一等品(B)和合格品(C)三个质量等级。

2)强度等级和密度等级。烧结空心砖根据抗压强度分为 MU10、MU7.5、MU5.0、MU3.5、MU2.5 五个强度等级，根据表观密度分为 800、900、1 000、1 100 四个密度等级。其强度和密度应符合表 9-4 的规定。

表 9-4　烧结空心砖强度和密度等级(摘自 GB 13545—2003)

强度 等级	抗压强度/MPa			密度等级范围/ (kg/m³)
	抗压强度 平均值 f≥	变异系数 δ≤0.21 强度标准值 f_k≥	变异系数 δ>0.21 单块最小抗压强度值 f_{min}≥	
MU10.0	10.0	7.0	8.0	≤1100
MU7.5	7.5	5.0	5.8	
MU5.0	5.0	3.5	4.0	
MU3.5	3.5	2.5	2.8	
MU2.5	2.5	1.6	1.8	≤800

3)抗风化性能。烧结空心砖的抗风化性能应符合表 9-3 的规定。

4)泛霜、石灰爆裂、放射性物质。烧结空心砖的泛霜、石灰爆裂、放射性物质的要求同烧结普通砖。

(2)烧结空心砖的产品标记

烧结空心砖的产品标记按产品名称、类别、规格、密度等级、强度等级、质量等级和标准编号的顺序编写。

标记示例:规格尺寸 290mm×190mm×90mm、密度等级 800、强度等级 MU7.5、优等品的页岩空心砖，其标记为:

　　　　烧结空心砖 Y(290×190×90)　800　MU7.5　A　GB13545

工程应用:烧结空心砖适用于建筑物非承重部位。

烧结多孔砖、烧结空心砖与烧结普通砖相比，具有一系列优点。使用这些砖可使建筑物自重减轻 1/3 左右，节约黏土 20%～30%，节省燃料 10%～20%，且烧成率高，造价降低 20%，施工效率提高 40%，并能改善砖的绝热和隔声性能，在相同的热工性能要求下，用空心砖砌筑的墙体厚度可减薄半砖左右。

9.1.2　非烧结砖

不经焙烧而制成的砖均为非烧结砖，如碳化砖、免烧免蒸砖、蒸养(压)砖等。目前应用较广的是蒸养(压)砖，这类砖是以含钙材料(石灰、电石渣等)和含硅材料(砂子、粉煤灰、煤矸石、灰渣、炉渣等)与水拌和，经压制成型、常压或高压蒸汽养护而成，主要品种有灰砂砖、粉煤灰砖、炉渣砖等。

1. 蒸压灰砂砖

蒸压灰砂砖是用磨细生石灰和天然砂，经混合搅拌、陈化（使生石灰充分熟化）、轮碾、加压成型、蒸压养护（175～191℃，0.8～1.2MPa的饱和蒸汽）而成，如图9-5所示。用料中石灰约占10%～20%。蒸压灰砂砖有彩色的（Co）和本色的（N）两类，本色为灰白色，若掺入耐碱颜料，可制成彩色砖。

图 9-5　蒸压灰砂砖

蒸压灰砂砖的外形为直角六面体，公称尺寸为 240mm×115mm×53mm。

（1）等级

1）质量等级。按照《蒸压灰砂砖》（GB 11945—1999）的规定，蒸压灰砂砖根据尺寸偏差、外观质量、强度及抗冻性分为优等品（A）、一等品（B）和合格品（C）三个质量等级。

2）强度等级。根据抗压强度和抗折强度分为 MU25、MU20、MU15、MU10 四个强度等级。

（2）技术要求

蒸压灰砂砖的技术要求应符合《蒸压灰砂砖》（GB 11945—1999）的规定。

（3）产品标记

蒸压灰砂砖的产品标记按产品名称（LSB）、颜色、强度等级、质量等级、标准编号的顺序编写。

标记示例：强度等级 MU20，优等品的彩色灰砂砖，其标记为：

LSB　Co　20　A　GB11945

工程应用：蒸压灰砂砖材质均匀密实，尺寸偏差小，外形光洁整齐，表观密度为1800～1900kg/m³，导热系数约为 0.61W/（m·K）。MU15 及其以上的灰砂砖可用于基础及其他建筑部位；MU10 的灰砂砖仅可用于防潮层以上的建筑部位。由于灰砂砖中的某些水化产物（氢氧化钙、碳酸钙等）不耐酸，也不耐热，因此不得用于长期受热200℃以上、受急冷急热和有酸性介质侵蚀的建筑部位，也不宜用于有流水冲刷的部位。

2. 蒸压粉煤灰砖

蒸压（养）粉煤灰砖是以粉煤灰、石灰或水泥为主要原料，掺加适量石膏、外加剂、颜料和骨料等，经坯料制备、压制成型、高压或常压蒸汽养护而制成，如图9-6所示。其颜色分为本色（N）和彩色（Co）两种。

粉煤灰砖的公称尺寸为 240mm×115mm×53mm。

（1）等级

1）质量等级。根据《粉煤灰砖》（JC239－2001）的规定，粉煤灰砖根据尺寸偏差、外观质量、强度等级、抗冻性和干

图 9-6　蒸压粉煤灰砖

燥收缩分为优等品（A）、一等品（B）和合格品（C）三个质量等级。

2）强度等级。按照抗压强度和抗折强度分为 MU30、MU25、MU20、MU15、MU10 五个强度等级。

（2）技术要求

1）干燥收缩。粉煤灰砖的干燥收缩值：优等品和一等品应不大于 0.65mm/m，合格品应不大于 0.75mm/m。

2）粉煤灰砖其他技术要求应符合《粉煤灰砖》（JC239—2001）的规定。

（3）产品标记

粉煤灰砖的产品标记按产品名称（FB）、颜色、强度等级、质量等级、标准编号的顺编写。

标记示例：强度等级 MU20、优等品的彩色粉煤灰砖，其标记为：

$$FB\quad Co\quad MU20\quad A\quad JC239$$

工程应用：粉煤灰砖可用于工业与民用建筑的墙体和基础，但用于基础或易受冻融和干湿交替作用的建筑部位时，必须使用 MU15 及以上强度等级的砖。粉煤灰砖不得用于长期受热 200℃ 以上、受急冷急热和有酸性介质侵蚀的建筑部位。为避免或减少收缩裂缝的产生，粉煤灰砖砌筑的建筑物，应适当增设圈梁及伸缩缝。

3. 炉渣砖

炉渣砖是以炉渣为主要原料，加入适量石灰、石膏等材料，经混合、压制成型、蒸汽或蒸压养护而制成的实心砖，颜色呈黑灰色。

根据《炉渣砖》（JC 525—2007）的规定，炉渣砖的公称尺寸为 240mm×115mm×53mm。按其抗压强度和抗折强度分为 MU25、MU20、MU15 三个强度级别。

工程应用：炉渣砖可用于工业与民用建筑的墙体和基础，但用于基础或用于易受冻融和干湿交替作用的建筑部位必须使用 MU15 及其以上的砖。炉渣砖不得用于长期受热 200℃ 以上、受急冷急热和有酸性介质侵蚀的建筑部位。

9.2　墙用砌块

砌块是用于砌筑的、形体大于砌墙砖的人造块材。砌块一般为直角六面体，也有各种异形的。砌块系列中主规格的长度、宽度或高度有一项或一项以上分别大于 365mm、240mm 或 115mm，但高度不大于长度或宽度的六倍，长度不超过高度的三倍。按产品主规格的尺寸可分为大型砌块（高度大于 980mm）、中型砌块（高度为 380～980mm）和小型砌块（高度为 115～380mm）。

砌块是一种新型墙体材料，可以充分利用地方资源和工业废渣，并可节省黏土资源和改善环境。其具有生产工艺简单，原料来源广，适应性强，制作及使用方便灵活，可改善墙体功能等特点，因此发展较快。

砌块的分类方法很多，按用途可分为承重砌块和非承重砌块；按空心率（砌块上孔洞和槽的体积总和与按外阔尺寸算出的体积之比的百分率)可分为实心砌块(无孔洞或空心率小于25%)和空心砌块(空心率等于或大于25%);按材质又可分为硅酸盐砌块、轻骨料混凝土砌块、普通混凝土砌块等。

在建筑砌块中,尤其应优先发展普通混凝土小型空心砌块。在多层建筑和高层建筑中,应优先采用普通混凝土小型空心砌块;在框架结构的填充墙和内隔墙中,应积极推广轻骨料混凝土小型空心砌块。本节主要简介几种常用砌块。

9.2.1 普通混凝土小型空心砌块(代号 NHB)

普通混凝土小型空心砌块主要是用水泥作胶结料,砂、石作骨料,经搅拌、振动(或压制)成型、养护等工艺过程制成,简称普通小砌块(如图9-7所示)。

普通混凝土小型空心砌块的主规格尺寸为390mm×190mm×190mm,其他规格尺寸可由供需双方协商。砌块各部位的名称如图9-7(b)所示。最小外壁厚应不小于30mm,最小肋厚应不小于25mm。空心率应不小于25%。

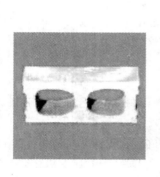
（a）直观图

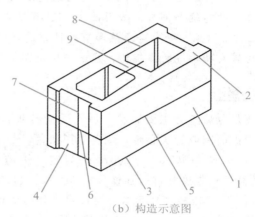
（b）构造示意图

图 9-7 普通混凝土小型空心砌块

1—条面;2—坐浆面(肋厚较小的面);3—铺浆面(肋厚较大的面);
4—顶面;5—长度;6—宽度;7—高度;8—壁厚;9—肋

1. 等级

(1)质量等级

根据《普通混凝土小型空心砌块》(GB8239—1997)的规定,砌块按尺寸偏差和外观质量分为优等品(A)、一等品(B)和合格品(C)三个质量等级。

(2)强度等级

按抗压强度分为 MU3.5、MU5.0、MU7.5、MU10.0、MU15.0、MU20.0 六个强度等级。

2. 技术要求

普通混凝土小型空心砌块的技术要求如尺寸偏差、外观质量、强度等级、相对含水率、抗渗性和抗冻性等技术要求应符合《普通混凝土小型空心砌块》(GB8239—1997)的规定。

3. 产品标记

按产品名称(代号 NHB)、强度等级、外观质量等级和标准编号的顺序进行标记。

标记示例：强度等级为 MU7.5，外观质量为优等品(A)的砌块，其标记为：NHB MU7.5　A　GB8239。

工程应用：普通小砌块适用于地震设计烈度为 8 度及 8 度以下地区的一般民用与工业建筑物的墙体。对于承重墙和外墙的砌块，要求其干缩值小于 0.5mm/m，非承重或内墙用的砌块，其干缩值应小于 0.6mm/m。

砌筑普通小砌块砌体，必须使用专用的砌筑砂浆，以便使砌缝饱满，黏结性好，减少墙体开裂和渗漏，提高砌体的质量。

对于普通小砌块墙体的孔洞内灌注芯柱，也必须采用灌注芯柱和孔洞的专用混凝土，以保证砌块建筑的整体性能、抗震性能和承受局部荷载的能力。灌孔混凝土的强度等级不宜低于砌块强度等级的 2 倍，也不应低于 Cb20。

在严寒地区普通小砌块用于外墙时，必须与高效保温材料复合使用，以满足保温和节能的要求。

9.2.2　轻骨料混凝土小型空心砌块(LHB)

轻骨料混凝土小型空心砌块是由水泥、砂(轻砂或普通砂)、轻粗骨料、水等经搅拌成型而得。其命名常结合轻粗骨料名称命名，如陶粒(页岩、粉煤灰、黏土等陶粒)、膨胀珍珠岩、自然煤矸石、炉渣等轻骨料混凝土小型空心砌块，如图 9-8 所示。

图 9-8　轻骨料混凝土小型空心砌块

轻骨料混凝土小型空心砌块的主规格尺寸为 390mm×190mm×190mm，其他规格尺寸可由供需双方协商。

1. 类别

根据《轻骨料混凝土小型空心砌块》(GB/T 15229—2002)的规定，轻骨料混凝土小型空心砌块按砌块孔的排数分为五类：实心(0)、单排孔(1)、双排孔(2)、三排孔(3)和四排孔(4)。

2. 等级

(1)密度等级

按砌块密度等级分为八级：500、600、700、800、900、1000、1200、1400。

（2）强度等级

按砌块强度等级分为六级：1.5、2.5、3.5、5.0、7.5、10.0。

（3）质量等级

按砌块尺寸允许偏差和外观质量，分为两个等级：一等品（B）和合格品（C）。

3. 技术要求

砌块的吸水率不应大于20％，干缩率、相对含水率、抗冻性应符合《轻骨料混凝土小型空心砌块》（GB/T 15229—2002）的规定。

4. 产品标记

轻骨料混凝土小型空心砌块（LHB）按产品名称、类别、密度等级、强度等级、质量等级和标准编号的顺序进行标记。

标记示例：密度等级为600级、强度等级为1.5级、质量等级为一等品的轻骨料混凝土三排孔小砌块。其标记为：LHB(3)600 1.5 B GB/T15229。

工程应用：轻骨料小砌块，由于质量较轻、保温性能好、装饰贴面黏结强度高、设计灵活、施工方便、砌筑速度快、增加使用面积和综合工程造价低等优点，因此被广泛用于高层框架结构的填充墙及一些隔墙工程。

强度等级为3.5级以下的砌块主要用于保温墙体或非承重墙体，强度等级为3.5级及其以上的砌块主要用于承重保温墙体。

9.2.3 蒸压加气混凝土砌块（代号 ACB）

蒸压加气混凝土砌块是用蒸压加气混凝土生产的轻质多孔砌块，如图9-9所示。

1. 品种

按原材料种类，主要分为以下七种，总称为蒸压加气混凝土砌块。

1）蒸压水泥—石灰—砂加气混凝土砌块；

2）蒸压水泥—石灰—粉煤灰加气混凝土砌块；

3）蒸压水泥—矿渣—砂加气混凝土砌块；

4）蒸压水泥—石灰—尾矿加气混凝土砌块；

5）蒸压水泥—石灰—炉渣加气混凝土砌块；

6）蒸压水泥—石灰—煤矸石加气混凝土砌块；

7）蒸压石灰—粉煤灰加气混凝土砌块。

图 9-9 蒸压加气混凝土砌块

2. 规格

长度：600mm；

宽度：100mm、120mm、125mm、150mm、180mm、200mm、240mm、250mm、300mm；

高度：200mm、240mm、250mm、300mm。

3. 分级

（1）强度级别

按其强度分为：A1.0、A2.0、A2.5、A3.5、A5.0、A7.5、A10 七个级别。

（2）密度级别

按其干密度分为：B03、B04、B05、B06、B07、B08 六个级别。

（3）质量等级

按其尺寸偏差、外观质量、干密度、抗压强度和抗冻性分为：优等品（A）、合格品（B）两个等级。

4. 产品标记

按蒸压加气混凝土砌块代号、强度级别、干密度级别、砌块规格、质量等级和标准编号的顺序标记。

标记示例：强度级别为 A3.5、干密度级别为 B05、规格为 600mm×200mm×250mm 的优等品蒸压加气混凝土砌块，其标记为：

ACB　A3.5　B05　600×200×250 A　GB11968

5. 技术要求

应符合《蒸压加气混凝土砌块》（GB11968—2006）的要求。

工程应用：蒸压加气混凝土砌块是一种轻质多孔材料。含有大量均匀而细小的球状互不连通的气孔，具有质量轻、保温性能好和可加工性等优点。主要用于建筑物的承重与非承重墙体及作保温隔热材料使用。

严寒地区的外墙砌块，应采用具有保温性能的专用砌筑砂浆。

9.3　墙用板材

随着建筑结构体系的改革和大开间多功能框架结构的发展，各种轻质和复合墙用板材也蓬勃兴起。以板材为围护墙体的建筑体系具有质轻、节能、施工方便快捷、使用面积大、开间布置灵活等特点。因此，墙用板材具有良好的发展前景。我国目前可用于墙体的板材品种很多。

9.3.1　水泥类墙用板材

水泥类墙用板材具有较好的力学性能和耐久性，生产技术成熟，产品质量可靠。可用于承重墙、外墙和复合墙板的外层面。其主要缺点是表观密度大，抗拉强度低（大板在起吊过程中易受损），生产中可制作预应力空心板材，以减轻自重和改善隔声、隔热性能，也可制作以纤维等增强的薄型板材，还可在水泥类板材上制作具有装饰效果的表面层。

1. 预应力混凝土空心墙板

预应力混凝土空心墙板的构造如图 9-10 所示。使用时可按要求配以保温层、外饰面层和防水层等。该类板的长度为 1 000～1 900mm，宽度为 600～1 200mm，总厚度为 200～480mm。可用于承重或非承重外墙板、内墙板、楼板、屋面板和阳台板等。

2. 纤维增强低碱度水泥建筑平板

纤维增强低碱度水泥建筑平板（以下简称平板）是以温石棉、抗碱玻璃纤维等为增强材料，以低碱水泥为胶结材料，加水混合成浆，经制坯、压制、蒸养而成的薄型平板。按石棉掺入量分为：掺石棉纤维增强低碱度水泥建筑平板（代号为 TK）与无石棉纤维增强低碱度水泥建筑平板（代号为 NTK）。

平板的长度为 1200～2800mm，宽度为 800～1200nm，厚度有 4mm、5mm 和 6mm 三种规格。按尺寸偏差和物理力学性能，平板分为优等品（A）、一等品（B）和合格品（C）三个质量等级。

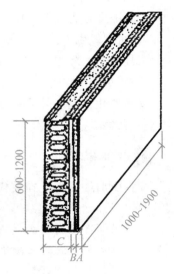

图 9-10　预应力混凝土空心墙板示意图

A—外饰面层；B—保温层
C—预应力混凝土空心墙板

平板质量轻、强度高、防潮、防火、不易变形，可加工性好。适用于各类建筑物室内的非承重内隔墙和吊顶平板等。

此外，水泥类墙板中还有玻璃纤维增强水泥轻质多孔隔墙条板、水泥木屑板等。

9.3.2　石膏类墙用板材

石膏制品有许多优点，石膏类板材在轻质墙体材料中占有很大比例，主要有纸面石膏板、石膏空心条板和石膏纤维板等。

1. 纸面石膏板

纸面石膏板是以石膏芯材与护面纸组成，按其用途分为普通纸面石膏板、耐水纸面石膏板和耐火纸面石膏板三种。普通纸面石膏板是以建筑石膏为主要原料，掺入适量轻骨料、纤维增强材料和外加剂构成芯材，并与具有一定强度的护面纸牢固地黏结在一起的建筑板材；若在芯材配料中加入耐水外加剂，并与耐水护面纸牢固黏结在一起，即可制成耐水纸面石膏板；若在芯材配料中加入无机耐火纤维和阻燃剂等，并与护面纸牢固地黏结在一起，即可制成耐火纸面石膏板。

纸面石膏板表面平整、尺寸稳定，具有自重轻、保温隔热、隔声、防火、抗震、可调节室内温度、加工性好、施工简便等优点，但用纸量较大，成本较高。

普通纸面石膏板可作为室内隔墙板、复合外墙板的内壁板、顶棚等；耐水纸面石膏板可用于相对湿度较大（≥75%）的环境，如厕所、盥洗室等；耐火纸面石膏板主要用于对防火要求较高的房屋建筑中。

2. 石膏空心条板

石膏空心条板外形与生产方式类似于玻璃纤维增强水泥轻质多孔隔墙条板。它是以建筑石膏为胶凝材料，适量加入各种轻质骨料（如膨胀珍珠岩、膨膨蛭石等）和无机纤维增强材料，经搅拌、振动成型、抽芯模、干燥而成。其长度为 2 400～3 000mm，宽度为600mm，厚度为 60mm。

石膏空心条板具有质轻、高强、隔热、隔声、防火、可加工性好等优点，且安装墙体时不用龙骨，简单方便。适用于各类建筑的非承重内墙，但若用于相对湿度大于75%的环境中，则板材表面应作防水等相应处理。

3. 石膏纤维板

石膏纤维板是以纤维增强石膏为基材的无面纸石膏板。常用无机纤维或有机纤维为增强材料，与建筑石膏、缓凝剂等经打浆、铺装、脱水、成型、烘干而制成。

石膏纤维板可节省护面纸，具有质轻、高强、耐火、隔声、韧性高、可加工性好的性能。其规格尺寸和用途与纸面石膏板相同。

9.3.3 植物纤维类板材

随着农业的发展，农作物的废弃物（如稻草、麦秸、玉米秆、甘蔗渣等）随之增多，污染环境。上述各种废弃物如经适当处理，则可制成各种板材加以利用。中国是农业大国，农作物资源丰富，该类产品应该得到发展和推广。

1. 稻草板

稻草板生产的主要原料是稻草、板纸和脲醛树脂胶料等。其生产方法是将干燥的稻草热压成密实的板芯，在板芯两面及四个侧边用胶贴上一层完整的面纸，经加热固化而成。

板芯内不加任何黏结剂，只利用稻草之间的缠绞拧编与压合而形成密实并有相当刚度的板材。其生产工艺简单，生产能耗低，仅为纸面石膏板生产能耗的1/4～1/3。

稻草板质轻，保温隔热性能好，隔声好，具有足够的强度和刚度，可以单板使用而不需要龙骨支撑，且便于锯、钉、打孔、黏结和油漆，施工很便捷。其缺点是耐水性差、可燃。稻草板适于用作非承重的内隔墙、顶棚、厂房望板及复合外墙的内壁板。

2. 蔗渣板

蔗渣板是以甘蔗渣为原料，经加工、混合、铺装、热压成型而成的平板。该板生产时可不用胶而利用蔗渣本身含有的物质热压时转化成呋喃系树脂而起胶结作用，也可用合成树脂胶结成有胶蔗渣板。

蔗渣板具有质轻、吸声、易加工（可钉、锯、刨、钻）和可装饰等特点。可用作内隔墙、顶棚、门芯板、室内隔断板和装饰板等。

此外，植物纤维类板材中还有麦秸板、稻壳板等。

9.3.4　复合墙板

以单一材料制成的板材，常因材料本身的局限性而使其应用受到限制。如质量较轻、隔热、隔声效果较好的石膏板、加气混凝土板、稻草板等，因其耐水性差或强度较低，通常只能用于非承重的内隔墙。而水泥混凝土类板材虽有足够的强度和耐久性，但其自重大，隔声、保温性能较差。为克服上述缺点，常用不同材料组合成多功能的复合墙板以满足需要。

常用的复合墙板主要由承受外力的结构层（多为普通混凝土或金属板）、保温层（矿棉、泡沫塑料、加气混凝土等）及面层（各类具有可装饰性的轻质薄板）组成，如图9-11所示。其优点是承重材料和轻质保温材料的功能都能得到合理利用，实现了物尽其用，拓宽了材料来源。

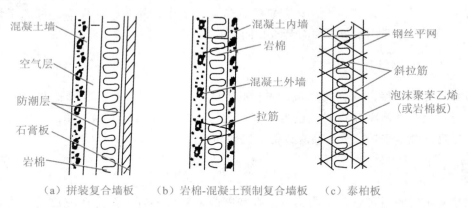

（a）拼装复合墙板　　（b）岩棉-混凝土预制复合墙板　　（c）泰柏板

图 9-11　几种复合墙板构造

1. 混凝土夹心板

混凝土夹心板是以20～30mm厚的钢筋混凝土作内外表面层，中间填以矿渣毡、岩棉毡或泡沫混凝土等保温材料，内外两层面板以钢筋件连接，用于内外墙。

2. 泰柏板

泰柏板是以钢丝焊接成的三维钢丝网骨架与高热阻自熄性聚苯乙烯泡沫塑料组成的芯材板，两面喷（抹）涂水泥砂浆而成，如图 9-12 所示。

泰柏板的标准尺寸为 $1.22m \times 2.44m = 3m^2$，标准厚度为 100mm，平均自重为 $90kg/m^2$，导热系数小（其热损失比一砖半的砖墙小 50％）。由于所用钢丝网骨架构造及夹心层材料、厚度的差别等，该类板材有多种名称，如 GY 板（夹芯为岩棉毡）、三维板、3D 板、钢丝网节能板等，但它们的性能和基本结构相似。

泰柏板轻质高强、隔热、隔声、防火、防潮、防震、耐久性好、易加工、施工方便。适用于承重外墙、内隔墙、屋面板、3m 跨内的楼板等。

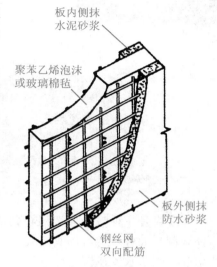

板内侧抹
水泥砂浆

聚苯乙烯泡沫
或玻璃棉毡

板外侧抹
防水砂浆

钢丝网
双向配筋

图 9-12　泰柏板示意图

3. 轻型夹心板

轻型夹心板是用轻质高强的薄板为面层，中间以轻质的保温隔热材料为芯材组成的复合板。用于面层的薄板有不锈钢板、彩色涂层钢板、铝合金板、纤维增强水泥薄板等。芯材有岩棉毡、玻璃棉毡、矿渣棉毡、阻燃型发泡聚苯乙烯、阻燃型发泡硬质聚氨酯等。该类复合墙板的性能和适用范围与泰柏板基本相同。

思考练习

(1) 砌墙砖分哪几大类？各包括哪些主要品种？

(2) 何谓砖的泛霜和石灰爆裂？

(3) 试述蒸压粉煤灰砖的标记方法和工程应用。

(4) 试述蒸压灰砂砖的标记方法和工程应用。

(5) 常用的墙用砌块有哪些？如何标记？

(6) 常用的墙用板材有哪些？

实训练习

(1) 某工地备用红砖 10 万块，尚未砌筑使用，但储存两个月后，发现有部分砖自裂成碎块，断面处可见白色小块状物质。请解释这是何种原因所致。

(2) 为何要淘汰烧结黏土砖？何谓"禁实"？何谓"禁黏"？将由哪些新型墙体材料取而代之？

(3) 你所在的地区采用了哪些新型墙体材料？它们与烧结黏土砖相比有何优越性？

第 10 章　沥　青

学习目标

1. 掌握石油沥青的三大指标及应用。
2. 了解煤沥青的技术性质及应用。
3. 熟悉乳化沥青的技术性质及应用。
4. 了解沥青材料在选用、贮运及防护时应注意的问题。

　　沥青是一种暗褐色至黑色的有机胶凝材料，具有良好的憎水性、黏结性和可塑性，沥青制品如各种卷材等具有良好的隔潮、防水、抗渗、耐腐蚀等性能，在地下防潮、防水和屋面防水等建筑工程中得到广泛的应用；沥青与矿料按一定比例配制成沥青混合料，在道路工程中用于铺装路面。因此，作为一名工程技术人员必须掌握沥青材料的技术性质及选用标准。

10.1　石油沥青

　　沥青是由高分子碳氢化合物及其非金属衍生物组成的不溶于水而几乎全溶于二硫化碳的混合物，在常温下呈固体、半固体或液体状态。

　　石油沥青是石油原油中经蒸馏提炼出各种轻质油品（如汽油、煤油、柴油、润滑油等）后的残留物，再经直馏、氧化等工艺加工得到的产品。

10.1.1　石油沥青的分类

1. 按加工方法分类

　　石油沥青按加工方法不同有许多品种，其中最常用的是：

　　直馏沥青——（又称残留沥青），是以蒸馏方式将石油中较低沸点的组分分馏出所残留的重组分称为直馏渣油，其中符合沥青标准的直馏渣油称为直馏沥青。

　　氧化沥青——在加热的直馏沥青或渣油中吹入空气，使其氧化缩聚而制得的沥青。

2. 按用途分类

　　按用途不同可分为如下几种。

　　道路石油沥青——主要含直馏沥青，常用于路面工程、屋面防水、地下防水、防潮等。

　　建筑石油沥青——主要含氧化沥青，常用于屋面、作地下防水材料，用于配制涂料及建筑防腐等。

普通石油沥青——含蜡量高达 20% 左右，黏结性很差，建筑工程中一般不直接使用，需掺配后成为混合沥青方可使用。

10.1.2　石油沥青的组分及结构

1. 石油沥青的组分

石油沥青的组成极其复杂，一般只能分析出石油沥青的元素组成，即沥青中各化学元素所占的相对含量。组成沥青的主要化学元素是碳和氢，其次是硫、氧、氮等。一般认为，碳氢含量的比值越大，密度越大，稠度就越高。但实践证明，许多元素组成相似的沥青，性质却相差很远。因此，仅从元素组成不能充分反映沥青性质上的差别。为此通常将沥青分成若干化学性质相近而且与技术性质有一定联系的部分，即沥青的组分。

石油沥青的主要组分及特性简介如下。

（1）油分

油分是具有荧光的淡黄色或红褐色的透明黏性液体，密度小于 1，能溶于大部分有机溶剂中，但不溶于酒精，它使沥青具有流动性。

（2）树脂

树脂是红褐色或深褐色黏稠物质，密度接近于 1，能溶于汽油中，使沥青具有塑性。

（3）地沥青质

地沥青质是深褐色或黑色无定形固体粉末，密度大于 1，不溶于汽油，能溶于二硫化碳和四氯化碳中，它使沥青的黏性和耐热性提高。

此外，还含有沥青碳、似碳物、石蜡等组分。沥青碳和似碳物是黑色固体粉末，它会降低沥青的黏结性。石蜡不仅降低沥青的黏结性，还会降低塑性和加大温度敏感性，属有害组分。

2. 石油沥青的结构

在石油沥青中油分和树脂可以互相溶解，树脂可以浸润地沥青质，而在地沥青质的超细颗粒表面形成树脂薄膜。所以石油沥青的结构是以地沥青质为核心，周围吸附部分树脂和油分，形成胶团。无数胶团分散在油分中形成胶体结构，如图 10-1 所示。

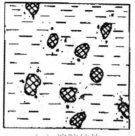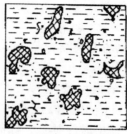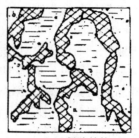

（a）溶胶结构　　　　　　　（b）溶-凝胶结构　　　　　　　（c）凝胶结构

图 10-1　沥青胶体结构示意图

（1）溶胶结构

当地沥青质含量相对较少，油分和树脂较多时，胶体外膜较厚，胶团之间相对运动较自由，这种胶体结构称为溶胶结构。具有溶胶结构的石油沥青流动性和塑性好，对温度的敏感性较强，即温度稳定性较差。

（2）凝胶结构

当地沥青质含量较多时，油分和树脂较少时，胶团外膜较薄，胶团靠近、聚集，移动困难。这种胶体结构称为凝胶结构。具有凝胶结构的石油沥青，弹性和黏性较高，温度稳定性好，流动性和塑性差。

（3）溶－凝胶结构

当地沥青质含量适当并有较多的树脂作为保护层时，胶团间靠得较近，相互间有一定的吸引力，形成一种介于溶胶结构和凝胶结构之间的结构，称为溶－凝胶结构。它是道路石油沥青的理想结构。具有溶－凝胶结构的石油沥青性质也介于溶胶结构和凝胶结构之间。

10.1.3 石油沥青的技术性质

1. 黏滞性

黏滞性（简称黏性）是表示沥青在外力作用下抵抗发生变形或阻滞塑性流动的能力。各种沥青的黏滞性变化范围很大，主要由沥青的组分和温度而定，一般随地沥青质含量的增加而增大，随温度的升高而降低。

（1）针入度

对于固体、半固体石油沥青，其黏滞性的大小用针入度表示。采用针入度仪测定，如图 10-2 所示。

按我国现行试验方法《公路工程沥青及沥青混合料试验规程》（JTJ052－2000）规定：沥青针入度是在规定温度（如 25℃）和时间（如 5s）内，附加规定荷载（如 100g）的标准针垂直贯入试样的深度（以 0.1mm 表示）。用符号 $P_{T,m,t}$ 表示，其中 P 为针入度，T 为试验温度（℃），m 为荷重（g），t 为贯入时间（s）。针入度值越小，表示沥青黏滞性越大。

例如，某沥青在上述条件时测得针入度为 65（0.1mm），可表示为：

$$P(25℃，100g，5s)＝65(0.1mm)$$

针入度是划分沥青牌号的主要依据。

（2）标准黏度

对于液体石油沥青、乳化石油沥青和煤沥青等，其黏滞性的大小常用标准黏度表示，采用标准黏度计测定，如图 10-3 所示。

标准黏度是指沥青试样在规定的温度条件下，通过规定尺寸的流孔流出规定体积（50ml）所需的时间（以秒计），用符号 $C_{T,d}$ 表示，其中 C 为标准黏度，T 为试验温度（℃），d 为孔径（mm）。试验条件相同时，流出时间越长，标准黏度值越大，表明沥青的黏滞性越大。

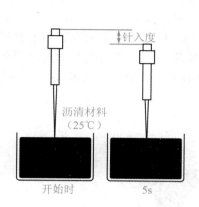

图 10-2　针入度测定示意图

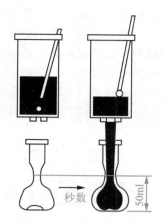

图 10-3　标准黏度测定示意图

2. 塑性

　　塑性是指沥青受到外力作用时，产生变形而不破坏，当撤销外力时，仍保持变形后的形状的性质。沥青的塑性与其组分和温度有关。沥青质含量增加，黏滞性增大，塑性降低；树脂含量较多，沥青胶团膜层增厚，则塑性提高；沥青的塑性随温度的升高而增大。在常温下，塑性较好的沥青在产生裂缝时，也可能由于特有的黏性和塑性而自行愈合，故塑性还反映了沥青开裂后的自愈能力。沥青的塑性对冲击振动荷载有一定吸收能力，并能减少摩擦时的噪声，故沥青除用于制造防水材料外也是一种优良的路面材料。

　　沥青塑性的大小用延度表示。延度测定用"8"字形标准试样（最小截面 $1cm^2$）在规定速度（5cm/min）和规定温度（25℃）下，拉断时的伸长长度，以 cm 表示，如图 10-4 所示。延度越大，塑性越好。

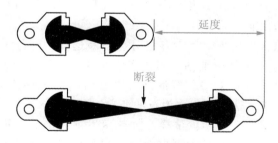

图 10-4　延度测定示意图

3. 温度敏感性

　　温度敏感性是指沥青的黏性和塑性随温度变化而改变的程度。沥青没有固定的熔点，当温度升高时，沥青塑性增大，黏性减小，由固态或半固态逐渐软化，变成黏性液体；当温度降低时，沥青的黏性增大，塑性减小，由黏流态逐渐转化为固态。

　　沥青的温度敏感性用软化点来表示，软化点是沥青由固态转变为具有一定流动性膏体的温度，一般用软化点测定仪测定，如图 10-5 所示。它是把沥青试样装入规定尺寸（直径 16mm，高 6mm）的铜环内，试样上放置一个标准钢球（直径 9.5mm，重 3.5g），将其浸入水或甘油中，以规定的升温速度（5℃/min）加热。随着沥青的软化，当沥青连球一起下垂到规定距离时的温度（以℃表示）即为沥青的软化点。沥青的软化点高，说明其耐热性能好，但软化点过高又不易加工；软化点低的沥青夏季易产生变形甚至流淌。因此，在实际使用时，沥青应具有较高的软化点。

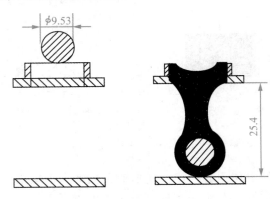

图 10-5　软化点测定示意图

工程上一般加入滑石粉、石灰石粉或其他矿物填料来降低沥青的温度敏感性。沥青中石蜡含量较多时，会增大温度敏感性；地沥青质含量较多时，能减少温度敏感性。

沥青材料的针入度、延度和软化点是评价黏稠石油沥青性能最常用的经验指标，通称为"三大指标"。

4. 大气稳定性

大气稳定性是指石油沥青在温度、阳光、空气和水等外界因素长期综合作用下，保持性能稳定抵抗老化的性能。

在外界因素长期综合作用下，沥青各组分会不断递变。低分子化合物将逐步转变为高分子化合物，即油分→树脂→地沥青质。实验发现，树脂转变为地沥青质的速度比油分转变为树脂的速度快得多（50％）。石油沥青随着时间的推移流动性和塑性逐渐减小，脆性逐渐增大，直至脆裂，这个过程称为石油沥青的老化。

石油沥青的大气稳定性常以沥青试样在加热蒸发前后的蒸发损失百分率和蒸发前后针入度比来表示。其测定方法是：先测定沥青试样的质量及其针入度，然后将试样置于加热损失专用烘箱中，加热至 160℃并恒温 5h，冷却后再测定其质量及其针入度。

蒸发损失百分率越小，针入度比越大，表示大气稳定性越高，老化越慢。

5. 溶解度

溶解度是指石油沥青在三氯乙烯、四氯化碳和苯中溶解的百分率，以表示石油沥青中有效物质的含量。那些不溶解的物质会降低沥青的一些性能，把不溶物视为有害物质（如沥青碳、似碳物）加以限制，一般石油沥青的溶解度高达 90％以上。

6. **安全性**

沥青材料在使用时必须加热，当加热到一定温度时，沥青材料中挥发的油分蒸气与周围空气组成混合气体，此混合气体遇到火焰则发生闪火。若继续加热，油分蒸气的饱和度增加，由于此种蒸气与空气组成的混合气体遇到火焰极易燃烧，而引起溶油车间发生火灾或导致沥青烧坏的损失。为此必须测定沥青加热闪火和燃烧的温度，即所谓闪点和燃点。

黏稠石油沥青、煤沥青用克里夫兰开口杯法测定其闪点和燃点，液体石油沥青用泰格式开口杯法测定其闪点和燃点。克里夫兰开口杯法是将沥青试样注入试样杯中，按规定的升温速度加热试样，用规定的方法使点火器的试焰与试样受热时所蒸发的气体接触，初次发生一闪即逝的蓝色火焰时的试样温度为闪点；试样继续加热，蒸气接触火焰能持续燃烧 5s 以上时的试样温度为燃点。

闪点和燃点的高低表明沥青引起火灾或爆炸的可能性的大小，它关系到运输、储存和加热使用方面的安全。

10.1.4　石油沥青技术标准及选用

石油沥青按针入度指标来划分牌号，牌号数字约为针入度的平均值。常用的建筑石油沥青和道路石油沥青的牌号与主要性质之间的关系是：牌号越高，其黏性越小（即针入度越大），塑性越大（即延度越大），温度稳定性越差（软化点越低）。

1. **道路石油沥青**

道路石油沥青适用于各类沥青路面的面层。按道路交通量，道路石油沥青可分为重交通道路石油沥青和中、轻交通道路石油沥青。

按国家标准《重交通石油沥青》(GB/T15180—2010)，重交通石油沥青分为 AH—50、AH—70、AH—90、AH—110、AH—130、AH—30 六个标号，各个标号技术要求见表 10-1。

表 10-1　重交通道路石油沥青技术要求(摘自 GB/T15180—2010)

项目	质量指标					
	AH—130	AH—110	AH—90	AH—70	AH—50	AH—30
针入度(25℃，100g，5s)/(1/10mm)	120～140	100～120	80～100	60～80	40～60	20～40
延度(15℃)/cm 不小于	100	100	100	100	80	报告[a]
软化点/℃	38～51	40～53	42～55	44～57	45～58	50～65
溶解度/% 不小于	99.0	99.0	99.0	99.0	99.0	99.0
闪点(开口杯法)/℃ 不小于	230					260
密度(25℃)/(kg/m³)	报告					
蜡含量(质量分数)/% 不大于	3.0	3.0	3.0	3.0	3.0	3.0

项目	质量指标					
	AH—130	AH—110	AH—90	AH—70	AH—50	AH—30
薄膜烘箱试验(163℃，5h)						
质量变化/％不大于	1.3	1.2	1.0	0.8	0.6	0.5
针入度比/％不小于	45	48	50	55	58	60
延度(15℃)/cm 不小于	100	50	40	30	报告[a]	报告[a]

a 报告必须报告实测值

按石油化工行业标准《道路石油沥青》(SH/T0522－2010)，中、轻交通量道路石油沥青分为 200、180、140、100、60 五个标号，各个标号技术要求见表 10-2。

表 10-2 道路石油沥青技术要求(摘自 SH/T0522－2010)

项目	质量指标					试验方法
	200 号	180 号	140 号	100 号	60 号	
针入度(25℃，100g，5s)/(1/10mm)	200～300	150～200	110～150	80～110	50～80	GB/T4509
延度[①](25℃)/cm 不小于	20	100	100	90	70	GB/T4508
软化点/℃	30～48	35～48	38～51	42～55	45～58	GB/T4507
溶解度/％不小于	99.0					GB/T1148
闪点(开口)/℃不低于	180	200	230			GB/T267
密度(25℃)/(g/cm³)	报告					GB/T8928
蜡含量/％不大于	4.5					SH/T0425
薄膜烘箱试验(163℃，5h)						
质量变化％不大于	1.3	1.3	1.3	1.2	1.0	GB/T5304
针入度比/％	报告					GB/T4509
延度(25℃)/cm	报告					GB/T4508

注：①如 25℃延度达不到，15℃延度达到时，也认为是合格的，指标要求与 25℃延度一致。

高速公路、一级公路和城市快速路、主干路铺筑沥青路面，石油沥青的质量要求应符合表 10-1 的规定。其他等级的公路与城市道路，石油沥青的质量要求应符合表 10-2 的规定。此外，黏性较大、软化点较高的道路石油沥青还可用作密封材料、胶粘剂或沥青涂料。

2. 建筑石油沥青

建筑石油沥青主要用于屋面及地下防水、沟槽防水和防腐工程。其技术要求应符合表 10-3 的规定。

表 10-3 建筑石油沥青技术要求（GB/T494－2010）

项　目	质量指标		
	10 号	30 号	40 号
针入度（25℃，100g，5s）/（1/10mm）	10～25	26～35	36～50
针入度（45℃，100g，5s）/（1/10mm）	报告[a]	报告[a]	报告[a]
针入度（0℃，200g，5s）/（1/10mm）不小于	3	6	6
延度（25℃，5cm/min）/cm 不小于	1.5	2.5	3.5
软化点（环球法）/℃不低于	95	75	60
溶解度（三氯乙稀）/%不小于	99.0		
蒸发后质量变化（163℃，5h）/%不大于	1		
蒸发后 25℃针入度比[b]/%不小于	65		
闪点（开口杯法）/℃不低于	260		

a. 报告应为实测值。

b. 测定蒸发损失后样品的 25℃针入度与原 25℃针入度之比乘 100 后，所得百分比，为蒸发后针入度比。

对高温地区及受日晒部位，为了防止沥青受热软化，应选用牌号较高的沥青，如作为屋面用沥青，其软化点应比本地区屋面可能达到的最高温度高 20～25℃，以免夏季流淌；对寒冷地区，不仅要考虑冬季低温时沥青易脆裂而且要考虑受热软化，故宜选用中等牌号的沥青；对不受大气影响的部位，如选择地下防水用沥青时，对软化点要求不高，但要求良好的塑性和足够的黏性，使沥青层能与基层黏结牢固，并能适应基层的变形，使沥青层保持完整。

3. **石油沥青的掺配**

某一种牌号的石油沥青往往不能满足工程技术要求，因此需用不同牌号沥青进行掺配。在进行掺配时，为了不使掺配后的沥青胶体结构破坏，应选用表面张力相近和化学性质相似的沥青。试验证明，同产源的沥青容易保证掺配后的沥青胶体结构的均匀性。所谓同产源是指同属石油沥青，或同属煤沥青。

两种沥青掺配的比例可用下式估算：

$$Q_1 = \frac{T_2 - T}{T_2 - T_1} \times 100 \%$$

$$Q_2 = 100 - Q_1$$

式中，Q_1——较软沥青用量，%；

　　　Q_2——较硬沥青用量，%；

　　　T——掺配后的沥青软化点，℃；

　　　T_1——较软沥青软化点，℃；

　　　T_2——较硬沥青软化点，℃。

应用实例：某工程需要用软化点为 85℃ 的石油沥青，现有 10 号及 60 号两种。已知 10 号石油沥青软化点为 95℃；60 号石油沥青软化点为 45℃。应如何掺配以满足工程需要？

解　60 号石油沥青用量 $= \dfrac{T_2 - T}{T_2 - T_1} \times 100\% = \dfrac{95 - 85}{95 - 45} \times 100\% = 20\%$

10 号石油沥青用量 $= 100\% - 20\% = 80\%$

根据估算的掺配比例和其邻近的比例（5%～10%）进行试配（混合熬制均匀），测定掺配后沥青的软化点。

10.2　煤沥青

煤沥青（俗称"柏油"）是炼焦炭和制煤气的副产品。煤在干馏过程中的挥发物质，经冷凝成为黑色黏性液体称为煤焦油，含有轻质油分、酚、萘及水分等。将煤焦油经分馏加工提取轻油、中油、重油、蒽油后，所得残渣即为煤沥青。

10.2.1　煤沥青的分类

1）按照煤干馏温度不同，可分为低温煤沥青、中温煤沥青和高温煤沥青三类。

2）按照煤沥青的稠度，可分为软煤沥青（液体至半固体）和硬煤沥青（固体）。道路工程主要应用软煤沥青。

10.2.2　煤沥青的化学组分及结构

1.　煤沥青的化学元素组成

煤沥青的组成主要是芳香族碳氢化合物及其氧、硫和氮的衍生物的混合物。其元素组成主要为碳、氢、氧、硫和氮。

2.　煤沥青的化学组分

煤沥青化学组分的研究，与前述石油沥青研究方法相同，也是将煤沥青划分为几个化学性质相近，且与路用性能有一定联系的组分。

各组分的组成和性质如下。

（1）游离碳

游离碳又称自由碳，是高分子的有机化合物的固态碳质颗粒，不溶于任何有机溶剂，加热不熔，但高温分解。煤沥青的游离碳含量增加，可提高其黏度和温度稳定性。但随着游离碳含量增加，其低温脆性也增加。

（2）树脂

树脂为含氧杂环化合物。分为：硬树脂，类似石油沥青中的沥青质；软树脂，赤褐色黏—塑性物，溶于氯仿，类似石油沥青中的树脂。

（3）油分

油分是液态碳氢化合物。与其他组分比较为最简单结构的物质。

除了上述的基本组分外，煤沥青的油分中还含有萘、蒽和酚等。萘和蒽能溶解于油分中，在含量较高或低温时能呈固态晶状析出，影响煤沥青的低温变形能力。酚为苯环中含羟物质，能溶于水，且易被氧化。

煤沥青中酚、萘和水均为有害物质，其含量必须加以限制。

3. 煤沥青的结构特点

(1)煤沥青的化学结构特点

其化学结构极为复杂，它可分离为数千乃至万余个结构单元，它们是以高度缩聚的芳核以及其含氧、氮和硫的衍生物的混合物。

(2)煤沥青的胶体结构特点

煤沥青和石油沥青相类似，也是一种复杂胶体分散系，游离碳和硬树脂组成的胶体微粒为分散相，油分为分散介质，而软树脂则吸附于固态分散胶粒周围，逐渐向外扩散，并溶解于油分中，使分散系形成稳定的胶体物质。

10.2.3 煤沥青的技术性质及其技术要求

1. 煤沥青的技术性质

煤沥青与石油沥青相比，在技术性质上有以下差异。

1)煤沥青的温度稳定性较低。煤沥青是较粗的分散系，其中软树脂的温度感应性较高，所以煤沥青受热易软化。因此加热温度和时间都要严格控制，更不宜反复加热，否则易引起性质急剧恶化。

2)煤沥青与矿质骨料的粘附性较好。在煤沥青组成中含有较多数量的极性物质(含有酸、碱性物质)，它赋予煤沥青较高的表面活性，所以它与矿质集料具有较好的粘附性。

3)煤沥青的气候稳定性较差。煤沥青的化学组成中含有较高含量的不饱和芳香烃，这些化合物有相当大的化学潜能，它在周围介质(空气中的氧、日光中的温度和紫外线以及降水)的作用下，老化进程(黏度增加，塑性降低)较石油沥青快。

4)煤沥青含对人体有害的成分较多，臭味较重。

综上所述，煤沥青的性质与石油沥青的性质差别很大，故工程中不准将两种沥青混合使用(掺入少量煤沥青于石油沥青之内除外)，否则易出现分层、成团、沉淀变质等现象而影响到工程质量。

根据石油沥青和煤沥青的某些特性，可按表10-4简易鉴别两种沥青。

表 10-4　煤沥青与石油沥青的主要区别

性　　质	石油沥青	煤沥青
密　　度	近于 1.0	1.25～1.28
燃　　烧	烟少、无色、有松香味、无毒	烟多、黄色、臭味大、有毒
锤　　击	韧性较好	韧性差、较脆

续表

性　质	石油沥青	煤沥青
颜　色	呈辉亮褐色	浓黑色
溶　解	易溶于煤油或汽油中，呈棕黑色	难溶于煤油或汽油中，呈黄绿色
温度稳定性	较好	较差
大气稳定性	较高	较低
防水性	较好	较差（含酚，能溶于水）
抗腐蚀性	差	强

2. 煤沥青的技术指标

（1）黏度

黏度表示煤沥青的稠度。煤沥青组分中油分含量减少、固态树脂及游离碳含量增加时，则煤沥青的黏度增高。煤沥青黏度的测定方法与液体沥青相同，也是用道路沥青标准黏度计测定。

（2）蒸馏试验馏出量及残渣性质

煤沥青中含各沸点的油分，这些油分的蒸发将影响其性质。因而煤沥青的起始黏度并不能完全表达其在使用过程中黏结性的特征。为了预估煤沥青在路面中使用过程的性质变化，在测定其起始黏度的同时，还必须测定煤沥青在各馏程中所含馏分及其蒸馏后残渣的性质。

煤沥青蒸馏试验是测定试样受热时，在规定温度范围内蒸出的馏分含量，以质量分数表示。除非特殊需要，各馏分蒸馏的标准切换温度为 170℃、270℃、300℃（海拔高度为零时）。

馏分含量的规定，控制了煤沥青由于蒸发而老化的安全性，残渣性质试验保证了煤沥青残渣具有适宜的黏结性。

（3）煤沥青焦油酸含量

煤沥青焦油酸（亦称酚）含量是通过测定试样总的蒸馏馏分与苛性溶液作用形成水溶性酚钠物质的含量求得，以体积分数表示。

焦油酸溶解于水，易导致路面强度降低，同时它有毒。因此对其在沥青中的含量必须加以限制。

（4）含萘量

萘在煤沥青中低温时易结晶析出，使煤沥青产生假黏度而失去塑性，同时在常温下易升华，并促使"老化"加速。萘也有毒，故对其含量加以限制。煤沥青的萘含量是试样馏分中萘的含量，以质量分数表示。

（5）甲苯不溶物

煤沥青的甲苯不溶物含量，是试样在规定的甲苯溶剂中不溶物（游离碳）的含量，以质量分数表示。

（6）水分

与石油沥青一样，在煤沥青中含有过量的水分会使煤沥青在施工加热时发生许多困难，甚至导致材料质量的劣化或造成火灾。煤沥青含水量的测定方法与石油沥青相同。

3. 煤沥青的技术要求

道路工程用煤沥青应符合表 10-5 的技术要求。

表 10-5　道路用煤沥青技术要求（摘自 JTGF40－2004）

项目		T-1	T-2	T-3	T-4	T-5	T-6	T-7	T-8	T-9
黏度	$C_{30,5}$	5～25	26～70							
	$C_{30,10}$			5～25	26～50	51～120	121～200			
	$C_{50,10}$							10～75	76～200	
	$C_{60,10}$									35～65
蒸馏试验，馏量/% 不大于	170℃前	3	3	3	2	1.5	1.5	1.0	1.0	1.0
	270℃前	20	20	20	15	15	15	10	10	10
	300℃	15～35	15～35	30	30	25	25	20	20	15
300℃蒸馏残留物软化点（环球法）/℃		30～45	30～45	35～65	35～65	35～65	35～65	40～70	40～70	40～70
水分/% 不大于		1.0	1.0	1.0	1.0	1.0	0.5	0.5	0.5	0.5
甲苯不溶物/% 不大于		20	20	20	20	20	20	20	20	20
萘含量/% 不大于		5	5	5	4	4	3.5	3	2	2
焦油酸含量/% 不大于		4	4	3	3	2.5	2.5	1.5	1.5	1.5

说明：1. 各种等级公路的各种基层上的透层，宜采用 T-1 或 T-2 级，其他等级不合喷洒要求时可适当稀释使用。

2. 三级及其以下的公路铺筑表面处理或贯入式沥青路面，宜采用 T-5、T-6 或 T-7 级。

3. 与道路石油沥青、乳化沥青混合使用，以改善渗透性。

4. 道路用煤沥青严禁用于热拌热铺的沥青混合料，作其他用途时的贮存温度宜为 70～90℃，且不得长时间贮存。

10.3　乳化沥青

乳化沥青是将黏稠沥青加热至流动态，经机械作用使之分散成为微小液滴（粒径 2～5μm），稳定地分散在含有乳化剂－稳定剂的水中，形成水包油（O/W）型的沥青乳液。

乳化沥青在筑路方面的应用已有近百年的历史，早期使用阴离子沥青乳液，20 世纪 50 年代开始欧洲各国发展了阳离子乳液，乳化沥青的应用更为广泛，从路面的维修直至修筑包括表面处理、稀浆封层、贯入式路面以及沥青混合料等所有的路面类型，还可以用于旧有沥青路面的冷再生。

10.3.1 乳化沥青的特点

1)使用乳化沥青修路时，不需加热，可以在常温状态下进行喷洒、贯入或拌和摊铺，简化了施工程序、操作简便，节省了能源和资源，降低了成本。

2)与湿骨料拌和，具有足够的黏结力。

3)无毒、无臭，保护环境，减少污染，施工安全。

4)稳定性差，贮存期不超过半年，贮存温度在 0℃以上。

5)乳化沥青修筑路面，成型期间较长。

10.3.2 乳化沥青的组成材料

乳化沥青是由沥青、水、乳化剂和稳定剂组成的。

1. 沥青

沥青是乳化沥青中的基本成分，在乳化沥青中占 55％～70％。一般来说，几乎各种标号的沥青都可以乳化，道路上制造乳化沥青的沥青的针入度范围多在 100～200 之间。沥青的选择，应根据乳化沥青在路面工程中的用途而定。

2. 水

水是乳化沥青的第二大组分，水的性质会影响乳化沥青的形成。一般要求水不应太硬，水的 pH 和钙、镁等离子都可能影响某些乳化沥青的形成或引起乳化沥青的过早分裂。通常认为 1L 水中氧化钙含量不得超过 80mg，并且不得含有其他杂质。

3. 乳化剂

乳化剂是乳化沥青的重要组分，它的含量虽低(一般为千分之几)，但对乳化沥青的形成起关键作用，乳化剂一般为表面活性剂。

表面活性剂分子的化学结构具有不对称性，由极性部分和非极性部分组成。极性部分是亲水性的，非极性部分是憎水而亲油的。极性的亲水基团结构差异较大，因而乳化剂分类也是根据亲水基的结构而划分的。

乳化剂按其能否在水中电离(离解)成离子而分为离子型乳化剂和非离子型乳化剂。离子型乳化剂按其电离后亲水端所带的电荷不同而分为阴离子型乳化剂、阳离子型乳化剂和两性离子型乳化剂三类。

4. 稳定剂

为使乳液具有良好的贮存稳定性，以及在施工中喷洒或拌和的机械作用下的稳定性，必要时可加入适量的稳定剂。稳定剂可分为两类：

(1)有机稳定剂

常用的有聚乙烯醇、聚丙烯酰胺、甲基纤维素钠、糊精等，这类稳定剂可提高乳液的贮存稳定性和施工稳定性。

（2）无机稳定剂

常用的有氯化钙、氯化镁和氯化铬等，这类稳定剂可提高乳液的贮存稳定性。

10.3.3　乳化沥青的分裂

在路面施工时，乳化沥青与骨料接触后，乳化沥青为发挥其黏结的功能，沥青微滴必须从乳液中分裂出来，沥青微滴在骨料表面聚结形成一层连续的沥青薄膜，这一过程称为分裂。沥青乳液得以分裂有以下主要原因。

1）沥青乳液与骨料接触后，由于乳液中沥青微粒所带电荷与骨料表面所带电荷的吸附作用，阴离子沥青乳液与表面上带正电荷的碱性骨料（如石灰石、白云石）有较好的吸附，阳离子沥青乳液与表面上带负电荷的酸性骨料（如硅质岩石、花岗岩等）有较好的吸附。在潮湿状态下，骨料表面普遍带负电荷，因此阳离子沥青乳液易与潮湿骨料结合。

2）阳离子沥青乳液具有高振动性能，因此它可以穿过骨料表面的水膜，与骨料表面紧密结合。

阳离子沥青乳液有一定的游离酸，pH 小，游离酸与碱性骨料起作用，生成氯化钙和带负电荷的碳酸离子，它与裹覆在沥青粒子周围的阳离子中和，因此沥青微粒能与骨料表面紧密相连，形成牢固的沥青膜，乳液中的水分很快分离出来。

3）乳液中的水分由于蒸发或被石料吸收而产生分解，破乳。

4）施工中拌和、辗压等机械作用而使沥青乳液分裂。

10.3.4　乳化沥青的技术要求及选用

乳化沥青用于修筑路面，不论是阳离子型乳化沥青（代号 C）或阴离子型乳化沥青（代号 A）有两种施工方法：

1）洒布法（代号 P）：如透层、黏结层、表面处理或贯入式沥青碎石路面；

2）拌和法（代号 B）：如沥青碎石或沥青混合料路面。乳化沥青按其分裂速度，可分为快裂、中裂和慢裂三种类型。各种牌号乳化沥青的用途如表 10-6 所示。

表 10-6　几种牌号乳化沥青的用途

类型	阳离子乳化沥青（C）	阴离子乳化沥青（A）	用　途
洒布型（P）	PC—1	PA—1	表面处理或贯入式路面及养护用；透层油用；黏结层用
	PC—2	PA—2	
	PC—3	PA—3	
拌和型（B）	BC—1	BA—1	拌制沥青混凝土或沥青碎石；拌制加固土
	BC—2	BA—2	
	BC—3	BA—3	

我国《沥青路面施工及验收规范》（GB50092—96）对道路用乳化沥青、石油沥青提出了技术要求，见表 10-7。

表 10-7　道路用乳化沥青石油沥青技术要求

序号	项目 \ 种类		PC-1 PA-1	PC-2 PA-2	PC-3 PA-3	BC-1 BA-1	BC-2 BA-2	BC-3 BA-3	试验方法
1	筛上剩余量(%)		<0.3						T0652
2	电荷		阳离子带正电(+)			阴离子带负电(-)			T0653
3	破乳速度试验		快裂	慢裂	快裂	中或慢裂		慢裂	T0658
3	黏度	沥青标准黏度计 $C_{25,3(S)}$	12~45	8~20		12~100		40~100	T0621
		恩格拉度 E_{25}	3~15	1~6		3~40		15~40	T0622
4	蒸发残留物含量/%		≥60	≥55		≥55		≥60	T0651
5	蒸发残留物性质	针入度(100g, 25℃, 5s)/(0.1mm)	80~200	80~300	60~160	60~200	60~300	80~200	T0651 T0604
		与原沥青的延度比(25℃)/%	≥80						T0651 T0605
		溶解度(三氯乙稀)/%	≥97.5						T0651 T0607
6	贮存稳定性/%	5d	≥5						T0655
		1d	≤1						T0655
7	与矿料粘附性试验,裹覆面积		≥2/3						T0654
8	粗粒式骨料拌和试验		—		均匀		—		T0659
9	细粒式骨料拌和试验		—			均匀			T0659
10	水泥拌和试验,1.18mm筛上剩余量/%		—			<5			T0657
11	低温贮存稳定度(-5℃)		无粗颗粒或结块						T0656

注:1. 乳液黏度可选用沥青标准黏度计或恩格拉黏度计测定,$C_{25,3}$表示测试温度25℃和黏度计孔径3mm,E_{25}表示在25℃时测定;

2. 贮存稳定性一般用5d的,如时间紧迫也可用1d的稳定性;

3. PC, PA, BC, BA 分别表示洒布型阳离子、洒布型阴离子、拌和型阳离子、拌和型阴离子乳化沥青;

4. 用于稀浆封层的阴离子乳化沥青 BA-3 型的蒸发残留物含量可放宽至 55%。

10.4 沥青材料的选用、贮运及防护

10.4.1 沥青材料的选用

石油沥青与煤沥青的标号,宜根据气候分区、沥青路面类型和沥青种类等按表 10-8 选用。

表 10-8　沥青标号的选择(摘自 GB50092－96)

气候分区	沥青种类	沥青路面类型					
		沥青表面处理	沥青贯入式	沥青碎石		沥青混凝土	
寒区	石油沥青	A－140 A－180 A－200	A－140 A－180 A－200	AH－90 AH－130 A－100	AH－110 A－140	AH－90 AH－130 A－100	AH－110 A－140
	煤沥青	T－5　T－6	T－6　T－7	T－6	T－7	T－7	T－8
温区	石油沥青	A－100 A－140 A－180	A－100 A－140 A－180	AH－90 A－100	AH－110 A－140	AH－70 A－60	AH－90 A－100
	煤沥青	T－6　T－7	T－6　T－7	T－7	T－8	T－7	T－8
热区	石油沥青	A－60 A－100 A－140	A－60 A－100 A－140	AH－50 AH－90 AH－100	AH－70 A－60	AH－50 A－60	AH－70 A－100
	煤沥青	T－6　T－7	T－7	T－7	T－8	T－7　T－8　T－9	

根据气温的不同，我国沥青路面气候分区可按表 10-9 分为寒区、温区和热区。当同一省区气候条件不同时，可按最低月份平均气温确定气候分区。

表 10-9　沥青路面气候分区(摘自 GB50092－96)

气候分区	最低月平均气温℃	所属省区
寒区	＜－10	黑龙江、吉林、辽宁(营口以北)、内蒙古(包头以北)、山西(大同以北)、河北(承德、张家口以北)、陕西(榆林以北)、甘肃、新疆、青海、宁夏、西藏等省区
温区	－10～0	辽宁(营口以南)、内蒙古(包头以南)、北京、天津、山西(大同以南)、河北(承德、张家口以南)、陕西(榆林以南、西安以北)、甘肃(天水一带)、山东、河南(南阳以北)、江苏(徐州、淮阳以北)、安徽(宿县、亳州以北)、四川(成都西北)等省区
热区	＞0	河南(南阳以南)、江苏(徐州、淮阴以南)、上海、安徽(宿县、亳州以南)、陕西(西安以南)、广东、海南、广西、湖南、湖北、福建、浙江、江西、云南、贵州、重庆、台湾、四川(成都东南)等省区

10.4.2　沥青材料的贮运

有关沥青材料的各种管理方法，国家一般都已颁布详细条例，如运输、包装、堆放、取样、防毒措施和贮存等。沥青材料正确地贮存、保管，是保证沥青质量，节省加工费用，减少设备损坏，提高工作效率，降低燃料消耗的重要一环。

1. 沥青的装运方法

按照包装运输条件不同，有以下 3 种方法。

(1)铁桶装沥青的贮存：一般采用 200L 的铁桶包装半固体和液体的沥青。要求包装铁桶不含沥青以外的其他杂质，桶身不漏，桶盖严密。存放场地要选择地势高，不积水，附近没有易燃物品，距离火源远，装卸运输方便的地方。装卸最好用起重运输机械；如无机械时，需用跳板，防止硬摔硬碰。如发现漏桶应随时挑出，尽先使用。卸车要堆放整齐，每批应立标志，注明：产地、规格、数量。

(2)用牛皮纸袋或竹篓衬牛皮纸包装运输：一般是包装固体沥青的，每包、篓的重量为 25kg、50kg 或 75kg。应贮存在平整坚实的场地上。装卸要轻挪轻放，避免摔碎外皮混入杂质。最好能分批堆垛，且不要靠近火源。夏天避免直晒，以免软化黏结成大块，不宜再搬运。长期使用的场地，最好有罩棚等设备。

(3)散装沥青的装卸、贮运：即用火车罐车运送的沥青，罐车容量 40～50m³。有两种加热保温形式：一种是罐外有蒸汽加热套，套内通入蒸汽将沥青加热；另一种是罐外有良好的保温层，防止罐内沥青散热，通常能保持沥青在 120℃以上，不需要加热即能卸出，罐中间备有可供加热的火管，当沥青温度降低，流动性小，可用特别的喷燃器，通过火管把沥青加热，这类沥青罐经常装半固体的沥青，也可装液体沥青。

2. 沥青的贮存设备

沥青的贮存设备包括贮存罐或池、蒸汽加热设备、沥青进罐输送管、沥青出罐输送管、沥青输送泵等。对沥青贮运罐的基本要求是牢固不漏，外界杂质、黏土、砂、水分不能混入。混入的杂质不仅影响沥青的质量，而且对热沥青的锅及输送泵也产生不利影响。沥青内进入水分，在进入时产生大量泡沫，影响贮存设备容量的充分利用；又会在脱水过程中，延长沥青的进入时间，耗费大量燃料，降低工作效率且不安全。

目前贮存沥青的设备形式很多，有地面上的、地面下的、半地上半地下的；其结构以钢结构为宜。

沥青贮运站及沥青混合料拌和厂应将不同来源、不同标号的沥青分开存放，不得混杂。在使用期间，贮存沥青的沥青罐或贮油池中的温度不宜低于 130℃，并不得高于 180℃。在冬季停止施工期间，沥青可在低温状态下存放。经较长时间存放的沥青在使用前应抽样检验，不符合质量要求的不得使用。同一工程使用不同沥青时，应明确记录各种沥青所使用的路段及部位。

道路石油沥青在贮运、使用及存放过程中应采取防水措施，并应避免雨水或加热管道蒸汽进入沥青罐或贮油池中。

在煤沥青使用期间，其贮油池或沥青罐中的温度宜为 70～90℃，并应避免长期贮存。经较长时间存放的煤沥青在使用前应抽样检验，质量不符合要求的不得使用。

10.4.3　沥青材料的防护

焦油沥青及其同类产品对人身尤其是皮肤是有刺激性的，所以煤沥青、蒽油、重焦油、木材防腐油等以及其他同类的加工品均有"毒性"。石油沥青对人体刺激性较小，但亦宜防护。劳动保护部门规定，对所有沥青工作均应防"毒"。

沥青材料的"毒性"是因为其中含有多环烃及芳香烃所致，例如：喹啉、吡啶、酚类、苯、蒽类、萘及四环或五环的芳香族化合物等。它们可以引起人身急性和慢性刺激反应，如发生急性皮炎、皮肤红肿。

防止沥青中"毒"的主要方法是尽量设法使工作人员不接触沥青本身及其蒸汽或尘屑；机器设备方面应多考虑加防护罩及加强通风；个人防护方面应采用佩戴口罩或防毒面具、手套、工作服、工作鞋、防护眼镜等；在下班后必须洗脸、洗手或洗澡、换衣等。

思考练习

(1)何谓沥青？何谓石油沥青？石油沥青按用途分为哪几类？

(2)通常将石油沥青分为哪几个组分？各组分性质如何？

(3)石油沥青可划分为哪几种胶体结构？各种胶体结构的石油沥青有何特点？

(4)如何划分沥青的牌号？牌号大小与主要性质间的关系如何？

(5)何谓沥青的黏滞性、塑性和温度敏感性？各用什么指标表示？

(6)石油沥青的三大指标表征沥青哪些性能？

(7)何谓沥青的"老化"？老化过程中沥青性质如何变化？

(8)何谓"柏油"？有何特性？

(9)何谓乳化沥青？有何特点？

实训练习

(1)施工现场用哪些简易方法对石油沥青和煤沥青进行鉴别？

(2)试比较煤沥青与石油沥青在路用性能上的差异。

(3)试述乳化沥青在节约能源、保护环镜和经济效益等方面的优越性。

(4)工作人员防止沥青中"毒"的主要方法有哪些？

(5)某工程需要用软化点为 85℃的石油沥青，现有 30 号及 10 号两种，经试验测得两种沥青的软化点分别为 70℃和 95℃，应如何掺配以满足工程需要？

第 11 章　无机结合料稳定土

学习目标

1. 掌握影响石灰土强度的主要因素。
2. 熟悉无机结合料稳定土组成材料的要求。
3. 了解无机结合料稳定土强度形成原理。

无机结合料稳定土具有较高的强度和水稳性，并有一定程度的抗冻性，整体性强。在经级配改善或未改善的黏土类、亚黏土类、亚砂土类、粉土类中掺入各类水泥、熟石灰与磨细生石灰所组成的材料称为无机结合料稳定土。与砂石材料相比，稳定土路面具有一定的抗拉强度和良好的稳定性，但耐磨性差，一般不用作面层。

11.1　无机结合料稳定土组成材料的要求

11.1.1　土质

土的矿物质成分对无机结合料稳定土性质具有重要影响。经试验表明，除有机质或硫酸盐含量高的土以外，各类砂砾土、砂土、粉土和黏土均可用无机结合料稳定。一般规定土的液限不大于 40，塑性指数不大于 20。级配良好的土用无机结合料稳定时，既可节约无机结合料用量，又可取得满意的效果。重黏土中黏土颗粒含量多，不易粉碎和拌和，用石灰稳定时，容易使路面造成缩裂。粉质黏土用石灰稳定的效果最佳。用水泥稳定重黏土时，不易粉碎和拌和，会造成水泥用量过高而不经济。级配良好的砾石—砂—黏土稳定效果最佳。

11.1.2　无机结合料

1. 水泥

各种类型的水泥都可用于稳定土。水泥的矿物质成分和分散度对其稳定效果有明显的影响。对同一种土，硅酸盐水泥比铝酸盐水泥稳定效果好。在水泥矿物质成分相同、硬化条件相似的情况下，其强度随水泥比表面积和活性的增大而提高。稳定土的强度还与水泥的用量有关，不存在最佳水泥剂量，而存在一个经济用量。通常在保证土的性质能起根本变化，且能保证稳定土达到所规定的强度和稳定性的前提下，取尽可能低的水泥剂量。

2. 石灰

各种化学组成的石灰均可用于稳定土。在剂量不大的情况下，钙质石灰比镁质石灰稳定土的初期强度高。镁质石灰稳定土在剂量较大时后期强度优于钙质石灰稳定土。石灰的最佳剂量，对黏性土和粉性土为占干土重的 $8\%\sim16\%$，对砂性土为 $10\%\sim18\%$。

11.1.3　含水量

水分是稳定土的一个重要组成部分。水分以满足稳定土形成强度的需要，同时使稳定土在压实时具有一定的塑性，以达到所需要的压实度。水分还可使稳定土在养生时具有一定的湿度。最佳含水量可用重型击实试验法确定。

11.2　无机结合料稳定土强度形成原理

在土中掺入适量的石灰或水泥，并在最佳含水量下拌匀压实，使无机结合料与土发生一系列的物理、化学作用而逐渐形成强度。石灰与土之间产生的化学与物理化学作用可分为四个方面：离子交换作用、结晶作用、碳酸化作用、火山灰作用。水泥与土之间产生的化学与物理化学作用可分为三个方面：离子交换及团粒化作用、硬凝反应、碳酸化作用。

11.2.1　石灰土强度形成原理

1. 离子交换作用

在石灰土中，由于水的作用使部分熟石灰分解成 Ca^{2+} 和 $(OH)^-$ 离子，溶液呈现出强碱性，随着 Ca^{2+} 离子浓度增大，灰土中土粒表面原来吸附的 Na^+、K^+ 等一价离子被石灰中的二价 Ca^{2+} 离子替换。原来的钠（钾）土变成了钙土，减少了土粒表面吸附水膜的厚度，使土粒相互之间更为接近，随着分子引力增加，许多单个土粒结成小团粒，组成一个稳定的结构。它在初期发展迅速，使土的塑性降低、最佳含水量增加和最大密实度减小。

2. 结晶作用

熟石灰掺入土中，由于水分较少，只有少部分分解，一部分 $Ca(OH)_2$ 进行化学作用，绝大部分饱和 $Ca(OH)_2$ 在灰土中自行结晶，其化学反应式如下：

$$Ca(OH)_2 + nH_2O \rightarrow Ca(OH)_2 \cdot nH_2O$$

由于结晶作用，把土粒胶结成整体，使石灰土的整体性得到提高。

3. 碳酸化作用

灰土中的 $Ca(OH)_2$ 与空气中的 CO_2 作用，生成 $CaCO_3$ 结晶，其化学反应式如下：

$$Ca(OH)_2 + CO_2 \rightarrow CaCO_3 + H_2O$$

CaCO₃是坚硬的结晶体，它和其他生成复杂的盐类把土粒胶结起来，从而大大地提高了土的强度和整体性。结晶作用与碳酸化作用使石灰土后期板体性、强度和稳定性得到提高。

4. 火山灰作用

石灰中的 $Ca(OH)_2$ 与土中活性 SiO_2 和活性 Al_2O_3 起化学反应，生成含水的硅酸钙和含水的铝酸钙，它们在水分作用下能够逐渐结硬，其反应式为：

$$xCa(OH)_2 + SiO_2 + (n-1)H_2O \rightarrow xCaO \cdot SiO_2 \cdot nH_2O$$
$$xCa(OH)_2 + Al_2O_3 + (n-1)H_2O \rightarrow xCaO \cdot Al_2O_3 \cdot nH_2O$$

火山灰反应是在不断吸收水分的情况下逐渐发生的，因而具有水硬性，是构成石灰土早期强度的主要原因。

11.2.2 水泥稳定土强度形成原理

1. 离子交换及团粒化作用

水泥水化后的胶体中 $Ca(OH)_2$ 和 Ca^{2+}、$(OH)^-$ 共存；其离子交换作用与石灰土相同。离子交换的结果使大量的土粒形成较大的土团。由于水泥水化生成物 $Ca(OH)_2$ 具有强烈的吸附活性，使较大的土团进一步结合，形成水泥土的链条状结构，封闭了各土团之间的孔隙，形成坚固的联结，这是水泥土具有一定强度的主要原因。

2. 硬凝反应

随着水泥水化反应的深入，溶液中析出大量 Ca^{2+}，当 Ca^{2+} 的数量超过离子交换需要量后，则在碱性环境中与黏土矿物中的 SiO_2 和 Al_2O_3 进行化学反应，生成不溶于水的结晶矿物，从而增大了土的强度。

3. 碳酸化作用

与石灰土碳酸化作用基本相同。使土固结产生强度，但比硬凝反应的作用差一些。

11.3 影响石灰土强度的因素

无机结合料稳定土强度形成的因素，包括内因与外因两个方面：属于内因的有土质、石灰的质量和剂量、含水量与密实度等；属于外因的有石灰土的龄期、养生条件（温度与湿度）等因素。

11.3.1 土质

一般黏土颗粒的活性强、比面积大，表面能量也较大，掺入石灰等活性材料后，所形成的离子交换、结晶作用、碳酸化作用和火山灰作用都比较活跃，故石灰土强度随土的塑性指数增加而增大。粉质黏土的稳定效果最好。

11.3.2　石灰的质量和剂量

石灰的等级愈高、细度愈大时稳定效果愈好。当石灰质量低于Ⅲ级标准时，石灰土强度会明显降低，不宜采用。石灰剂量对石灰土强度的影响较为显著。剂量较低时(小于3%～4%)，石灰主要起稳定的作用，即减少土的塑性、膨胀、吸水量，使土的密实度、强度得到稳定。在一定剂量范围内，石灰主要是起加固作用。

11.3.3　含水量

在施工期间，土中水分起减轻工艺过程作用，可保证土团得到最大限度的粉碎和均匀的拌和，并在最小压实功能的情况下达到最佳密实度。石灰土在养生时也需要大量水分。

11.3.4　密实度

石灰土强度随密实度的增加而增长。一般密实度每增减 1%，强度增减 4% 左右。密实的灰土，其抗冻性、水稳性很好，缩裂现象也少。使石灰土达到要求的密实度是保证石灰土强度的关键。

11.3.5　石灰土的龄期

石灰土的强度随时间而增长，一般初期强度低，前期(1～2 个月)增长速度较后期快，半年强度约为一个月强度的一倍以上，随时间增长强度渐趋稳定。因石灰与土相互作用缓慢，施工应在冰冻前一定时间进行。目前对设计龄期的规定是：非冰冻地区采用三个月，冰冻地区采用一个月。

11.3.6　养生条件(温度与湿度)

石灰土养生条件不同，其强度有差异。当气温高时，物理化学作用大，强度增长快。气温低时强度增长缓慢，在零下温度下强度不增长。养生时的湿度对强度也有很大影响，在潮湿条件下养生比在一般空气中养生强度高。

思考练习

(1)何谓无机结合料稳定土？有何特点？

(2)组成无机结合料稳定土的材料有哪些？有何要求？

(3)试述石灰土强度形成的原理。

(4)试述水泥稳定土强度形成的原理。

(5)影响石灰土强度的因素有哪些？

第 12 章

沥青混合料

学习目标

1. 掌握沥青混合料的技术性质及应用。
2. 熟悉沥青混合料组成材料的技术要求。
3. 熟悉沥青混合料的技术标准及选用。
4. 了解其他品种沥青混合料。

我国在沥青路面方面通过了三个"五年计划"的科技攻关，取得了长足的进步，先后在沥青路面的修筑技术，包括抗滑性能、高温稳定性、低温抗裂性、沥青改性等性能得到提高，并提出了符合我国不同自然区域道路时间情况与路用性能的气候分区。

12.1 沥青混合料概述

沥青混合料是沥青混凝土和沥青碎石混合料的总称。沥青混凝土混合料是由沥青和适当比例的粗骨料、细骨料及填料在严格控制条件下拌和均匀所组成的高级筑路材料，压实后剩余空隙率小于 10% 的沥青混合料称为沥青混凝土；沥青碎石混合料是由沥青和适当比例的粗骨料、细骨料及少量填料(或不加填料)在严格控制条件下拌和而成，压实后剩余空隙率在 10% 以上的半开式沥青混合料称为沥青碎石。

12.1.1 沥青混合料的分类

1. 按结合料分类

可以分为石油沥青混合料和煤沥青混合料。

2. 按矿质骨料最大粒径分类

按矿质骨料最大粒径分类：可分为粗粒式(最大粒径为圆孔筛 30 或 40mm)、中粒式(最大粒径为圆孔筛 20 或 25mm)、细粒式(最大粒径为圆孔筛 10 或 15mm)、砂粒式(最大粒径为圆孔筛 5mm)。粗粒式沥青混合料多用于沥青面层的下层，中粒式沥青混合料可用于面层下层或单层式沥青面层，细粒式和砂粒式多用于沥青面层的上层。

3. 按施工温度分类

(1)热拌热铺沥青混合料

沥青与矿料在热态下拌和、热态下铺筑的沥青混合料。

（2）常温沥青混合料

采用乳化沥青或稀释沥青与矿料在常温状态下拌制、常温状态下铺筑的沥青混合料。

4. 按混合料密实度分类

（1）密级配沥青混合料

各种粒径的矿料颗粒级配连续、相互嵌挤密实，与沥青拌和而成，压实后剩余空隙率小于 10％。

（2）开级配沥青混合料

级配主要由粗骨料组成，细骨料较少，矿料相互拨开，压实后剩余空隙率大于 15％。

（3）半开级配沥青混合料

由适当比例的粗骨料、细骨料及少量填料（或不加填料）与沥青拌和而成，压实后剩余空隙率在 10％～15％之间，也称为沥青碎石混合料。

5. 按矿质集料级配类型分类

（1）连续级配沥青混合料

沥青混合料中的矿料粒径从大到小连续分级，按比例相互搭配组成的沥青混合料。

（2）间断级配沥青混合料

沥青混合料中的矿料级配组成中大颗粒与小颗粒间存在较大的"空档"而形成的不连续级配沥青混合料。

12.1.2　沥青混凝土的优点

沥青混凝土具有强度高、整体性好、抵抗自然因素破坏作用的能力强等优点，它是各种沥青类面层中质量最好的高级路面面层。这种面层适用于各类道路，特别是交通量繁重的公路和城市道路，具有以下优点：

1. 从使用效果方面看

1）沥青混凝土具有较高的强度，适应运输任务繁重的车辆交通。

2）表面平整、坚实、无接缝、行车平稳、舒适、噪声较小、经久耐用。

3）路面不透水，排水迅速。

4）晴天无灰尘，雨后不泥泞，烈日照晒下路面不反光，便于车辆行驶。

2. 从修筑施工方面看

1）沥青混合料通常集中在工厂用机械拌和，可大面积进行施工，现场操作方便。

2）施工进度快，完成后就可及时开放交通。

3）由于生产工厂化，混合料配合比能严格控制，质量容易保证。

4）养护修理方便，既能翻挖修补，亦可加罩面层。

5）修筑时可连成一片，接缝处理简单，整体性强。

12.2 沥青混合料的组成结构

12.2.1 沥青混合料的结构类型

沥青混合料是一种复杂的多种成分组成的材料，沥青混合料的结构取决于矿物骨架结构、沥青胶结料种类与数量、矿物与沥青相互作用的特点以及沥青混合料的密实度及其毛细孔隙结构的特点。

沥青混合料按其强度构成原则的不同，可分为按嵌挤原则和密实级配原则构成的两大类结构，介于两者之间的还有一些半密实或半嵌挤的结构。

沥青混合料按其结构特点可分为下列三种类型，如图 12-1 所示。

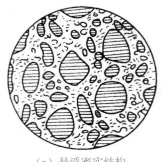 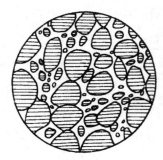 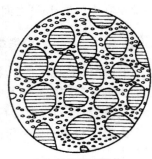

（a）悬浮密实结构　　　　　（b）骨架空隙结构　　　　　（c）骨架密实结构

图 12-1 沥青混合料的结构类型

1. 悬浮密实结构

这种结构由于材料从小到大连续存在，并且各有一定的数量，实际上同一档较大颗粒都被较小一档颗粒挤开，大颗粒犹如以悬浮状态处于较小颗粒之间。这种结构通常按密实级配原则进行设计，其密实度与强度较高，水稳定性、低温抗裂性、耐久性都比较好，是最普遍使用的沥青混合料。但由于受沥青材料的性质和物理状态的影响较大，故高温稳定性较差。我国标准规定的Ⅰ型密级配沥青混凝土是典型的悬浮密实结构。

2. 骨架空隙结构

沥青混合料的粗颗粒骨料彼此紧密相接，石料与石料能够形成相互嵌挤的骨架。当较细粒料数量较少，不足以充分填充骨架空隙时，混合料中形成的空隙较大，这种结构是按嵌挤原则构成的。在这种结构中，粗骨料之间内摩擦力与嵌挤力起着决定性作用。其结构强度受沥青的性质和物理状态影响较小，因而高温稳定性较好。但由于空隙率较大，其透水性、耐老化性、低温抗裂性、耐久性较差。我国标准中的半开式沥青碎石混合料是典型的骨架空隙结构。

3. 骨架密实结构

综合以上两种方式组成的结构，一方面混合料中有足够的粗骨料形成的骨架，又根据粗骨料骨架空隙的多少加入足够的较细的沥青填料，形成较大的密实度和较小的残余空隙率，因此矿料级配是一种非连续的间断级配。这种结构兼备上述两种结构的优点，是一种较为理想的结构类型。现在国际上得到普遍重视的沥青玛碲脂碎石混合料（SMA）是典型的骨架密实结构。

12.2.2　沥青混合料的破坏模式

对沥青混合料来说，在不同的温度领域其破坏模式有很大的不同。在低温领域，沥青混合料的破坏主要是由于温度降低过快，沥青混合料收缩产生的应力来不及松弛产生积聚，当收缩应力超过破坏强度或破坏应变、破坏劲度模量时产生开裂。在低温领域，混合料的模量很高。这是低温破坏模式。

在常温温度领域，沥青混合料的模量既不太高也不太低，荷载反复作用造成的疲劳破坏成为沥青混合料的主要破坏模式。我国目前的沥青路面设计基本上是按照这个破坏模式进行的。

在高温温度领域，沥青混合料的劲度模量很低，混合料的破坏模式主要是失去稳定性，产生车辙等流动变形。混合料发生流动的原因可能是混合料所受到的水平剪力超过其抗剪强度所致，也可能是蠕变变形的累积形成，这是沥青混合料的高温破坏模式。

12.3　沥青混合料的组成材料

沥青混合料的技术性质决定于组成材料的性质、级配组成和混合料的制备工艺等因素，为保证沥青混合料的技术性质，首先应正确选择符合质量要求的材料。

12.3.1　沥青

对沥青混合料用沥青应符合国家标准对沥青的要求。煤沥青不宜用于热拌沥青混合料的表面层。沥青面层所用的沥青标号，宜根据各地区气候条件、施工季节气温、路面类型、施工方法等按表 10-8 选用。

12.3.2　粗骨料的质量要求

粗骨料是经加工（轧碎、筛分）而成的粒径大于 2.36mm 的碎石、破碎砾石、筛选砾石、矿渣等骨料。其质量要求及应用如下：

1）粗骨料（石料）应具有足够的强度和耐磨性能。

按其强度和磨耗率将石料分为四级，见表 12-1。

表 12-1　公路工程所用石料的技术标准

岩石类别	主要岩石名称	石料等级	技术标准		
			饱水极限抗压强度/MPa	磨耗率（洛杉矶法）/%	磨耗率（狄法尔法）/%
岩浆岩类	花岗岩、玄武岩、安山岩、辉绿岩	1	>120	<25	<4
		2	100～120	25～30	4～5
		3	80～100	30～35	5～7
		4	—	45～60	7～10
石灰岩类	石灰岩、白云岩	1	>100	<30	<5
		2	80～100	30～35	5～6
		3	60～80	35～50	6～12
		4	30～60	50～60	12～20
砂岩与片麻岩类	石英岩、砂岩、片麻岩、石英片麻岩	1	>100	<30	<5
		2	80～100	30～35	5～7
		3	50～80	35～45	7～10
		4	30～50	45～60	10～15
砾石		1		<20	<5
		2		20～30	5～7
		3		30～50	7～12
		4		50～60	12～20

根据沥青面层类型及使用条件，选择石料的等级应不低于表 12-2 的规定。

表 12-2　沥青路面面层石料等级的选择

石料等级 路面类型 使用条件	沥青混凝土（或沥青碎石）
交通量　小于 2 000 辆/d　（后轴载 60kN）	3①
2 000～5 000 辆/d　（后轴载 60kN）或小于 500 辆/d　（后轴载 100kN）	3
大于 500 辆/d　（后轴载 60kN）或大于 500 辆/d　（后轴载 100kN）	2②
原有沥青路面上作防滑面层	1②
沥青面层下层、联结层	3

注：①在游览区、宾馆以及交通量较小的线路，需要修筑该种面层结构时，所用的石料等级。
　　②在供料有困难的地区，可降低一级。

2)应避免采用酸性石料。

因酸性石料化学成分中以硅、铝等亲水憎油的矿物为主，与沥青的黏结性能差，与沥青相互作用时，不能形成化学吸附化合物，所以用于沥青混凝土中，易受水的影响而造成沥青膜剥离。配制沥青混凝土应尽量选用与沥青具有良好黏结力的碱性石料，以提高沥青混凝土的强度和抗水性。

用于高速公路、一级公路和城市快速路、主干路的石料为酸性岩石时，宜使用针入度较小的沥青，并应采用抗剥离措施，使沥青与矿料的粘附性符合规范要求。

3）用于沥青混凝土的石料（碎石）其形状应近似立方体、表面粗糙、并带棱角，要求清洁、干燥、无风化、不含杂质，沥青面层用粗骨料质量要求见表 12-3。

表 12-3　沥青面层用粗骨料质量技术要求（摘自 GB50092－96）

指标	高速公路、一级公路、城市快速路、主干路	其他等级公路与城市道路
石料压碎值不大于/％	28	30
洛杉矶磨耗损失不大于/％	30	40
表观密度不小于/（t/m³）	2.50	2.45
吸水率不大于/％	2.0	3.0
对沥青的粘附性不小于	4 级	3 级
坚固性不大于/％	12	—
细长扁平颗粒含量不大于/％	15	20
水洗法小于 0.075mm 颗粒含量不大于/％	1	1
软石含量不大于/％	5	5
石料磨光值不小于	42	实测
石料冲击值不大于/％	28	实测
破碎砾石的破碎面积不小于/％		
拌和的沥青混合料路面表面层	90	40
中下面层	50	40
贯入式路面	—	40

说明：1. 坚固性试验根据需要进行；

2. 当粗集料用于高速公路、一级公路、城市快速路、主干路时，多孔玄武岩的表观密度可放宽至 2.45t/m³，吸水率可放宽至 3％，并应得到主管部门的批准；

3. 石料磨光值是为高速公路、一级公路和城市快速路、主干路的表层抗滑需要而试验的指标，石料冲击值可根据需要进行，其他等级公路与城市道路如需要时，可提出相应的指标值；

4. 钢渣的游离氧化钙的含量不应大于 3％，浸水后膨胀率应不大于 2％。

4）对于抗滑性提出要求的路面的石料应选用坚硬、耐磨、抗冲击性能好的碎石或破碎砾石，不得使用筛选砾石、矿渣及软质骨料。

对于抗滑表层用粗骨料规格、级配范围见表 12-4。

表 12-4　抗滑表层用粗骨料规格及级配范围

				通过下列筛孔(方孔，mm)的质量百分率/%						
19.0	16.0	13.2	9.5	4.75	2.36	1.18	0.60	0.30	0.15	0.075
	100	90～100	60～80	30～53	20～40	15～30	10～28	7～18	5～12	4～8
	100	85～100	50～70	18～40	10～30	8～22	5～15	3～12	3～9	2～6
100	90～100	60～82	45～70	25～45	15～35	10～25	8～18	6～13	4～10	3～7

抗滑表层用粗骨料技术要求应符合表 12-5 的规定。

表 12-5　抗滑表层用粗骨料技术要求

指标	高速公路、一级公路、城市快速路、主干路	其他等级公路与城市道路
石料磨光值(PSV)不小于	42	35
磨耗值(AAV)不大于	14	16
冲击值(LSV)/% 不大于	28	30

12.3.3　细骨料的质量要求

在沥青混凝土中，细骨料是指粒径小于 2.36mm 的天然砂、机制砂及石屑等骨料。

1. 砂

天然砂是指岩石经风化搬运而成的粒径小于 2.36mm 的颗粒部分，如河砂、海砂、山砂；机制砂是指由碎石及砾石经反复破碎加工至粒径小于 2.36mm 的部分，亦称人工砂。

砂子的作用主要填充石料之间的空隙，使沥青混凝土具有一定的密实度。砂与沥青之间应有良好的黏结力，并具有适当的颗粒级配(见表 12-6)，使压实前混合料具有较好的和易性，有助于沥青混凝土压实过程中能形成良好的结构。

表 12-6　沥青面层用天然砂颗粒级配(摘自 GB50092—96)

方孔筛/mm	圆孔筛/mm	通过各筛孔的质量百分率/%		
		粗 砂	中 砂	细 砂
9.5	10	100	100	100
4.75	5	90～100	90～100	90～100
2.36	2.5	65～95	75～100	85～100
1.18	1.2	35～65	50～90	75～100
0.6	0.6	15～29	30～59	60～84
0.3	0.3	5～20	8～30	15～45
0.15	0.15	0～10	0～10	0～10
0.075	0.075	0～5	0～5	0～5
细度模数 M_x		3.7～3.1	3.0～2.3	2.2～1.6

用于沥青面层砂的质量技术要求应符合表 12-7 规定。

表 12-7 沥青面层用细骨料质量技术要求(摘自 GB50092—96)

指标	高速公路、一级公路、城市快速路、主干路	其他等级公路与城市道路
表观密度不小于/(t/m³)	2.50	2.45
坚固性(>0.3mm 部分)不大于/%	12	—
砂当量不小于/%	60	50

说明:1. 坚固性试验可根据需要进行;

2. 砂当量:测定砂中所含黏性土或杂质的含量,以评定砂的洁净程度,用 SE 表示;

3. 当进行砂当量试验有困难时,也可用水洗法测定小于 0.075mm 部分的含量(仅适用于天然砂),对高速公路、一级公路和城市快速路、主干路要求该含量不大于 3%,对其他等级公路与城市道路要求该含量不大于 5%。

2. 石屑

配制沥青混凝土宜采用优质的天然砂和机制砂,在缺少砂地区,也可使用石屑。但用于高速公路、一级公路沥青混凝土面层及抗滑表层的石屑用量不宜超过天然砂及机制砂的用量。

石屑是指采石场加工碎石时通过 4.75mm 的筛下部分。用于沥青面层的石屑规格及其颗粒级配应符合表 12-8 的规定。

表 12-8 沥青面层用石屑规格及颗粒级配(摘自 GB50092—96)

规格	公称粒径/mm	通过下列筛孔的质量百分率/%				
		方孔筛/mm 圆孔筛/mm	9.5 10	4.75 5	2.36 2.5	0.6	0.075
S15	0~5		100	85~100	40~70	—	0~15
S16	0~3			100	85~100	20~50	0~15

12.3.4 填料的质量要求

填料是指在沥青混凝土中起填充作用的粒径小于 0.075mm 的矿物质粉末(又称矿粉)。一般以石灰石和白云石磨细的矿粉为宜,也可选用水泥、石灰、粉煤灰等磨细颗粒作为填料。

矿粉作为微粒填料与沥青形成结聚的分散系统,有利于沥青黏稠度的提高,具有稳定沥青的作用,防止沥青流淌,与沥青结合形成一种胶结物质,使沥青混凝土具有较强的黏结力和热稳定性。由于矿粉具有一定的细度和级配,与沥青有良好的黏结力,能抵抗水的剥蚀作用,因此可提高沥青混凝土的密度、整体的黏结性和抗水性。用于沥青混凝土中的矿粉应干燥、洁净,其质量应符合表 12-9 的规定。

表 12-9　沥青面层用矿粉质量技术要求(摘自 GB50092－96)

指标		高速公路、一级公路、城市快速路、主干路	其他等级公路与城市道路
表观密度不大于/(t/m³)		2.50	2.45
含水量不大于/%		1	1
粒度范围	<0.6mm	100	100
	<0.15mm	90～100	90～100
	<0.075mm	75～100	70～100
外观		无团粒结块	
亲水系数		<1	

当采用水泥、石灰、粉煤灰作填料时，其用量不宜超过矿料总量的 2%。粉煤灰作为填料使用时，烧失量应小于 12%，塑性指数应小于 4%，其余质量要求与矿粉相同，其用量不宜超过填料总量的 50%。它仅适用于二级及二级以下的其他等级公路中。

12.4　沥青混合料的技术性质

12.4.1　施工和易性

沥青混合料的施工和易性是指沥青混合料在施工过程中易于拌和、摊铺和压实的性能。和易性好与差，主要取决于矿料的级配，沥青的品种及用量，施工环境条件以及混合料的性质等。

施工环境条件主要是考虑施工设备、机具及施工时的气温、湿度、风速等情况，来确定各施工程序，在施工时混合料的合适温度，必然要影响到沥青黏滞性，所以温度的变化将影响到施工和易性。

在矿料配制过程中，如粗、细骨料多，缺少中间粒径，混合料易分层，此时粗粒大部分集中在表面，细粒大部分集中在底部；若细骨料太少，沥青层就不容易均匀地分布在粗颗粒表面，影响粘聚性及密实性；若细骨料太多，则拌和困难。当矿粉用量过多，沥青用量少，混合料易产生疏松，不易压实。矿料的级配、沥青的品种及沥青用量，是在满足一定强度和变形性质下需通过试验来确定，在施工中不能随意更改。

12.4.2　高温稳定性

沥青混合料的高温稳定性是指其在夏季高温条件下，经车辆荷载反复作用后不产生车辙和波浪等病害的性能。

1. 沥青混合料受温度的影响

沥青混合料是一种粘弹性材料，其强度随温度升高而急剧下降。尤其在交通量大、重车比例大的高等级道路上，在每年的高温季节，由于行车道上的轮迹承受大量重车的反复作用，沥青混合料的强度大幅度下降，轮迹带逐渐变形下凹，路面产生破坏。

2. 提高高温稳定性的措施

1）使用温度稳定性好的沥青是提高沥青混凝土温度稳定性和抗剪强度的主要措施。在规定沥青标号范围内使用较稠的沥青可以提高沥青混凝土的抗变形能力。

2）最佳矿料级配可以增加内摩擦角和矿料颗粒间的嵌销作用，提高了沥青混凝土的抗剪稳定性。所以在条件允许的情况下，增加碎石用量可以提高沥青混凝土的抗车辙能力。

3）使用碱性岩石可以提高沥青混凝土的温度稳定性和高温抗变形能力。

4）使用碱性岩石（石灰岩、冶金矿渣）磨成矿粉，可以提高沥青混凝土的温度稳定性。

3. 评定沥青混合料高温稳定性的方法

目前我国评定沥青混合料高温稳定性最普遍采用的方法是马歇尔稳定度试验和车辙试验。

（1）马歇尔稳定度试验

马歇尔稳定度试验主要包括两个指标，即马歇尔稳定度和流值。稳定度是指标准尺寸试件在规定温度和加载速度下，在马歇尔试验仪中最大的破坏荷载（kN）；流值是达到最大破坏荷载时试件的垂直变形（以 0.1mm 计）。

（2）车辙试验

目前的方法是用标准成型方法，制成 300mm×300mm×50mm 的沥青混合料试件，在一定温度的条件下，以一定荷载的橡胶轮（轮压为 0.7MPa）在同一轨迹上作一定时间的反复行走，形成辙槽，以辙槽深度 RP 和动稳定度 DS（在变形稳定期每增加变形 1mm 的碾压次数），来评价沥青混合料抗车辙的能力。在车辙试验过程中，沥青混合料试块上轮辙的产生与发展都与实际沥青路面车辙的产生和发展十分相似。

12.4.3 低温抗裂性

低温抗裂性是指沥青混合料在低温条件下应具有一定的柔韧性，以保证在低温时，沥青混凝土不产生裂缝的性能。

沥青路面的开裂是路面的主要病害之一，其成因相当复杂，裂缝的种类也很多，其中横向裂缝主要是由于沥青路面的温度收缩引起的，简称温缩裂缝。此类开裂在许多寒冷国家或地区，例如，北美、日本等国家地区以及我国北方地区非常普遍。

低温收缩裂缝的产生不仅破坏了路面的连续性、整体性及美观，而且会从裂缝处不断进入水分使基层甚至路基软化，导致路面承载力下降，加速路面破坏。沥青混合料路面的低温抗裂性能直接与沥青路面的开裂相关，因而是沥青混合料最重要的使用性能。

沥青混合料路面的非荷载裂缝大都为横向裂缝，主要是由于迅速降温及温度反复作用在路面沥青层产生温度收缩裂缝以及半刚性基层收缩开裂产生的反射裂缝，而绝大部分裂缝是多方面的原因共同作用而产生的。

国内外用于研究沥青混合料低温抗裂性的试验方法有很多，我国目前尚处于研究阶段，未列入技术标准。较普遍采用的方法是测定沥青混合料的低温劲度和温度收缩系数，计算低温收缩时在路面中所出现的温度应力与沥青混合料的抗拉强度之比，来预估沥青路面的开裂温度。

12.4.4　水稳定性

水损害是沥青路面的主要病害之一。所谓水损害是沥青路面在水或冻融循环的作用下，由于汽车车轮动态荷载的作用，进入路面空隙中的水逐渐渗入沥青与矿料的界面上，使沥青的粘附性降低并逐渐丧失黏结力，沥青混合料掉粒、松散，继而形成沥青路面的坑槽、推挤变形等的损坏现象。

除了荷载及水分供给条件等外在因素外，沥青混合料的抗水损害能力是决定路面的水稳定性的根本性因素。它主要取决于矿料的性质、沥青与矿料之间相互作用的性质，以及沥青混合料的空隙率、沥青膜的厚度等。

水稳定性是指沥青与矿料形成粘附层后，遇水时水对沥青的置换作用而引起沥青剥落的抵抗程度。

沥青混合料水稳定性的评价方法，通常分为两个阶段进行，第一阶段是评价沥青与矿料的粘附性；第二阶段是评价沥青混合料的水稳定性。这两个阶段是不可分割的整体，决不能割裂开来看。

我国沥青与矿料粘附性评价方法主要有水煮法、水浸法、光电比色法等。沥青混合料的水煮法则因为其试验方法简单，可作为初步筛选时使用。

12.4.5　抗疲劳性能

随着交通量的日益增长，汽车载重的不断增大，汽车对路面的破坏作用变得越来越明显。沥青路面在使用期间经受车轮荷载的反复作用，长期处于应力应变交叠状态，致使路面结构强度逐渐下降。当荷载重复次数超过一定次数以后，在荷载作用下路面内产生的应力就会超过强度下降后的结构抗力，使路面出现裂纹，产生疲劳断裂破坏。

沥青路面的疲劳寿命除了受荷载条件的影响外，还受到材料性质和环境变化的影响。

12.4.6　耐老化性能

沥青混合料的耐老化性能，是沥青路面在使用期间承受交通、气候等环境因素的综合作用，沥青混合料使用性能保持稳定或较小发生质量变化的能力，通常也称为抗老化性能。这里所指的气候主要是指空气（氧）、阳光（紫外线）、温度的影响。水和湿度也属于环境因素，但它直接影响的是水稳定性。

沥青混合料的老化分为短期老化和长期老化。短期老化也称为施工期老化或称热老化。引起沥青混合料热老化的原因主要是温度，即沥青混合料施工温度。其次是高温保持时间和空气接触的条件等因素。那么，减轻沥青混合料短期老化的措施首先应该从以下几个方面入手。应优先使用耐老化性能好的沥青材料。为减轻沥青混合料的短期老化，可考虑采取以下几项措施：

1. 在保证沥青混合料拌和、摊铺、碾压技术性能的前提下，尽可能采用比较低的拌和温度，并严格控制不得超过规范规定的最高拌和温度。同时，应尽可能避免在低温季节施工。

2. 尽量缩短沥青混合料的高温保存时间。特别是对拌和好的沥青混合料避免长时间在热储料仓存放，还应避免混合料运输距离太长，或因拌和设备生产能力与摊铺设备不匹配造成等料时间过长。

3. 在运距长或等料时间长的情况下，一方面为了保证足够的摊铺、碾压温度，势必要提高拌和温度；另一方面，因时间的增长也会造成沥青混合料在运输过程的老化。另外在运输过程中应加盖篷布，减少与空气的接触。

在使用过程中，沥青的老化是一个长时间的过程。减轻沥青混合料的老化主要应从混合料的结构上考虑，即在可能的条件下尽量使用吸水率小的骨料，减小路面混合料的空隙率，加强压实，减少沥青与空气的接触，同时采用耐老化性能好的沥青材料（如改性沥青等）。保证沥青混合料路面有足够的密实性是减轻老化的根本性措施。

12.4.7　抗滑性

为保证汽车在沥青路面上安全、快速地行驶，要求路面具有一定的抗滑性。即要求沥青混合料修筑的路面平整而粗糙，具有一定的纹理，在潮湿的状态下仍保证有较高的抗滑性能。沥青混合料路面的抗滑性与矿质材料的抗磨光能力、混合料的级配、沥青的用量及施工工艺等有关。因此，在进行沥青混合料配合比设计时应尽量选用硬质有棱角且磨光值高的骨料，我国现行国标《沥青路面施工与验收规范》（GB50092—96）对抗滑层骨料提出了磨光值、道瑞磨耗值和冲击值三项指标。

沥青用量对抗滑性的影响非常敏感，沥青用量较最佳沥青用量增加 0.5%，即可使抗滑系数明显降低。沥青含蜡量对沥青路面抗滑性也有明显的影响。

12.5　沥青混合料的技术标准及选用

热拌沥青混合料适用于各种等级道路的沥青面层。高速公路、一级公路和城市快速路、主干路的沥青面层的上中层、中面层及下面层应采用沥青混凝土混合料铺筑，沥青碎石混合料仅适用于过渡层及整平层。其他等级道路的沥青面层上面层宜采用沥青混合料铺筑。

沥青混合料应满足耐久性、抗车辙、抗裂、抗水损害能力、抗滑性能等多方面的要求，并应根据施工机械、工程造价等实际情况选择沥青混合料的种类。沥青混合料结构层中应有一层及一层以上是 I 型密级配沥青混凝土混合料。沥青面层骨料的最大粒径宜从上至下逐渐增大，热拌热铺沥青混合料路面应采用机械化连续施工。

热拌沥青混合料的种类见表 12-10。

表 12-10　热拌沥青混合料的种类

混合料类别	方孔筛系列			圆孔筛系列		
	沥青混凝土	沥青碎石	最大骨料粒径/mm	沥青混凝土	沥青碎石	最大骨料粒径/mm
特粗式		AM—40	37.5		LS—50	50
粗粒式	AC—30	AM—30	31.5	LH—40 或 LH—35	LS—40 或 LS—35	40 35
	AC—25	AM—25	26.5	LH—30	LS—30	30
中粒式	AC—20	AM—20	19.0	LH—25	LS—25	25
	AC—16	AM—16	16.0	LH—20	LS—20	20
细粒式	AC—13	AM—13	13.2	LH—15	LS—15	15
	AC—10	AM—10	9.5	LH—10	LS—10	10
砂粒式	AC—5	AM—5	4.75	LH—5	LS—5	5
抗滑表层	AK—13	—	13.2	LK—15	—	15
	AK—16	—	16.0	LK—20	—	20

我国现行国标《沥青路面施工与验收规范》(GB50092—96)对热拌沥青混合料马歇尔试验技术标准见表 12-11。

表 12-11　热拌沥青混合料马歇尔试验技术标准

试验项目	沥青混合料类型	高速公路、一级公路、城市快速路、主干路	其他等级公路与城市道路	行人道路
击实次数/次	沥青混凝土	两面各 75	两面各 50	两面各 35
	沥青碎石、抗滑表层	两面各 50	两面各 50	两面各 35
稳定度/kN	Ⅰ型沥青混凝土	＞7.5	＞5.0	＞3.0
	Ⅱ型沥青混凝土、抗滑表层	＞5.0	＞4.0	—
流值/0.1mm	Ⅰ型沥青混凝土	20～40	20～45	20～50
	Ⅱ型沥青混凝土、抗滑表层	20～40	20～45	
空隙率/%	Ⅰ型沥青混凝土	3～6	3～6	2～5
	Ⅱ型沥青混凝土、抗滑表层	4～10	4～10	
	沥青碎石	＞10	＞10	
沥青饱和度/%	Ⅰ型沥青混凝土	70～85	70～85	75～90
	Ⅱ型沥青混凝土、抗滑表层	60～75	60～75	
	沥青碎石	40～60	40～60	—

续表

试验项目	沥青混合料类型	高速公路、一级公路、城市快速路、主干路	其他等级公路与城市道路	行人道路
残余稳定度 /%	Ⅰ型沥青混凝土	>75	>75	>75
	Ⅱ型沥青混凝土、抗滑表层	>70	>70	

说明：1. 粗粒式沥青混凝土稳定度可降低 1kN；

2. Ⅰ型细粒式及砂粒式沥青混凝土的空隙率为 2%～6%；

3. 沥青混凝土混合料的矿料间隙率（VMA）宜符合表 12-12 所示要求。

表 12-12　沥青混凝土混合料的矿料间隙率

最大骨料粒径 /mm	方孔筛	37.5	31.5	26.5	19.0	16.0	13.2	9.5	4.75
	圆孔筛	50	35 或 40	30	25	20	15	10	5
VMA/% 不小于		12	12.5	13	14	14.5	15	16	18

12.6　其他品种沥青混合料

12.6.1　乳化沥青碎石混合料

常温沥青混合料可以用乳化沥青或液体沥青拌和。由于液体沥青使用汽油、煤油或柴油等高价的材料，在我国不可能大量使用，因此可以用乳化沥青制得。但常温沥青混凝土混合料还缺乏足够的经验和实践，这里只介绍乳化沥青碎石混合料。

乳化沥青碎石混合料适用于三级及三级以下的公路、城市道路支线的沥青面层、二级公路的罩面层施工，以及各级道路沥青路面的联结层或整平层。

乳化沥青的类型及技术要求必须符合表 10-7 的规定。

乳化沥青碎石混合料的矿料级配可采用热拌沥青碎石的级配，沥青的用量（经乳液折算后）应根据当地实践经验以及交通量、气候、石料情况、沥青标号、施工机械等条件，比同规格热拌沥青混合料的沥青用量节省 15%～20%。

乳化沥青碎石混合料宜采用拌和厂机械拌和，在条件限制时也可在现场用人工拌和。混合料的拌和时间应保证乳液与集料拌和均匀，机械拌和时间不宜超过 30s（自矿料中加进乳液的时间算起），人工拌和时间不宜超过 60s。

混合料应具有充分的施工和易性，混合料的拌和、运输和摊铺应在乳液破乳前结束。已拌好的混合料应立即运至现场进行摊铺，在拌和与摊铺过程中已破乳的混合料应予废弃。袋装的乳化沥青混合料，存放时应密封良好，存放期不得超过乳液的破乳时间，拌和时应加入适当的稳定剂。

12.6.2　沥青玛碲脂碎石混合料

沥青玛碲脂碎石混合料（SMA）是近年来在国际上出现的一种非常引人注目的新型沥

青混合料，以其优良的抗车辙性能和抗滑性能而闻名于世。第一条 SMA 路面始建于 20 世纪 60 年代中期的德国，已经有 40 多年的历史，至今仍然在良好地使用。

沥青玛碲脂又称沥青胶，它是在熔化的沥青中加入纤维稳定剂、矿粉及少量的细骨料经均匀混合而成。SMA 是一种由沥青玛碲脂填充粗骨料骨架间隙而组成的沥青混合料。它的最基本的组成是碎石骨架和沥青玛碲脂结合料两大部分。

1. SMA 的组成特点

1）SMA 是一种间断级配的沥青混合料。

2）为加入较多的沥青，一方面增加矿粉用量，同时使用纤维作为稳定剂，通常采用木质素纤维，用量为沥青混合料的 0.3%，也可采用矿物纤维，用量为混合料的 0.4%。

3）沥青结合料用量多，比普通混合料要高 1% 以上，黏结性要求高，希望选用针入度小，软化点高，温度稳定性好的沥青。最好采用改性沥青，以改善高低温变形性能及与矿料的粘附性。

4）SMA 的配合比不能完全依靠马歇尔配合比的设计方法，主要由体积指标确定，马歇尔试验成型双面击实 50 次，目标空隙率 2%～4%，稳定度和流值不是主要指标，沥青用量还可参考高温析漏试验确定。车辙试验是重要的设计手段。

5）SMA 的材料要求：粗骨料必须特别坚硬，表面粗糙，针片状颗粒少，以便嵌挤良好；细骨料一般不用天然砂，宜采用坚硬的人工砂；矿粉必须是磨细石灰石粉，最好不使用回收粉尘。

6）SMA 的施工与普通沥青混凝土相比，拌和时间要适当延长，施工温度要提高，压实不得采用轮胎碾。

综合 SMA 的特点，可以归纳为三多一少：粗骨料多、矿粉多、沥青结合料多、细骨料少，掺纤维增强剂，材料要求高，使用性能全面提高。

2. SMA 混合料的运输及摊铺

由于 SMA 的沥青玛碲脂黏性较大，运料车的车厢底部要涂刷较多的油水混合物，而且为了防止运料车表面混合料结成硬壳，运料车运输过程中必须加盖毡布，运料车的数量也要适当增加。

为了保证路面的平整度，要按照规范要求做到缓慢、均匀、连续不间断地摊铺，摊铺过程中不得随意变换速度或中途停顿，摊铺机的摊铺速度一般不超过 3～4m/min，这对摊铺机手的操作技术要求较高。

对 SMA 混合料，混合料的可压实余地很小，松铺系数要比普通混合料小得多。混合料表面层的摊铺对路面的平整度影响很大，摊铺机必须有良好的自动找平功能。

12.6.3 煤沥青混合料

以煤沥青为结合料的沥青混合料称为煤沥青混合料。煤沥青混合料和石油沥青混合料一样，可按混合料最大粒径分为：粗粒式、中粒式、细粒式和砂粒式四种。煤沥青的标号可根据气候分区、沥青路面类型和沥青种类按表 10-8 选用。

　　煤沥青混合料的技术性质和石油沥青混合料比较,其力学强度较差,水稳定性和温度稳定性也较差,同时,煤沥青混合料的老化速度较石油沥青混合料快,并且含有挥发而有害的组分。因此,一般仅适用于道路透层、粘层和三级及三级以下的公路。城市道路可用于底层。

思考练习

　　(1)什么是沥青混合料? 应如何进行分类?

　　(2)沥青混合料的优点有哪些?

　　(3)沥青混合料的结构可分为哪几类? 各有何特点?

　　(4)沥青混合料的技术性质包括哪些?

　　(5)何谓沥青混合料的高温稳定性? 其检验方法有哪些?

　　(6)如何提高沥青混合料的高温稳定性?

　　(7)什么是沥青混合料的马歇尔稳定度试验?

　　(8)什么是沥青混合料的水稳定性? 一般用什么方法检验?

　　(9)什么是沥青混合料的抗老化性能? 其影响因素有哪些?

　　(10)如何减轻沥青混合料的短期老化?

　　(11)沥青混合料组成材料的技术性质有哪些?

　　(12)试述沥青玛碲脂碎石混合料的组成特点。

第 13 章

木 材

学 习 目 标

1. 掌握木材的基本性质。
2. 熟悉胶合板的技术要求。
3. 了解其他类型的人造板材和各类木质地板。

木材是人类最早使用的建筑材料之一，至今仍有许多举世称颂的木结构、木制品、古建筑存世。如始建于辽清宁二年(1056 年)的山西应县木塔(图 13-1)，历经千百年而不朽，依然显现当年的雄姿，它是我国现存最古老最高大的纯木结构楼阁式建筑，是我国古建筑中的瑰宝，世界木结构建筑的典范，是人类建筑史上的一个奇观。时至今日，木材在建筑结构、装饰上仍以其高贵、典雅、质朴等特性在室内装饰方面大放异彩，为我们创造了一个个美好的生活空间。

图 13-1　山西应县木塔

木材具有许多优异的性质，如轻质高强、有较好的弹性和韧性、耐冲击和振动；保温性能好；木纹自然悦目，表面易于着色和油漆，装饰性好；结构构造简单，容易加工等。因此木材广泛应用于工程中，主要用作梁、柱、门窗、地板、桥梁、脚手架、混凝土模板以及室内外装修等。但木材也有缺点，如内部构造不均匀、各向异性；易吸水吸湿而产生胀缩变形；易腐朽及虫蛀；天然疵病较多；生长缓慢等。但是经过一定的加工处理，这些缺点可以得到改善。

13.1　木材基本知识

13.1.1　木材的分类

木材是由树木加工而成的。按树叶的不同，树木可分为针叶树和阔叶树两大类。

1. 针叶树

针叶树的树叶细长呈针状，多为常绿树。树干通直而高大，纹理顺直，材质均匀且较软，易于加工，又称"软木材"。针叶树强度较高，表观密度和胀缩变形较小，耐腐蚀性好。针叶树木材是主要的建筑用材，广泛用于各种承重构件和门窗、地面和装饰工程。

常用的树种有松树、杉树、柏树等。

2. 阔叶树

阔叶树树叶宽大叶脉呈网状，多为落叶树。树干通直部分一般较短，大部分树种表观密度大，材质较硬，难以加工，故又称"硬木材"。阔叶树木材胀缩和翘曲变形大，易开裂，建筑上常用作尺寸较小的构件。有些树种加工后具有美丽的纹理，适用于制作家具、室内装饰和制作胶合板等。常用的树种有榆木、榉木、水曲柳、柞木等。

13.1.2　木材的构造

木材的构造决定木材的性质和应用。由于树种和树木生长环境的不同，其构造差异很大。木材的构造分为宏观构造和微观构造。

1. 宏观构造

宏观构造是指用肉眼或放大镜所能看到的木材组织。可从树干的三个不同切面进行观察，如图13-2 所示。

横切面——垂直于树轴的切面；

径切面——通过树轴的纵切面；

弦切面——和树轴平行与年轮相切的纵切面。

从图上可以看出，树木是由树皮、木质部和髓心等部分组成。

一般树的树皮在工程中没有使用价值，只有黄菠萝和栓皮栎两种树的树皮是生产高级保温材料软木的原料。

树皮和髓心之间的部分是木质部，它是木材主要使用部分。靠近髓心部分颜色较深，称作心材。

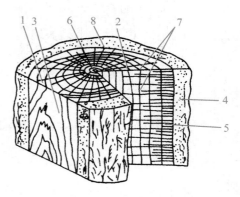

图 13-2　木材的宏观构造

1—横切面；2—径切面；3—弦切面；
4—树皮；5—木质部；6—髓心；
7—髓线；8—年轮

靠近外围部分颜色较浅，称为边材，边材含水高于心材容易翘曲。从横切面上看到深浅相间的同心圆，称为年轮。年轮内侧颜色较浅部分是春天生长的木质，组织疏松，材质较软称为春材（早材）。年轮外侧颜色较深部分是夏秋两季生长的，组织致密，材质较硬称为夏材（晚材）。树木的年轮越均匀而密实，材质越好。夏材所占比例越多，木材强度越高。

髓心是树木最早生成的部分，材质松软易腐朽，强度低。从髓心成放射状穿过年轮的组织，称为髓线。髓线与周围组织联结软弱，木材干燥时易沿髓线开裂。年轮和髓线构成木材的天然纹理。

2. 微观构造

木材的微观构造，是指在显微镜下所看到的木材组织。在显微镜下，可以看到木材是由无数管状细胞紧密结合而成的。每个细胞都由细胞壁和细胞腔组成，细胞壁由若干层细纤维组成，纤维之间有微小的空隙能渗透和吸附水分，其纵向连接较横向连接牢固，故木材的纵向强度高于横向强度。细胞的组织结构在很大程度上决定了木材的性质，细胞壁越厚，细胞腔越小，木材越密实，其表观密度和强度也越高，胀缩变形也越大。

针叶树和阔叶树的微观构造有较大差别，如图13-3和图13-4所示。针叶树的显微构造简单而规则，主要由管胞、髓线和树脂道组成，其髓线较细而不明显。阔叶树的显微构造较复杂，主要由木纤维、导管和髓线组成，它的最大特点是髓线发达，粗大而明显。导管和髓线是鉴别针叶树和阔叶树的主要标志。

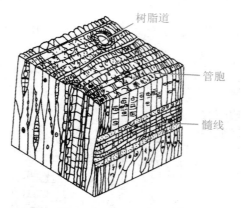

图13-3 针叶树马尾松微观构造

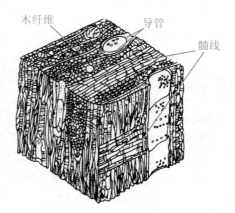

图13-4 阔叶树柞木微观构造

13.1.3 木材的基本性质

1. 物理性质

（1）密度和表观密度

密度：由于木材的分子结构基本相同，因此木材的密度基本相同，平均约为1.55g/cm³。

表观密度：木材的表观密度与木材的孔隙率、含水率等因素有关。木材的表观密度越大，其湿胀干缩变化也越大。树种不同，表观密度不同。在常用木材中表观密度较大的如麻栎达980kg/m³，较小的如泡桐仅280 kg/m³。一般表观密度在400～600kg/m³之间。

（2）含水率

木材的含水率是指木材中所含水分的质量占木材干燥质量的百分数。

木材中的水分主要有三种：

1）自由水：是指存在于木材细胞腔和细胞间隙中的水分，自由水的变化只影响木材的表观密度。

2）吸附水：是指被吸附在细胞壁内细纤维之间的水分。吸附水的变化是影响木材强度和胀缩变形的主要原因。

3) 结合水：即木材化学组成中的结合水。结合水常温下不发生变化，对木材的性质一般没有影响。

木材细胞壁内充满吸附水，达到饱和状态，而细胞腔和细胞间隙中没有自由水时的含水率，称为纤维饱和点。木材的纤维饱和点随树种而异，一般介于 25%～35%，平均值为 30%。它是木材物理力学性质发生变化的转折点。

木材所含水分与周围空气的湿度达到平衡时的含水率称为木材的平衡含水率，是木材干燥加工时的重要控制指标。木材的平衡含水率随所在地区不同以及温度和湿度环境变化而不同，我国北方地区约为 12%，南方约为 18%，长江流域一般为 15%。

（3）湿胀与干缩

木材具有显著的湿胀干缩性。当木材含水率在纤维饱和点以上变化时，只有自由水增减变化，木材的体积不发生变化；当木材的含水率在纤维饱和点以下时，随着干燥，细胞壁中的吸附水开始蒸发，体积收缩；反之，干燥木材吸湿后，体积将发生膨胀，直到含水率达到纤维饱和点为止。

木材的湿胀干缩变形随树种的不同而异，一般情况表观密度大的、夏材含量多的木材，胀缩变形较大。由于木材构造的不均匀性，造成了各方向的胀缩值也不同。其中纵向收缩最小，径向较大，弦向最大（如图 13-5 所示）。木材的湿胀干缩变形会对其实际应用带来不利影响。干缩会造成木结构拼缝不严、卯榫松弛、翘曲开裂；湿胀又会使木材产生凸起变形。

（4）木材的吸湿性

木材具有较强的吸湿性。当环境温度、湿度发生变化时，木材的含水率会发生变化。木材的吸湿性对木材性能，特别是木材的湿胀干缩影响很大。因此，木材在使用时其含水率应接近或稍低于平衡含水率。

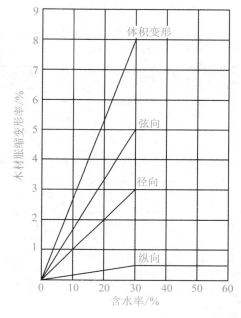

图 13-5　木材含水率与胀缩变形的关系

2. 力学性质

木材的强度按照受力状态分为抗拉、抗压、抗弯和抗剪四种。但由于木材的各向异性，在不同的纹理方向上强度表现不同。当以顺纹抗压强度为 1 时，理论上木材的不同纹理间的强度关系见表 13-1。

表 13-1　木材各种强度间的关系

抗拉		抗压		抗剪		弯曲
顺纹	横纹	顺纹	横纹	顺纹	横纹	
2～3	1/20～1/3	1	1/10～1/3	1/7～1/3	1/2～1	1.5～2.0

木材的强度除与自身的树种构造有关外，还与含水率、疵病、负荷时间、环境温度等因素有关。当含水率在纤维饱和点以下时，木材的强度随含水率的增加而降低；木材的天然疵病，如节子、构造缺陷、裂纹、腐朽、虫蛀等都会明显降低木材强度；木材在长期荷载作用下的强度（称为持久强度）会降低 $50\% \sim 60\%$；木材使用环境的温度超过 $50℃$ 或者受冻融作用后也会降低强度。

13.2 木材的综合利用

13.2.1 木材的分类

木材按照加工程度和用途不同分为：原条、原木、锯材和枕木四类，见表 13-2。

表 13-2 木材的分类

分类名称	说明	主要用途
原条	指除去皮、根、树梢、枝丫，但尚未加工成材的木料	建筑工程的脚手架、建筑用材、家具等
原木	指除去皮、根、树梢、枝丫，并已加工成规定直径和长度的圆木段	1. 直接使用的原木：用于建筑工程（如屋架、檩、椽等）、桩木、电杆、坑木等；2. 加工原木：用于胶合板、造船、车辆、机械模型及一般加工用材等
锯材	指经过锯切加工的木料。宽度为厚度3倍或3倍以上的，称为板材；不足3倍的称为方材	建筑工程、桥梁、家具、造船、车辆、包装箱板等
枕木	指按枕木断面和长度加工而成的成材	铁道工程

13.2.2 人造板材

我国是森林资源贫乏的国家。为了保护环境，实现可持续发展，必须合理地、综合地利用木材。充分利用木材加工后的边角废料以及废木材，加工制成各种人造板材是综合利用木材的主要途径。

人造板材幅面宽、表面平整光滑、不翘曲不开裂，经加工处理后还具有防水、防火、防腐、耐酸等性能。常用的人造板材有：

1. 胶合板

胶合板是用原木旋切成薄片，再按照相邻各层木纤维互相垂直重叠，并且成奇数层经胶粘热压而成如图 13-6 所示。胶合板最多层数有 15 层，一般常用的是三合板或五合板。

图 13-6 三合板

胶合板分为以下四类。

(1) Ⅰ类——耐气候、耐沸水胶合板(NQF)

这类胶合板是以酚醛树脂胶或其他性能相当的胶合剂胶合制成。具有耐久、耐煮沸或蒸汽处理、耐干热、抗菌等性能，能在室外使用。

(2) Ⅱ类——耐冷胶合板(NS)

这类胶合板是以脲醛树脂或其他性能相当的胶合剂胶合制成。能在冷水中浸渍，能经受短时间热水浸泡，并具有抗菌性能，但不耐煮沸，能在室外使用。

(3) Ⅲ类——耐湿胶合板(NC)

这类胶合板是以血胶、低树脂含量的脲醛树脂胶或其他性能相当的胶合剂胶合制成。能耐短期冷水浸泡，适于室内常态下使用。

(4) Ⅳ类——不耐潮胶合板(BNC)

这类胶合板是以豆胶或其他性能相当的胶合剂胶合制成。有一定的胶合强度，但不耐水，适于室内常态下使用。

胶合板厚度为 2.7、3、3.5、4、5、5.5、6mm，自 6mm 起按 1mm 递增。胶合板的幅宽有 915、1220mm 两种，长度有 915～2440mm 多种规格。胶合板的幅面尺寸见表 13-3。胶合板的出厂含水率与胶合强度应满足表 13-4 的规定。

表 13-3　普通胶合板的幅面尺寸

宽度/mm	长度/mm				
	915	1220	1830	2135	2440
915	915	1220	1830	2135	—
1220	—	1220	1830	2135	2440

表 13-4　普通胶合板的含水率与胶合强度

胶合板树种	单个试件的胶合强度/MPa		含水率/%	
	Ⅰ、Ⅱ类	Ⅲ、Ⅳ类	Ⅰ、Ⅱ类	Ⅲ、Ⅳ类
椴木、杨木、拟赤杨	≥0.70	≥0.70	6～14	8～16
水曲柳、荷木、枫香、槭木、榆木、柞木	≥0.80			
桦木	≥1.00			
马尾松、云南松、落叶松、云杉	≥0.80			

胶合板材质均匀、强度高、不翘曲不开裂、木纹美丽、色泽自然、幅面大、平整易加工、使用方便、装饰性好，应用十分广泛。

2. 纤维板

纤维板是将树皮、刨花、树枝等木材加工的下脚碎料或稻草、麦秸、玉米秆等经破碎浸泡、研磨成木浆，加入一定胶粘剂热压成型、干燥处理而成的人造板材。生产纤维板可使木材的利用率达 90% 以上。纤维板构造均匀，克服了木材各向异性和有天然疵病的缺陷，不易翘曲变形和开裂，表面适于粉刷或粘贴装裱。

纤维板根据成型时温度和压力的不同分为硬质、半硬质和软质三种。

表观密度大于 $800kg/m^3$ 的硬质纤维板（如图 13-7）强度高、耐磨、不易变形，可代替木板用于室内壁板、门板、地板、家具等。硬质纤维板的幅面尺寸有 610mm×1 220mm、915mm×1 830mm、1 000mm×2 000mm、915mm×2 135mm、1 220mm×1 830mm、1 200mm×2 440mm。厚度为 2.50mm、3.00mm、

图 13-7 硬质纤维板

4.00mm、5.00mm。硬质纤维板按其物理力学性能和外观质量分为特级、一级、二级、三级四个等级。

半硬质纤维板表观密度为 $400\sim800$ kg/m³，长度为 1830mm、2135mm、2440mm，宽度为 1220mm，厚度为 10、12、15(16)、18(19)、21、24(25)mm 等。半硬质纤维板按外观质量分为特级、一级、二级三个等级。半硬质纤维板常制成带有一定图形的盲孔板，表面施以白色涂料，这种板兼具吸声和装饰作用，多用作会议室、报告厅等室内顶棚材料。

软质纤维板表观密度小于 $400kg/m^3$，结构松软，强度较低，但吸声和保温性能好，适合用作保温隔热材料，主要用于吊顶等。

3. 细木工板

细木工板也称复合木板，属于特种胶合板的一种，如图 13-8 所示。它由三层木板粘压而成。上、下两个面层为旋切木质单板，芯板是用短小木板条拼接而成。细木工板按表面加工状态可分为：一面砂光细木工板、两面砂光细木工板、不砂光细木工板；按结构可分为：芯板条不胶拼的和芯板条胶拼的细木工板两种；按使用的胶合剂的不同分为：Ⅰ类胶细木工板和Ⅱ类胶细木工板两种；按面板的材质和加工工艺质量不同分为一、二、三等三个等级。

图 13-8 细木工板

细木工板具有质坚、吸声、隔热、表面平整、幅面宽大、可代替实木板等特点，使用非常方便，适用于家具、车厢、船舶和建筑物内装修等。

4. 刨花板

刨花板是利用施加胶料和辅料或未施加胶料和辅料的木材或非木材植物制成的刨花材料（如木材刨花、亚麻屑、甘蔗渣等）压制成的板材，如图 13-9 所示。装饰工程中常使用的 A 类刨花板，其幅面尺寸为 1 830mm×915mm，2 000mm×1 000mm，2 440mm×1 220mm，1 220mm×1 220mm，厚度为 4、8、10、12、14、16、19、22、25、30mm 等。A 类刨花板按外观质量和

图 13-9 刨花板

物理力学性能分为优等品、一等品、二等品。刨花板属于低档次的装饰材料，且强度较低，一般主要用作绝热、吸声材料，用于地板的基层(实铺)、吊顶、隔墙、家具等。

5. 木丝板、木屑板

木丝板、木屑板是用短小废料刨制的木丝、木屑等为原料，经干燥后拌入胶料，再经热压成型而制成的人造板材。所用胶结料可为合成树脂胶、也可用水泥、菱苦土等无机胶结料。

这类板材表观密度小，强度较低，主要用作绝热和吸声材料。有的表层做了饰面处理，如粘贴塑料贴面后，可用作吊顶、隔墙或家具等材料。

6. 蜂巢板

蜂巢板是用两片较薄的面板和一层较厚的蜂巢状芯材，牢固黏结在一起制成的，如图 13-10 所示。面板除使用胶合板、纤维板外，还可使用石膏板、牛皮纸、玻璃布等。芯材通常是用合成树脂浸渍过的牛皮纸、玻璃布或铝片，经加工粘合成六角形空腔或波形、网格形等空腔，形成整体的空心芯板，芯板的厚度通常在 15～45mm 范围内，空腔间距在 10mm 左右。蜂巢板的特点是比强度大、受力均匀、导热性低、质轻高强，是极佳的装修材料。

图 13-10　蜂巢板

7. 烤漆板

烤漆板是木工材料的一种，如图 13-11 所示。它是以密度板为基材，表面经过六至九次打磨、上底漆、烘干、抛光(三底、二面、一光)高温烤制而成，分亮光、亚光及金属烤漆三种。目前主要用于橱柜、房门等。

烤漆板颜色鲜艳，容易清洁与打理、防紫外线性能好，对增大空间有一定补光作用。但生产周期太长，工艺水平要求高，废品率高，所以价格居高，怕磕碰和划痕，一旦出现损坏就很难修补，要整体更换；油烟较多的厨房中还易出现色差。

图 13-11　烤漆板

13.2.3　木质地板

1. 实木地板

实木地板是木材经烘干，加工后形成的地面装饰材料。它具有花纹自然，脚感舒适，使用安全的特点，是卧室、客厅、书房等地面装修的理想材料。如图 13-12 所示。实木的装饰风格返璞归真，质感自然，在森林覆盖率下降，大力提倡环保的今天，实木地板则更显珍贵。实木地板按质

图 13-12　棕色实木地板

量分为优等品、一等品、合格品三个等级。

实木地板按表面加工的深度分为两类。一类是淋漆板，即地板的表面已经涂刷了地板漆，可以直接安装后使用；另一种是素板，即木地板表面没有进行淋漆处理，在铺装后必须经过涂刷地板漆后才能使用。由于素板在安装后，经打磨、刷地板漆处理，表面平整，漆膜是一个整体，因此，无论是装修效果还是质量都优于漆板，只是安装比较费时。

实木地板具有隔热、隔音、调节室内湿度、冬暖夏凉、经久耐用、绿色无害等优点，因此是卧室、客厅、书房等地面装修的理想材料。但实木地板对铺装的要求较高，一旦铺装得不好，会造成一系列问题，诸如有声响等。如果室内环境过于潮湿或干燥时，实木地板容易起拱、翘曲或变形。铺装好之后还要经常打蜡、上油，否则地板表面的光泽很快就消失。

2. 实木复合地板

图 13-13　实木复合地板

实木复合地板是由不同树种的板材交错层压而成，克服了实木地板单向同性的缺点，干缩湿胀率小，具有较好的尺寸稳定性，并保留了实木地板的自然木纹和舒适的脚感。实木复合地板兼具强化地板的稳定性与实木地板的美观性，而且具有环保优势，如图 13-13 所示。

实木复合地板分为多层实木复合地板和三层实木复合地板。家庭装修中常用的是多层实木复合地板。三层实木复合地板是由三层实木单板交错层压而成，其表层为优质阔叶材规格板条镶拼板，材种多用柞木、山毛榉、桦木和水曲柳等；芯层由普通软杂规格木板条组成，树种多用松木、杨木等；底层为旋切单板，树种多用杨木、桦木和松木。三层结构板材用胶层压而成。多层实木复合地板是以多层胶合板为基材，以硬木薄片镶拼板或单板为面板，层压而成。实木复合地板表层为优质珍贵木材，不但保留了实木地板木纹优美、自然的特性，而且大大节约了优质珍贵木材的资源。表面大多涂五遍以上的优质 UV 涂料，不仅有较理想的硬度、耐磨性、抗刮性，而且阻燃、光滑，便于清洗。芯层大多采用可以轮番砍伐的速生材料，也可用廉价的小径材料，各种硬、软杂材等来源较广的材料，而且不必考虑避免木材的各种缺陷，出材率高，成本则大为降低。其弹性、保温性等也完全不亚于实木地板。正因为它具有实木地板的各种优点，摒弃了强化复合地板的不足，又节约了大量自然资源，所以有人预测，今后高档地板的发展趋势必然是实木复合地板。

3. 拼花木地板

拼花木地板多选用水曲柳、柞木、核桃木、榆木、柚木等质地优良、不易腐朽开裂的硬木材，经干燥处理并加工成条状小板条用于室内地面装饰材料。拼花小木条的尺寸一般为长 250～300mm，宽 40～60mm，板厚 20～25mm，木条一般均带有企口。拼花木地板可拼成各种图案花纹，常见的有砖墙花样形、斜席纹形、正席纹形、正人字形、单人字形和双人字形等，其中席纹图案最常见，所以又称席纹地板。

图 13-14　拼花木地板

拼花木地板如图 13-14 所示，它的铺设从房间中央开始，先画出图案式样，弹上墨线，铺好第一块地板，然后向四周铺开，第一块地板铺设的好坏，是保证整个房间地板铺设是否对称的关键。地板铺设前，要对地板条进行挑选，宜将纹理和木色相近的集中使用，把质量好的地板条铺设在房间的显眼处或经常出入的部位，稍差的铺设于墙根和门背后等隐蔽处。拼花木地板均采用清漆罩面，以显露出木材漂亮的天然纹理。

拼花木材地板坚硬而富有弹性，耐磨而又耐腐朽，不易变形且光泽好，纹理美观质感好，具有温暖清雅的装饰效果。适用于高级别墅、写字楼、宾馆、会议室、展览厅、体育馆地面的装饰，更适用于民用住宅的地面装饰。

4. 复合木地板

图 13-15　复合木地板

复合木地板也称作强化木地板（学名：浸渍纸层压木质地板），市场上常见的强化木地板是以高密度纤维板为基材，表面贴装饰浸渍纸和耐磨浸渍纸，背面贴平衡纸，经热压、开榫槽等工序制成的企口地板。安装时不用黏结剂，不用木垫栅、不用铁钉固定，不用刨平、只需地面平整、将带企口板的复合木地板相互对准，四边用嵌条镶拼压紧即可，搬家时只需拆卸镶拼即可，如图 13-15 所示。

复合木地板是一种复合的结构，表面耐磨程度高，防潮性能好；加之选材都来自于速生林，可以最大程度上保护自然资源，因此是一种比较环保的装饰材料。

思考练习

（1）木材按树种分为哪几类？各有何特点和用途？

（2）木材从宏观构造观察由哪些部分组成？

（3）木材含水率的变化对木材性能有何影响？

（4）木材按加工程度和用途的不同分为哪几类？

（5）常用的人造板材有哪几种？各用于何处？

（6）常用的木质地板有哪几种？各有何特点？

建筑玻璃

　　人类学会制造使用玻璃已有上千年的历史，但是 1000 多年以来，作为建筑玻璃的发展是比较缓慢的。随着现代科学技术和玻璃产业的发展及人民生活水平的提高，建筑玻璃的功能不再仅仅是满足采光要求，而是要具有调节光线、保温、隔热、安全(防弹、防盗、防火、防辐射、防电磁干扰)、艺术装饰等特性。随着需求的不断发展，玻璃的成型和加工工艺、方法也有了新的发展。现在，已开发出了夹层、钢化、离子交换、釉面装饰、化学热分解及阴极溅射等新技术玻璃，使玻璃在建筑中的用量迅速增加，成为继水泥和钢材之后的第三大建筑材料。多功能的玻璃制品为现代建筑设计和装饰设计提供了更大的选择余地。

　　玻璃作为一种典型的非晶态结构材料。具有一系列优异的性能：①玻璃具有极高的透光性，是理想的透明材料。并且随添加物的不同，可以具有各种不同的颜色；②玻璃质地坚硬、致密。具有较高的机械强度和气密性；③玻璃具有极高的化学稳定性。其耐腐蚀性较金属材料要高得多；④玻璃具有很好的成型性能和加工性能。可以很容易地制作各种特殊形状的玻璃器件；⑤一般情况下，玻璃具有电绝缘性。同时也具有较好的热稳定性和隔热性能；⑥通过改变玻璃成分和玻璃制作工艺，可以得到具有不同特殊性能的玻璃；⑦玻璃的制备原料来源广泛，价格低廉。

14.1　玻璃基本知识

14.1.1　玻璃的原料及生产

　　玻璃是以石英砂(SiO_2)、纯碱(Na_2CO_3)、长石($R_2O \cdot Al_2O_3 \cdot 6SiO_2$，式中 R_2O 指 Na_2O 或 K_2O)和石灰石($CaCO_3$)等为主要原料，在 1500～1650℃高温下熔融、成型后冷却固化而成的非晶体的均质材料。为了改善玻璃的某些性能和满足特种技术要求，常在玻璃生产中加入某些辅助原料如助熔剂、脱色剂、着色剂，或经特殊工艺处理，得到具有特殊性能的玻璃。

14.1.2　玻璃的组成

玻璃的组成甚为复杂，其主要成分为 SiO_2（含量为 72％左右）、Na_2O（含量为 15％左右）、CaO（含量为 9％左右），此外还有少量的 Al_2O_3、MgO 及其他化学成分，它们对玻璃的性质起着十分重要的作用，改变玻璃的化学成分、相对含量和制备工艺，可获得不同性能的玻璃制品。

14.1.3　玻璃的分类

玻璃的品种很多，按其在建筑上的功能可分为以下几种。

1. 平板玻璃

平板玻璃是建筑工程中应用量比较大的建筑材料之一，它主要指普通平板玻璃，用于建筑物的门窗，起采光作用。

2. 建筑装饰玻璃

建筑装饰玻璃包括深加工平板玻璃，如压花玻璃、彩釉玻璃、镀膜玻璃、磨砂玻璃、激光玻璃等和熔铸制品，如玻璃马赛克、玻璃砖、微晶玻璃和槽型玻璃等。

3. 安全玻璃

安全玻璃是指与普通玻璃相比，具有力学强度高、抗冲击性能好的玻璃，可有效保障人身安全，即使损坏了其破碎的玻璃碎片也不易伤害人体。主要品种有钢化玻璃、夹层玻璃、夹丝玻璃等。

4. 节能型玻璃

为满足对建筑玻璃节能的要求，玻璃业界研究开发了多种建筑节能玻璃。分涂层型节能玻璃，如热反射玻璃、低辐射玻璃；结构型节能玻璃，如中空玻璃、真空玻璃和多层玻璃；吸热玻璃等。

5. 其他功能玻璃

其他功能玻璃主要有隔声玻璃、增透玻璃、屏蔽玻璃、电加热玻璃、液晶玻璃等。

6. 玻璃质绝热、隔音材料

玻璃质绝热、隔音材料主要有泡沫玻璃、玻璃棉毡、玻璃纤维等。

14.1.4　玻璃的性质

1. 玻璃的密度

玻璃内部几乎无孔隙，属于致密材料。其密度与化学成分有关，含有重金属氧化物时密度较大，普通玻璃密度为 $2.45\sim2.55g/cm^3$。另外玻璃的密度随温度的升高而降低。

2. 玻璃的光学性质

光线入射玻璃时，表现有透射、反射和吸收的性质。

透射是指光线能透过玻璃的性质，以透光率表示。透光率是透过玻璃的光能与入射光能的比值。透光率是玻璃的重要性能，清洁的玻璃透光率达 $85\%\sim90\%$。其值随玻璃厚度增加而减小，因此厚玻璃和重叠多层的玻璃不易透光，另外玻璃的颜色及其少量杂质也会影响透光，彩色玻璃的透光率有时低至 19%，紫外线透不过大多数玻璃。

反射是指光线被玻璃阻挡，按一定角度反射出来，以反射率表示。反射率是反射光能与入射光能的比值，这是评价热反射玻璃的一项重要指标。

吸收是指光线通过玻璃后，一部分光能被损失在玻璃中，以吸收率表示。吸收率是玻璃吸收光能与入射光能的比值。

玻璃反射、吸收和透过光线的能力与玻璃表面状态、折射率、入射光线的角度以及玻璃表面是否有膜层和膜层的成分、厚度有关。3mm 厚的普通窗玻璃在太阳光直射下，反射系数为 7%，吸收系数为 8%，透过系数为 85%。

3. 玻璃的热工性质

玻璃的热工性质主要指比热容、导热系数和热膨胀系数。

玻璃的比热容随温度而变化，在 $15\sim100℃$ 范围内，一般在 $0.33\sim1.05J/(g\cdot K)$ 之间，在低于玻璃软化温度和高于流动温度的范围内，玻璃比热容几乎不变，但在软化温度与流动温度之间，其值随温度的升高而增加。玻璃比热与玻璃的化学组成有关，如含 PbO 高时，其值降低。

玻璃的导热性很小，在常温中，导热系数仅为铜的 $1/400$，但随温度的升高导热系数增大。此外，玻璃的导热系数还受玻璃的化学组成、颜色及密度的影响。

玻璃在受热或冷却时，内部会产生温度应力，温度应力可以使玻璃破碎。玻璃经受剧烈的温度变化而不破坏的性能称为玻璃的热稳定性。热膨胀系数反映玻璃的热稳定性。玻璃的热膨胀系数越小，其热稳定性就越好，所能承受的温度差越大。玻璃的表面上出现擦痕或裂纹以及各种缺陷都能使热稳定性变差。

4. 玻璃的化学性质

玻璃具有较高的化学稳定性，在一般情况下，对多数酸（但氢氟酸除外）、碱、盐及化学试剂与气体等都具有较强的抵抗能力，但长期受到侵蚀性介质的腐蚀，化学稳定性变差，也能导致变质和破坏。

5. 玻璃的力学性质

玻璃的力学性质决定其化学组成、制品形状、表面性质和加工方法等。二氧化碳含量较高的玻璃具有较高的抗压强度，而 CaO、Na_2O 则是降低抗压强度的因素。凡含有未熔夹杂物、结石、节瘤或具有微细裂纹的制品，都会造成应力集中，从而降低玻璃的机械强度。

玻璃的抗拉强度较低，通常为抗压强度的 1/5～1/4，约为 40～120MPa；玻璃的硬度随其化学成分和加工方法的不同而不同，一般莫氏硬度在 4～7 之间。

14.2　平板玻璃

14.2.1　平板玻璃

1. 生产

玻璃的生产主要由选料、混合、熔融、成型、退火等工序组成，因制造方法的不同分为引拉法和浮法。引拉法是我国生产玻璃的传统方法，它是利用引拉机械从玻璃溶液表面垂直向上或水平引拉玻璃带，经冷却变硬而成玻璃平板的方法。引拉法根据引拉方向的不同分为垂直引上法和水平引拉法两种方法。

浮法是目前厂家较多采用的一种制作方法。将玻璃的各种组成原料在熔窑里熔融后，使处于熔融状态的玻璃液从熔窑内连续流入并漂浮在相对密度较大的干净锡液表面上，玻璃液在自重及表面张力的作用下在锡液表面上铺开、摊平，再由玻璃上表面受到火磨区的抛光，从而使玻璃的两个表面均很平整。最后进入退火炉冷却后，引到工作台进行切割处理。浮法生产玻璃的最大特点是玻璃表面平整光滑、厚薄均匀、不变形。

2. 规格及主要技术要求

根据国家标准《普通平板玻璃》（GB4871－1995）的规定，引拉法玻璃按厚度分为 2、3、4、5mm 四类。玻璃板应为矩形，尺寸一般不小于 600mm×400mm。弯曲度不得超过0.3％。边部凸出残缺部分不得超过 3mm，一片玻璃只许有一个缺角，沿原角等分线测量不得超过 5mm。可见光总透过率：2mm，不低于 88％；3mm 不低于 87％；4mm 不低于86％；5mm，不低于 84％。

根据国家标准《浮法玻璃》（GB11614－1999）的规定，浮法玻璃按厚度分为 2、3、4、5、6、8、10、12、15、19mm 共 10 类；按用途分为制镜级、汽车级、建筑级。在供应时为矩形，对角线差应不大于对角线平均长度的 0.2％，弯曲度不应超过 0.2％。除透明玻璃外，还有着色浮法玻璃。

按照标准规定，平板玻璃根据其外观质量进行分等定级，普通平板玻璃和浮法玻璃均分为优等品、一等品、合格品三个等级。

3. 玻璃的外观缺陷

在玻璃的外观质量评定时，涉及不同的外观缺陷，以下对常见缺陷进行介绍。

（1）波筋

波筋又称水线，是一种光学畸变现象。其形成原因有两个方面：一是玻璃厚度不匀或表面不平整；二是由于玻璃局部范围内化学成分及物质密度等存在差异。判断平板玻璃波筋是否严重的简单方法，是根据观察者视线与玻璃平面的角度大小而定。

（2）气泡

玻璃液中如果含有气体，在成型后就可能形成气泡。气泡影响玻璃的透光度，降低玻璃的机械强度，影响人们的视线穿透，使物像变形。

（3）线道

线道是玻璃原板上出现的很细很亮连续不断的条纹，它破坏了玻璃的整体美感。

（4）疙瘩与砂粒

平板玻璃中异状突出的颗粒物，大的称为疙瘩或结石，小的称为砂粒。

4. 平板玻璃的计量包装方法

普通平板玻璃以标准箱和重量箱计量，厚度 2mm 的平板玻璃，每 $10m^2$ 为一标准箱，一标准箱的重量为一重量箱（50kg）；对于其他厚度规格的平板玻璃，均需进行标准箱换算。表 14-1 列出了标准箱和重量箱的换算关系。

表 14-1　平板玻璃标准箱和重量箱的换算关系

厚度/mm	折合标准箱		折合重量箱	
	每 $10m^2$ 折合标准箱	每一标准箱折合/m^2	每 $10m^2$ 折合重量/kg	折合重量箱
2	1.00	10.00	50.0	1.00
3	1.65	6.06	75.0	1.50
4	2.5	4.00	100.0	2.00
5	3.5	2.86	125.0	2.50
6	4.5	2.22	150.0	3.00
8	6.5	1.54	200.0	4.00
10	8.5	1.17	250.0	5.00
12	10.5	0.95	300.0	6.00

5. 平板玻璃的储运

普通平板玻璃属易碎品，玻璃成品一般为木箱包装。玻璃在运输或搬运时，应注意箱盖向上并垂直立放，不得平放或斜放，同时还应注意防潮。遇到两块玻璃之间有水汽而难以分开时，可在两块玻璃之间注入温热的肥皂水，这样可将玻璃很容易地分开。

6. 平板玻璃的应用

普通平板玻璃和浮法玻璃在建筑工程中主要用作建筑物的门窗玻璃。

14.2.2　装饰平板玻璃

1. 彩色平板玻璃

彩色平板玻璃有透明、半透明和不透明三种。透明的彩色玻璃是在玻璃原料中加入一定量的金属氧化物(如氧化铜、氧化钛、氧化钴、氧化铁和氧化锰等)而使玻璃具有各种色彩。根据加入的金属氧化物量的多少，玻璃表面的颜色深浅也会发生变化。彩色平板玻璃颜色有茶色，海洋蓝色、宝石蓝色、翡翠绿等，表 14-2 是彩色玻璃常用氧化物着色剂。

表 14-2　彩色玻璃常用氧化物着色剂

色彩	黑色	深蓝色	浅蓝色	绿色	红色	乳白色	玫瑰色	黄色
氧化物	过量的锰、铬或铁	钴	铜	铬或铁	硒或镉	氟化钙或氟化钠	二氧化锰	硫化镉

半透明彩色玻璃可通过在透明彩色玻璃的表面进行喷砂处理后制成，这种玻璃具有透光不透视的性能，且装饰性也很好。

不透明彩色玻璃又称彩釉玻璃，它是用 4～6mm 厚的平板玻璃按照要求的尺寸切割成型，然后经过清洗、喷釉、烘烤、退火而成。

彩色玻璃可以拼成各种图案，并有耐腐蚀、抗冲刷、易清洗特点，主要用于建筑物的内外墙、门窗装饰及对光线有特殊要求的部位。

2. 釉面玻璃

釉面玻璃是指在玻璃表面涂敷一层彩色易熔性色釉，在熔炉中加热至釉料熔融，使釉层与玻璃牢固结合，再经退火或钢化等不同热处理而制成具有美丽色彩或图案的玻璃。它可采用普通平板玻璃、磨光玻璃为基材。釉面玻璃具有良好的化学稳定性和装饰性，广泛用于室内饰面层、一般建筑物门厅和楼梯间的饰面层及建筑物外饰面层。

3. 压花玻璃

压花玻璃又称花纹玻璃或滚花玻璃，是采用压延方法制造的一种平板玻璃，制造工艺分为单辊法和双辊法。单辊法是将玻璃液浇注到压延成型台上，台面可以用铸铁或铸钢制成，台面或轧辊刻有花纹，轧辊在玻璃液面碾压，制成的压花玻璃再送入退火窑。双辊法生产压花玻璃又分为半连续压延和连续压延两种工艺，玻璃液通过一对刻有花纹的轧辊，随辊子转动向前拉引至退火窑，一般下辊表面有凹凸花纹，上辊是抛光辊，从而制成单面有图案的压花玻璃。

压花玻璃有普通压花玻璃、真空镀膜压花玻璃和彩色膜压花玻璃。

由于一般压花玻璃的一个或两个表面压有深浅不同的各种花纹图案，其表面凹凸不平，当光线通过玻璃时产生无规则的折射，因而压花玻璃具有透光不透视的特点，并且呈低透光度，从玻璃的一面看另一面的物体时，物像模糊不清。压花玻璃由于表面具有各种花纹，还可以制成一定的色彩，因此具有一定的艺术效果。多用于办公室、会议室、浴室以及公共场所分离室的门窗和隔断等处，使用时应将花纹朝向室内。

4. 磨砂、喷砂玻璃

磨砂、喷砂玻璃又称为毛玻璃，是经研磨、喷砂加工，使表面成为均匀粗糙的平板玻璃。用硅砂、金刚砂或刚玉砂等作研磨材料，加水研磨制成的称为磨砂玻璃；用压缩空气将细砂喷射到玻璃表面而成的，称为喷砂玻璃。

这类玻璃易产生漫射，透光而不透视，作为门窗玻璃可使室内光线柔和，没有刺目之感。一般用于浴室、办公室等需要隐秘和不受干扰的房间；也可用于室内隔断和作为灯箱透光片使用。磨砂玻璃还可用作黑板。

5. 磨花、喷花玻璃

与磨砂玻璃或喷砂玻璃的加工方法相同，是将普通平板玻璃表面用纸覆盖，在纸上将所需要的风景人物、花鸟等花纹图案预先设计并描绘出来，除去需磨砂或喷砂的图案或背景纸，再对它进行磨砂或喷砂加工，加工完毕后，除去覆盖纸，即得到磨花、喷花玻璃。这类玻璃可分为两种：一是图案喷、磨砂，背景清晰；二是背景喷、磨砂，图案清晰。

磨花、喷花玻璃具有部分透光透视、部分透光不透视的特点，由于光线通过磨花玻璃或喷花玻璃后形成一定的漫射，使其具有图案清晰、美观的装饰效果，给人以高雅、美观的感觉。适用于室内门窗、隔断和采光。

6. 冰花玻璃

冰花玻璃是一种具有冰花图案的平板玻璃。是在磨砂玻璃的毛面上均匀涂布一薄层骨胶水溶液，经自然或人工干燥后，胶液因脱水收缩而龟裂，并从玻璃表面剥落而制成。冰花玻璃对通过的光线有漫射作用，犹如蒙上一层纱帘，看不清室内的景物，却有着良好的透光性能，因而具有良好的装饰效果。

冰花玻璃可用无色平板玻璃制造，也可用茶色、蓝色、绿色等彩色玻璃制造。其装饰效果优于压花玻璃，给人以清新之感，是一种新型的室内装饰玻璃。可用于宾馆、住宅等建筑物的门窗、屏风、吊顶板的装饰，还可用作灯具、工艺装饰玻璃等。

7. 镜面玻璃

镜面玻璃即镜子，指玻璃表面通过化学（银镜反应）或物理（真空铝）等方法形成反射率极强的镜面反射玻璃制品。为提高装饰效果，在镀镜之前可对原片玻璃进行彩绘、磨刻、喷砂、化学蚀刻等加工，形成具有各种花纹图案或精美字画的镜面玻璃。

常用的镜面玻璃有明镜、墨镜（也称黑镜）、彩绘镜和雕刻镜等多种。在装饰工程中常利用镜子的反射和折射来增加空间感和距离感或改变光照效果。

8. 激光玻璃

激光玻璃是以玻璃为基材的新一代建筑装饰材料，其特征在于经特种工艺处理，玻璃背面出现全息或其他光栅，在阳光、月光和灯光等光源的照射下，形成物理衍射分光而出现艳丽的七色光，且在同一感光点上会因光线入射角的不同而出现色彩变化，使被装饰物显得特华贵。激光玻璃的颜色有银白、蓝、灰、紫、红等多种。按其结构有单层和夹层之分。它适用于酒店、宾馆、各种商业、文化、娱乐设施的装饰。

9. 玻璃锦砖

玻璃锦砖又称玻璃马赛克，它含有未熔融的微小晶体（主要是石英）的乳浊状半透明玻璃质材料，是一种小规格的饰面玻璃制品。熔融玻璃锦砖是以硅酸盐等为主要原料，在高温下熔化成型并呈乳浊或半乳浊状，内含少量气泡和未熔颗粒的玻璃锦砖；烧结玻璃锦砖是以玻璃粉为主原料，加入适量黏结剂等压制成一定规格尺寸的生坯，在一定温度下烧结而成的马赛克；金属玻璃锦砖内含少量气泡和一定量的金属结晶颗粒，具有明显遇光闪烁的特点。

玻璃锦砖一般色彩鲜艳抢眼、绚丽典雅，能立刻抓住观赏者的视觉焦点。普遍的用法是铺装卫浴房间的墙地面。而其最大的优势就是足够精致小巧（一般规格为 20mm×20mm、25mm×25mm、30mm×30mm），图案多变，有无限多种组合方式，能让设计师以一种自由轻松的姿态随心所欲地搭配。如在石材或瓷砖台面的表面，镶嵌几块，有规律或零星散布，起到点睛的作用；居室地面用玻璃锦砖在沙发区拼成方形或圆形，看似地毯，又比其坚固耐磨；用一条锦砖曲线贯穿几个房间，让室内有流动的感觉；门框线脚取代传统的木质门框或石膏线脚，用玻璃马赛克拼接成线型装饰；墙面拼画把它看作颜料，在墙上拼出自己喜爱的画面，不必担心脱落，它与涂料可以完美地结合。

14.3　安全玻璃

14.3.1　钢化玻璃

钢化玻璃是经热处理工艺之后的玻璃。其特点是在玻璃表面形成压应力层，机械强度和耐热冲击强度得到提高，并具有特殊的碎片状态。

钢化玻璃强度高，其抗压强度可达 125MPa 以上，比普通玻璃大 4～5 倍；抗冲击强度是普通玻璃的 5～10 倍，用钢球法测定时，1.040kg 的钢球从 1m 高度落下，玻璃可保持完好。高强度即意味着高安全性，在受到外力撞击时，破碎的可能性降低了；钢化玻璃的另一个重要优点是当玻璃破碎时，由于受到内部张应力的作用，应力瞬时释放使整块玻璃完全破碎成细小的颗粒，这些颗粒质量轻，不含尖锐的棱角，极大地减少了玻璃碎片对人体产生伤害的可能性。

钢化玻璃的弹性比普通玻璃大得多，一块 1200mm×350mm×6mm 的钢化玻璃，受力后可发生达 100mm 的弯曲挠度，当外力撤除后，仍能恢复原状，而普通玻璃弯曲变形只能有几毫米。

热稳定性好，在受急冷急热时，不易发生炸裂是钢化玻璃的又一特点。这是因为钢化玻璃的压应力可抵消一部分因急冷急热产生的拉应力之故。钢化玻璃耐热冲击，最大安全工作温度为 288℃，较之普通玻璃也提高了 2～3 倍。

由于钢化玻璃具有较好的机械性能和热稳定性，所以在建筑工程、交通工具及其他领域内得到广泛的应用。平面钢化玻璃常用于建筑物的门窗、隔墙、幕墙、橱窗及家具等，曲面玻璃常用于汽车、火车及飞机等方面。

使用时应注意的是钢化玻璃不能切割、磨削，边角不能碰击挤压，需按现成的尺寸规格或提出具体设计图纸进行加工定制。用于大面积的玻璃幕墙的玻璃在钢化上要予以控制，选择半钢化玻璃，即其应力不能过大，以避免受风荷载引起震动而自爆。

14.3.2　夹丝玻璃

夹丝玻璃是将预先编织好的钢丝压入已加热软化的红热玻璃之中制成。如遇外力破坏，由于钢丝网与玻璃体连成一体，玻璃虽已破损开裂但其碎片仍附着在钢丝网上，不致四处飞溅伤人；当遇到火灾时，由于具有破而不裂、裂而不散的特性，能有效地隔绝火焰，起到防火的作用。

在使用时要尽量避免将其用于两面温差较大、局部受热或冷热交替的部位，由于金属丝与玻璃的热化学性能差别较大，上述环境会导致其产生较大的内应力而破坏。

夹丝玻璃的品种根据所用玻璃基板不同分为夹丝压花玻璃和夹丝磨光玻璃等。夹丝玻璃的常用厚度有 6mm、7mm、8mm，长度和宽度的尺寸有 1 000mm×800mm、1 200mm×900mm、2 000mm×900mm、1 200mm×1 000mm、2 000mm×1 000mm 等。

夹丝玻璃可以作为防火材料用于防火门窗，也可以用于易受到冲击的地方或者玻璃飞溅可能导致危险的地方，如公共建筑的天窗、采光屋顶、顶棚、高层建筑等部位。由于在玻璃中嵌入了金属夹入物，破坏了玻璃的均匀性，因此在使用时应注意以下几点：

1）由于钢丝网与玻璃的热学性能（热膨胀系数、热传导系数）差别较大，应尽量避免将夹丝玻璃用于两面温差较大，局部冷热交替比较频繁的部位。如冬天采暖、室外结冰，夏天日晒雨淋等场合。

2）安装夹丝玻璃的窗框尺寸必须适宜，勿使玻璃受挤压。

3）切割夹丝玻璃时，当玻璃已断，而丝网还互相连接时，需要反复上下弯曲多次才能掰断。此时应特别小心，防止两块玻璃互相在边缘处挤压，造成微小裂口或缺口，引起使用时的破坏。

14.3.3　夹层玻璃

常用的夹层玻璃是玻璃与玻璃用中间层分隔并通过处理使其黏结为一体的玻璃构件。生产夹层玻璃的原片可采用浮法玻璃、普通平板玻璃、压花玻璃、抛光夹丝玻璃、夹丝压花玻璃等。

夹层玻璃中的的胶合层与夹丝玻璃中金属丝网的作用一样，都起着骨架增强的作用。夹层玻璃损坏时，其表面只会产生一些辐射状的裂纹或同心圆状的裂纹，玻璃碎片只粘在胶合层上而不会对人产生伤害，因而夹层玻璃是一种安全性能十分优异的玻璃。

夹层玻璃按形状可分为平面夹层玻璃和曲面夹层玻璃；按性能分为Ⅰ类夹层玻璃、Ⅱ－1类夹层玻璃、Ⅱ－2类夹层玻璃和Ⅲ类夹层玻璃。

夹层玻璃中不允许存在裂纹；长度或宽度爆边不得超过玻璃的厚度；划伤和磨伤不得影响使用；不允许存在脱胶；气泡、中间层杂质及其他可观察到的不透明物等缺陷允许个数应符合相关规定。平面夹层玻璃的弯曲度，弓形时不得超过0.3%，波形时不得超过0.2%。

由于夹层玻璃具有很高的抗冲击强度和使用安全性，一般用于高层建筑门窗、天窗和商店、银行、珠宝的橱窗及陈列柜、观赏性玻璃隔断等；曲面夹层玻璃可用于升降式观光电梯、商场、宾馆的旋转门。

14.3.4　防火玻璃

防火玻璃是一种在规定的耐火试验中能够保持其完整性和隔热性的特种玻璃。

防火玻璃按耐火性能等级分为三类：

A类：同时满足耐火完整性、耐火隔热性要求的防火玻璃。包括复合型防火玻璃和灌注型防火玻璃两种。此类玻璃具有透光、防火（隔烟、隔火、遮挡热辐射）、隔声、抗冲击性能，适用于建筑装饰钢木防火门、窗、上亮、隔断墙、采光顶、挡烟垂壁、透视地板及其他需要既透明又防火的建筑组件中。

B类：船用防火玻璃，包括舷窗防火玻璃和矩形窗防火玻璃，外表面玻璃板是钢化安全玻璃，内表面玻璃板材料类型可任意选择。

C类：只满足耐火完整性要求的单片防火玻璃。此类玻璃具有透光、防火、隔烟、强度高等特点。适用于无隔热要求的防火玻璃隔断墙、防火窗、室外幕墙等。

防火玻璃按结构分为复合型防火玻璃、灌注型防火玻璃与单片防火玻璃。

1.　复合型防火玻璃

由两层或多层玻璃原片附之一层或多层水溶性无机防火胶夹层复合而成。防火原理：火灾发生时，向火面玻璃遇高温后很快炸裂，其防火胶夹层相继发泡膨胀10倍左右，形成坚硬的乳白色泡状防火胶板，有效地阻断火焰，隔绝高温及有害气体。成品可磨边、打孔、改尺切割。

适用于外窗、外幕墙时，设计方案应考虑防火玻璃与PVB夹层玻璃组合使用。适用范围：建筑物房间、走廊、通道的防火门窗及防火分区和重要部位防火隔断墙。

2.　灌注型防火玻璃

由两层玻璃原片（特殊需要也可用三层玻璃原片），四周以特制阻燃胶条密封。中间灌注的防火胶液，经固化后为透明胶冻状与玻璃黏结成一体。防火原理：遇高温以后，玻璃中间透明胶冻状的防火胶层会迅速硬结，形成一张不透明的防火隔热板。在阻止火焰蔓延的同时，也阻止高温向背火面传导。此类防火玻璃不仅具有防火隔热性能，而且隔声效果显著。可加工成弧形。

适用于防火门窗、建筑天井、中庭、共享空间、计算机机房防火分区隔断墙。

3. 单片防火玻璃

单片防火玻璃是一种单层玻璃构造的防火玻璃。在一定的时间内保持耐火完整性、阻断迎火面的明火及有毒、有害气体，但不具备隔温绝热功效。

适用于外幕墙、室外窗、采光顶、挡烟垂壁、防火玻璃无框门，以及无隔热要求的隔断墙。

自国内单片防火玻璃批量生产以来，防火玻璃得到了更加广泛的应用，但使用时有几点必须注意：

1)选用防火玻璃前，要先清楚由防火玻璃组成的防火构件的消防具体要求，是防火、隔热还是隔烟，耐火极限要求等。

2)单片和复合、灌注型防火玻璃不能像普通平板玻璃那样用玻璃刀切割，必须定尺加工，但复合型(干法)防火玻璃可以达到可切割的要求。

3)选用防火玻璃组成防火构件时，除考虑玻璃的防火耐久性能外，其支承结构和各元素也必须满足耐火的需要。

14.4 节能型玻璃

14.4.1 吸热玻璃

吸热玻璃是能吸收大量红外线辐射能、并保持较高可见光透过率的平板玻璃。生产吸热玻璃的方法有两种：一是在普通钠-钙硅酸盐玻璃的原料中加入一定量的有吸热性能的着色剂，如氧化铁、氧化镍、氧化钴等，使玻璃具有较高的吸热性能；另一种是在平板玻璃表面喷镀一层或多层金属或金属氧化物薄膜而制成。

吸热玻璃的颜色和厚度不同，对太阳辐射热的吸收程度也不同。可根据不同地区日照条件选择使用不同颜色的吸热玻璃。如 6mm 蓝色吸热玻璃能挡住 50% 左右的太阳辐射热。利用吸热玻璃这一特点，使得它可明显降低夏季室内的温度，避免了由于使用普通玻璃而带来的暖房效应(由于太阳能过多进入室内而引起的室温上升的现象)。

吸热玻璃还具有吸收可见太阳光和紫外线，并且透明度较高的特点。所以，吸热玻璃作为一种新型的建筑节能装饰材料，建筑工程中凡既需采光又需隔热之处均可使用吸热玻璃。如用作高档建筑的门窗或幕墙玻璃以及交通工具如火车、汽车等的风挡玻璃等，起隔热、防眩作用，可合理地利用太阳光，调节室内及车船内的温度，节省能源。吸热玻璃还可以进一步加工制成磨光、钢化、夹层或中空玻璃。

14.4.2 热反射玻璃

热反射玻璃是镀膜玻璃的一种，它是在普通平板玻璃的表面用一定的工艺将金、银、铝、铜等金属氧化物喷涂上去形成金属薄膜，或用电浮法、等离子交换法向玻璃表面渗入金属离子替换原有的离子而形成薄膜。它不但可以改善玻璃对光和热辐射的透过性能以及与太阳辐射相关的光和辐射的反射性能，还可以用来解决特殊问题，如降低玻璃表面的反射，加热玻璃表面及保护特殊房间不被紫外线照射等。据此镀膜玻璃可分为阳光控制膜、低辐射膜、防紫外线膜、导电膜和镜面膜五类玻璃。

热反射玻璃主要是指上述阳光控制膜玻璃，其主要功能是反射室外的太阳辐射能，有效地隔断室外热能进入室内，使室内保持相对低的温度，从而降低空调能耗，节省开支。

热反射玻璃主要用于避免由于太阳辐射而增热及设置空调的建筑。适用于各种建筑物的门窗、汽车和轮船的玻璃窗、玻璃幕墙以及各种艺术装饰。采用热反射玻璃还可制成中空玻璃或夹层玻璃窗，以提高绝热性能。

14.4.3 中空玻璃

中空玻璃是由两片或多片玻璃以有效支撑均匀隔开并周边黏结密封，使玻璃层间形成干燥气体空间的制品。

中空玻璃的种类按颜色分为无色、绿色、黄色、金色、蓝色、灰色、茶色等；按玻璃层数分为两层、三层和多层等；按玻璃原片的性能分为普通中空、吸热中空、钢化中空、夹层中空、热反射中空等。

中空玻璃具有优良的隔热性能，并能有效地降低噪声，冬季还能避免窗户结霜。在建筑的围护结构中可代替部分围护墙，并以中空玻璃单层窗取代传统的单层玻璃窗，可有效地减轻墙体重量。广泛用于各种建筑如住宅、宾馆、办公楼、学校、医院、商店及各种交通工具如火车、轮船等的隔热、隔声、防结露以及满足对采光的一些特殊要求等方面。

14.4.4 玻璃空心砖

玻璃空心砖是一种带有干燥空气层的空腔、周边密封的玻璃制品。空心砖有单孔和双孔两种；形状分为正方形、矩形及其他各种异型产品。它具有抗压、保温、隔热、不结霜、隔声、防水、耐磨、化学性能稳定、不燃烧和透光不透视的性能。

玻璃空心砖的种类按表面情况分为光面和花纹面两种，它的规格有 115mm × 115mm × 80mm、190mm × 190mm × 80mm、240mm × 240mm × 80mm 等。

玻璃空心砖可用于商场、宾馆、舞厅、展厅及办公楼等处的外墙、内墙、隔断、天棚等处的装饰。玻璃空心砖不能作为承重墙使用，不能切割。

思考练习

(1)试述玻璃的组成、分类和主要技术性质。

(2)平板玻璃按生产方法分为哪几种？目前生产较多的是哪种？

(3)装饰平板玻璃有哪几种？各有何特点？适用于什么场合？

(4)吸热玻璃和热反射玻璃在性能和用途上有何区别？

(5)安全玻璃有哪几种？各有何特点？适用于什么场合？

(6)节能型玻璃有哪几种？各有何特点？适用于什么场合？

实训练习

何谓平板玻璃的标准箱和重量箱？某工程需要5mm厚的平板玻璃50m²，问折合多少标准箱和多少重量箱？

第 15 章　　建筑陶瓷

学习目标

1. 熟悉釉面砖的特点及用途。
2. 熟悉彩色釉面墙地砖和无釉墙地砖的特点及用途。
3. 了解陶瓷锦砖的特点及用途。
4. 了解新型墙地砖的特点及用途。

建筑陶瓷是以黏土为主要原料，经配料、制坯、干燥和焙烧制得的制品。陶瓷的生产和应用在我国有着悠久的历史，可追溯到秦代。被誉为世界第八大奇迹的秦始皇陵兵马俑就出土了不少陶车、陶马、陶俑。我国瓷器的发明大约有三千多年的历史，各个历史时期都有别具特色的名窑和新品种。如被称为中国"瓷都"的江西景德镇生产的青花瓷、粉彩瓷器都被视为珍品。

历史发展到今天，陶瓷除了保留传统的工艺品、日用品功能外，更大量地向建筑领域发展。现代建筑装饰中的陶瓷制品主要包括陶瓷墙地砖、卫生陶瓷、园林陶瓷、琉璃陶瓷制品等，其中以陶瓷墙地砖的用量最大，如图 15-1 所示。由于这类材料具有强度高、美观、耐磨、耐腐蚀、防火、耐久性好、施工方便等优点，而受到国内外生产厂家和用户的重视，成为建筑物外墙、内墙、地面装饰材料的重要组成部分并具有广阔的发展前景。

图 15-1

15.1　陶瓷的基本知识

陶瓷系陶器与瓷器的总称。凡以陶土、河砂等为主要原料经低温烧制而成的制品称为陶器；以磨细的岩石粉等（如瓷土、长石粉、石英粉）为主要原料，经高温烧制而成的制品称为瓷器。根据陶瓷制品的结构特点，可分为陶质、瓷质和炻质三大类。

15.1.1　陶质制品

陶质制品烧结程度低，为多孔结构，断面粗糙无光，敲击时声音喑哑，通常吸水率大、强度低。根据原料杂质含量的不同，可分为粗陶和精陶两种。粗陶一般以含杂质较多的砂黏土为主要坯料，表面不施釉。建筑上常用的黏土砖、瓦、陶管等均属此类；精陶是以可塑性黏土、高岭土、长石、石英为原料，一般经素烧和釉烧两次烧成，坯体呈白色或象牙色，吸水率 9%～12%，最高达 17%，建筑上所用的釉面内墙砖和卫生陶瓷等均属此类。

15.1.2 瓷质制品

瓷质制品烧结程度高，结构致密，呈半透明状，敲击时声音清脆，几乎不吸水，色洁白，耐酸、耐碱、耐热性能均好。其表面通常施有釉层，瓷质制品按其原料化学成分与制作工艺不同，又分为粗瓷和细瓷两种。日用餐具、茶具、艺术陈设瓷及电瓷等多为瓷质制品。

15.1.3 炻质制品

介于陶质和瓷质之间的一类制品就是炻器，也称半瓷。其结构致密略低于瓷质，一般吸水率较小，其坯体多数带有颜色且无半透明性。炻器按其坯体的密实程度不同，分为细炻器和粗炻器两种。细炻器较致密，吸水率一般小于2%，多为日用器皿、陈设用品；粗炻器的吸水率较高，通常在4%～8%，建筑饰面用的外墙砖、地砖和陶瓷锦砖均属此类。

15.2　建筑装饰陶瓷制品

15.2.1 釉面砖

釉面砖又称瓷砖、瓷片，是以陶土为主要原料，加入一定量非可塑性掺料和助熔剂，共同研磨成浆体，脱水干燥并进行半干法压型、素烧后施釉入窑烧制而成；或生料坯施釉一次烧成，主要用于建筑物内墙保护和装饰，故又称内墙面砖。内墙面砖属于精陶制品。

釉面砖按正面形状可分为正方形、长方形和异型配件砖，选择不同的侧面可组成各种边缘形状的釉面砖，如平边砖、平边两面圆砖、圆边砖等。异型配件砖是配合建筑物内部阴、阳角等处的贴面及台度贴面等的要求而配制的，如阳角、阴角、压顶条、腰线砖等。

釉面内墙砖的主要规格尺寸分为模数化和非模数化两类。模数化规格尺寸是考虑了灰缝间隔后的装配尺寸符合模数化，便于与建筑模数相匹配，因此产品实际尺寸小于装配尺寸；而非模数化规格尺寸是砖的实际尺寸，两者是一致的。

釉面砖按其外观质量分为优等品、一级品和合格品三个等级。其技术性能应符合《陶瓷砖》（GB/T4100－2006）的有关规定。

釉面砖表面光滑，色泽柔和典雅，具有极好的装饰效果，此外，还具有防潮、耐酸碱、绝缘、易于清洗等特点。主要用作厨房、浴室、卫生间，实验室、医院等室内的墙面、台面等部位的装饰材料。

釉面砖属多孔的精陶坯体，其吸水率较大。在长期与空气中水分接触过程中，会吸收大量水分而产生吸湿膨胀现象。而釉层结构致密，吸湿膨胀非常小，当坯体因湿胀导致釉层产生拉应力超过釉层的抗拉强度时，釉层会发生开裂。如果用于室外。经长期冻融，更易出现剥落掉皮现象。因此釉面砖只能用于室内而不能用于室外装饰。

釉面砖应在干燥的室内贮存，并按品种、规格、级别分别整齐堆放。在铺贴前，需放入清水中浸泡，浸泡到不冒泡为止，且不少于 2h，然后取出晾干至表面阴干无明水，才可进行铺贴施工。没有经过浸泡的釉面砖吸水率较大，铺贴后会迅速吸收砂浆中的水影响黏结质量；而没阴干的釉面转，由于表面有一层水膜，铺贴时会产生面砖浮滑现象，不仅操作不便，且因水分散发会引起釉面砖与基体分离自坠，造成空鼓或脱落现象。阴干的时间视气温和环境温度而定，一般为半天左右，即以釉面砖表面有潮湿感，但手按无水迹为准。

15.2.2　陶瓷墙地砖

墙地砖为建筑物的外墙贴面用砖和室内外地面铺贴用砖的统称，它们均属于炻器材料，虽然它们在外观形状、尺寸及使用部位上都不尽相同，但由于它们在技术性能上的相似性，使得目前这类砖的发展趋势向墙、地两用，故名墙地砖。

墙地砖是以优质陶土为原料，加上其他材料后配制成生料，经半干法压型后于 1100℃左右焙烧而成。墙地砖的生产工艺与釉面内墙砖相似，但它增加了坯体的厚度和强度，降低了吸水率。墙地砖生产时，其背面均制有各种凹槽条纹，用以增强面砖与基层的结合力。

墙地砖按其表面是否施釉可分为彩色釉面陶瓷墙地砖和无釉陶瓷墙地砖两种。

1. 彩色釉面陶瓷墙地砖

简称彩釉砖，是采用陶瓷质为基材，表面施釉的陶瓷砖。因有各种不同的颜色而称为彩色釉面陶瓷墙地砖。

彩釉砖的平面形状分正方形和长方形两种，其中长宽比大于 3 的通常称为条砖。厚度一般为 8～12mm。非定型和异型产品的规格由供需双方商定。

彩釉砖按产品表面质量和变形允许偏差分为优等品、一级品和合格品三个等级，其技术性能应符合《陶瓷砖》(GB/T4100—2006)的有关规定。

彩釉砖质地致密，强度高，吸水率小，易清洁，耐腐蚀，热稳定性、耐磨性及抗冻性均较好且装饰效果好。常用于外墙装饰及餐厅、商场、实验室、卫生间等室内场所地面的装饰铺贴。一般铺地用砖较厚，而外墙饰面用砖较薄。

2. 无釉陶瓷墙地砖

无釉陶瓷地砖简称无釉砖，是专用于铺地的耐磨炻质无釉面砖。无釉陶瓷地砖在早期只有红色的一种，俗称缸砖，形状有正方形和六角形两种。发展到现在品种多种多样，基本分成无光和抛光两种。

无釉砖按其表面质量和变形偏差分为优等品、一级品和合格品三个等级，其技术性能应符合《无釉陶瓷地砖》(JC501—93)的有关规定。

无釉陶瓷地砖强度较高，防滑性能好，吸水率较低，适合于厂房地面、地下通道、厨房、卫生间等多水场所的地面装饰，有利于提高使用的安全性。

3. 新型墙地砖

近年来随着建筑装饰业的不断发展，新型墙地砖装饰材料品种层出不穷，如劈离砖、彩胎砖、渗花砖、金属陶瓷面砖、玻化砖等。

（1）劈离砖

劈离砖又称"劈裂砖"，是以软质黏土、页岩、耐火黏土为主要原料，再加入色料等，经称量配比、混合细碎、脱水练泥、真空挤压成型、干燥、高温烧结而成。由于成型时为双砖背联坯体，烧成后再劈离成两块砖，故名劈离砖。

劈离砖最先在德国兴起并得到发展，由于其制造工艺简单、能耗低、效率高、使用效果好，不久在欧洲各国引起重视，继而世界各地竞相仿效。我国于 20 世纪 80 年代初首先在北京和厦门等地引进了劈离砖的生产线。其主要规格有 240mm×52mm×11mm、240mm×115mm×11mm、194mm×94mm×11mm、190mm×190mm×13mm、240mm×115mm×13mm、240mm×52mm×13mm、194mm×94mm×13mm 以及 194mm×52mm×13mm 等。

它与彩釉砖、釉面砖等墙地砖有明显的区别。首先其配料，不是由单一种类的黏土，而是由黏土、页岩、耐火黏土组成；其次劈离砖有较深的带倒勾的砂浆槽（又称燕尾槽），铺贴牢靠，特别在高层建筑上具有更大的安全感，劈离砖和砂浆的楔形结合如图 15-2 所示。劈离砖坯密实、抗压强度高、吸水率小、表面硬度大、耐磨防滑、性能稳定，表面施釉者光泽晶莹、富丽堂皇；无釉者靠泥料原胎发色，具有质朴、清新和柔和的情调。广泛应用于各类建筑物的外墙装饰，也可用作车站、机场、餐厅、楼堂馆所等室内地面的铺贴材料。

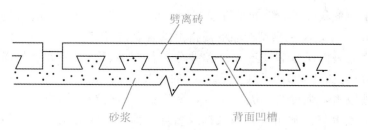

图 15-2 劈离砖和砂浆的楔形结合

（2）彩胎砖

彩胎砖是一种本色无釉瓷质饰面砖，它采用彩色颗粒土原料混合配料，压制成多彩坯后，经一次烧制呈多彩细花纹的表面，富有花岗岩的纹点，细腻柔和，质地同花岗岩一样坚硬，色彩多为浅色的红、绿、黄、蓝、灰、棕等色。

彩胎砖的表面处理有麻面无光与磨光、抛光之分。主要规格有 200mm、300mm、400mm、500mm、600mm 等正方形和部分长方形砖，最小尺寸 95mm×95mm，最大尺寸

600mm×900mm，厚度为 8～10mm。

1)麻面砖。麻面砖是压制成表面凸凹不平的麻面坯体制成的彩胎砖。它表面粗犷，纹理自然、砖的表面酷似人工修凿过的天然岩石面。麻面砖吸水率小于 1‰，抗折强度大于 20MPa，防滑耐磨。薄型砖适用于建筑物外墙装饰，厚型砖适用于广场、停车场、码头、人行道等地面铺设，又被称为广场砖，其形状有多种，如三角形、梯形、带圆弧形等．可拼贴成各种色彩与形状的地面图案，以增加地坪的艺术感。

2)同质砖。同质砖为磨光的彩胎砖，其表面晶莹润泽，高雅朴素，耐久性强，在室外使用时不易风化、不褪色。表面经抛光或高温瓷化处理的彩胎砖又称抛光砖或玻化砖，它光泽如镜，亮美华丽。除用于建筑外立面仿花岗岩的装饰效果，也常被用于宾馆、商场、办公楼等各类高档场所的室内墙面和地面的装修。

（3）渗花砖

渗花砖不同于在坯体表面施釉的墙地砖，它是采用焙烧时可渗入到坯体表面下 1～3mm 的着色颜料，使砖面呈现各种色彩或图案，然后经磨光或抛光表面而成。渗花砖属于烧结程度较高的瓷质制品，因而其强度高、吸水率低。特别是渗入到坯体的色彩图案具有良好的耐磨性，用于铺地经长期磨损不脱落、褪色。

渗花砖常用的规格有 300mm×300mm、400mm×400mm、450mm×450mm、500mm×500mm 等，厚度为 7～8mm。渗花砖适用于商业建筑、写字楼、娱乐场所等室内外地面及墙面的铺贴。

（4）金属陶瓷面砖

金属陶瓷面砖是在烧制好的陶瓷面砖的坯体上，用一定的工艺将超薄金属材料（如铜板、不锈钢板等）覆贴在陶瓷坯体的表面上制成。

金属陶瓷面砖具有质量轻、强度高、结构致密、抗冻、耐腐蚀、施工操作简便等特点。它的品种有镜面型和哑光型两类。镜面型砖平整光滑，在大面积铺贴时，外界和室内动静景物能反映在砖面上，具有开阔空间的作用；哑光型砖可制作成各种图案，能从不同的视角感受到色彩变化、光线闪烁的非凡气派。可用于建筑物内外墙面、地面、顶棚及大型建筑物立柱的装饰。

（5）玻化砖

玻化砖是瓷质抛光砖的俗称，瓷砖的一种。玻化砖吸水率不大于 0.5％，属于全瓷砖。玻化砖是由石英砂、泥按照一定比例烧制而成，然后经打磨光亮但不需要抛光，表面如玻璃镜面一样光滑透亮，是所有瓷砖中最硬的一种，其在吸水率、边直度、弯曲强度、耐酸碱性等方面都优于普通釉面砖、抛光砖及一般的大理石。

玻化砖色彩艳丽柔和，没有明显色差；高温烧结、完全瓷化生成了莫来石等多种晶体，理化性能稳定，耐腐蚀、抗污性强；厚度相对较薄，抗折强度高，砖体轻巧，可减轻建筑物荷重；无有害元素；抗折强度大于 45MPa（花岗岩抗折强度约为 17～20MPa）。

但玻化砖特有的微孔结构是它的较大缺陷，如果不打蜡，水会从砖面微孔渗入砖体；如果是有颜色的水，如酱油、墨水、菜汤、茶水等，这些颜色就会渗入砖面后留在砖体内，形成花砖。

玻化砖可广泛用于各种工程及家庭的地面和墙面，常用规格是 400mm×400mm、500mm×500mm、600mm×600mm、800mm×800mm、900mm×900mm、1 000mm×1 000mm。

15.2.3　陶瓷锦砖

陶瓷锦砖俗称马赛克(外来语 Mosaic 的译音)，是以优质瓷土烧制而成，呈多种色彩和不同形状的小规格墙地砖。表面装饰分有釉或无釉两种，目前以无釉锦砖为多。由于它们规格小，为了便于铺贴施工，在出厂前就预先将带有花色图案的锦砖根据设计要求反贴在牛皮纸上，形成一联色彩丰富、图案繁多的装饰砖。

陶瓷锦砖按尺寸偏差和外观质量分为优等品和合格品两个等级，其尺寸偏差、外观质量和其他技术要求等应符合《陶瓷马赛克》(JC/T456—2005)的规定。

陶瓷锦砖质地坚实、色彩丰富、图案美观、色泽稳定、单块元素小巧玲珑，可拼成风格迥异的图案，以达到不俗的视觉效果。因此，陶瓷锦砖适用于喷泉、游泳池、酒吧、体育馆和公园等处的装饰。同时由于其耐磨、吸水率小、抗压强度高、易清洗、防滑性能优良等特点，也常用于家庭卫生间、浴池、阳台，餐厅、客厅的地面装修。这里特别指用于大型公共活动场馆的陶瓷壁画，更能显示陶瓷锦砖的艺术魅力，成为最前卫的装饰艺术。

15.2.4　其他陶瓷装饰制品

1.　建筑琉璃制品

琉璃制品是我国陶瓷宝库中的古老珍品。它是用优质黏土塑制成型后经干燥、素烧、施釉，再经釉烧而制成的陶质产品。釉的颜色有黄、绿、黑、蓝、紫等色。这类制品具有造型古朴优美、色泽鲜艳、质地紧密、表面光滑、不易沾污，富有民族特色。

建筑琉璃制品的尺寸偏差、外观质量和其他技术要求等应符合《建筑琉璃制品》(JC/T765—2006)的规定。

琉璃制品的品种很多，包括琉璃瓦、琉璃脊、琉璃兽以及各种装饰制品如花窗、花格、栏杆等，还有供陈设用的建筑工艺品如琉璃桌、凳、花盆、鱼缸、花瓶等。其中琉璃瓦是其中用量最多的一种，约占琉璃制品总产量的 70%。琉璃瓦品种繁多，造型各异，是我国用于古建筑的一种高级屋面材料。采用琉璃瓦盖的建筑，富丽堂皇，光彩夺目，雄伟壮观，极具民族特色。琉璃瓦主要有板瓦、筒瓦、滴水、勾头等，另外还有飞禽走兽等形象，以及用作屋脊和檐头的各种装饰物。

琉璃瓦因价格昂贵，且自重大，故主要用于具有民族色彩的宫殿式房屋及少数具有纪念性建筑物上，此外还常用于园林中的楼台亭阁中。

2.　陶瓷壁画

陶瓷壁画是以陶瓷面砖、陶板、锦砖等为原料而制作的具有较高艺术价值的现代装饰材料。它不是原画稿的简单复制，而是艺术的再创造。它巧妙地运用绘画技法和陶瓷装饰艺术于一体，经过放样、制版、刻画、配釉、施釉、烧成等一系列工序，采用浸点、涂、喷、填等多种施釉技法和丰富多彩的窑变技术而产生出神形兼备、巧夺天工的艺术效果。

现代陶瓷壁画具有单块砖面积大、厚度薄、强度高、平整度好、吸水率小、抗冻、抗化学腐蚀、耐急冷急热等特点。施工方便，且同时具有绘画、书法、条幅等多种功能。既可镶嵌在大厦、宾馆、酒楼等高层建筑上，也可陈设在公共场所，如候机室、候车室、大型会议室、会客室、园林旅游区等地，给人以美的享受。

思考练习

(1)何谓建筑陶瓷？陶瓷如何分类？各类的性能特点是什么？

(2)试述釉面砖的特点及主要用途。

(3)试述彩色釉面陶瓷墙地砖和无釉墙地砖的特点及主要用途。

(4)试述新型墙地砖的种类、特点及用途。

(5)试述陶瓷锦砖的特点及主要用途。

(6)釉面内墙砖为什么不能用于室外？

第 3 编

试验部分

水泥试验

本试验方法适用于硅酸盐水泥、普通硅酸盐水泥、矿渣硅酸盐水泥、火山灰硅酸盐水泥、粉煤灰硅酸盐水泥和复合硅酸盐水泥。

试验依据：《通用硅酸盐水泥》(GB175－2007)；《水泥取样方法》(GB12573－2008)；《水泥细度检验方法(筛析法)》(GB1345－2005)；《水泥标准稠度需水量、凝结时间、安定性检验方法》(GB1346－2001)；《水泥胶砂强度检验方法(ISO法)》(GB17671－1999)。

水泥试验的一般规定如下所述。

1)取样方法：以同一水泥厂、同品种、同强度等级进行编号和取样，袋装水泥和散装水泥应分别进行编号和取样，每一编号为一取样单位。水泥的出厂编号按水泥厂年生产能力，可以取 100～1 200t 为一编号。取样应有代表性，可连续取，亦可从 20 个以上不同部位抽取等量的样品，总量不少于 12kg。

2)取得的试样应充分拌匀，分成两等分，一份进行水泥各项性能试验，一份密封保存 3 个月，供作仲裁检验时使用。试验前，将水泥通过 0.9mm 方孔筛，并记录筛余百分率及筛余物情况。

3)试验室用水必须是洁净的淡水，如对水质有争议时也可用蒸馏水。

4)试验室温度应保持在(20±2)℃，相对湿度大于 50%；湿气养护箱温度为(20±1)℃，相对湿度大于 90%；养护池水温为(20±1)℃。

水泥试样、标准砂、拌和水、仪器和用具的温度均应与试验室温度相同。

1.1　水泥细度检验(筛析法)

水泥细度检验可采用负压筛析法、水筛法和手工干筛法，当测定结果发生争议时，以负压筛析法为准。

1.1.1　试验目的

检验水泥颗粒的粗细程度，作为评定水泥质量的主要技术依据之一。

1.1.2　试验准备

试验前所用试验筛应保持清洁，负压筛和手工筛应保持干燥。试验时，$80\mu m$ 筛析试验称取试样 25g，$45\mu m$ 筛析试验称取试样 10g。

1.1.3 负压筛析法

1. 主要仪器

1）负压筛析仪：由筛座、负压筛、负压源和收尘器组成。其中，筛座由转速（30±2）r/min的喷气嘴、负压表、控制板、微电机及壳体构成（如试验图1-1所示）。

负压筛：筛网采用边长为0.080mm或0.045mm的方孔铜丝筛布制成。

2）天平：最小分度值不大于0.01g。

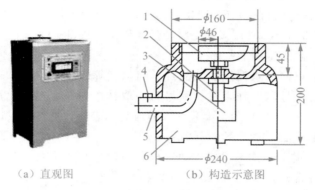

（a）直观图　　　　（b）构造示意图

试验图 1-1　负压筛析仪

1—喷气嘴；2—微电机；3—控制板开口；
4—负压表接口；5—负压源及收尘器接口；6—壳体

2. 试验步骤

1）筛析试验前，应把负压筛放在筛座上，盖上筛盖，接通电源，检查控制系统，调节负压至4 000～6 000Pa范围内。

2）称取试样精确至0.01g，置于洁净的负压筛中，放在筛座上，盖上筛盖，开动筛析仪连续筛析2min，在此期间如有试样附着在筛盖上，可轻轻地敲击筛盖使试样落下。筛毕用天平称量全部筛余物质量 R_t。

3）当工作负压小于4 000Pa时，应清理吸尘器内水泥，使负压筛恢复正常。

1.1.4 水筛法

1. 主要仪器

1）水筛：采用边长为0.080mm或0.045mm的方孔铜丝筛布制成。

2）水筛架和喷头。

3）天平：最小分度值不大于0.01g。

试验步骤

1)筛析试验前，应检查水中无水泥、砂，调整好水压及水筛架的位置，使其能正常运转，并控制喷头底面和筛网之间距离为 35～75mm。

2)称取试样精确至 0.01g，置于洁净的水筛中，立即用淡水冲洗至大部分细粉通过后，放在水筛架上，用水压为(0.05±0.02)MPa 的喷头连续冲洗 3min。筛毕，用少量水把筛余物冲至蒸发皿中，等水泥颗粒全部沉底后，小心倒出清水，烘干并用天平称量全部筛余物 R_t。

1.1.5　手工干筛法

1. 主要仪器

1)试验筛：采用边长为 0.080mm 或 0.045mm 的方孔铜丝筛布制成。其中筛框高度为 50mm，筛子的直径为 150mm。

2)天平：最小分度值不大于 0.01g。

2. 试验步骤

1)称取试样精确至 0.01g，倒入手工筛内。

2)用一只手持筛往复摇动，另一只手轻轻拍打，往复摇动和拍打过程应保持近于水平。拍打速度每分钟约 120 次，每 40 次向同一方向转动 60°，使试样均匀分布在筛网上，直至每分钟通过的试样量不超过 0.03g 为止。用天平称量全部筛余物 R_t。

1.1.6　试验结果处理

水泥试样筛余百分率按下式计算：

$$F = \frac{R_t}{W} \times 100\%$$

式中，F——水泥试样的筛余百分率，%；

　　　R_t——水泥筛余物的质量，g；

　　　W——水泥试样的质量，g。

结果计算至 0.1%。当水泥筛余百分率 $F \leqslant 10\%$ 时为合格，取两次筛余平均值为筛析结果。若两次筛余结果绝对误差大于 0.5% 则应再做一次试验，取两次相近结果的算术平均值，作为最终结果。

1.2 水泥标准稠度需水量的测定(标准法)

1.2.1 试验目的

通过试验不同含水量水泥净浆的穿透性,以确定水泥标准稠度净浆中所需加入的水量。以此水量,作为水泥凝结时间、安定性试验用水量的标准。不仅可以直接比较水泥的需水性大小,而且使凝结时间、安定性的测试准确,统一可比。

1.2.2 主要仪器设备

1)水泥净浆搅拌机(如试验图 1-2 所示):净浆搅拌机主要由搅拌锅、搅拌叶片、传动机构和控制系统组成。搅拌叶片在搅拌锅内作旋转方向相反的公转和自转。

试验图 1-2 水泥净浆搅拌机

2)标准法维卡仪(如试验图 1-3 所示):主要包括试杆、试针与试模,滑动部分的总质量为(300 ± 1)g。与试杆、试针联结的滑动杆表面应光滑,能靠重力自由下落,不得有紧涩和旷动现象。

(a)直观图

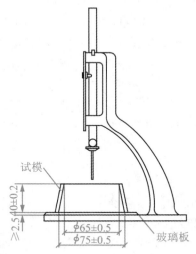

(b)初凝时间测定用立式试模的侧视图

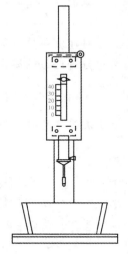

(c)终凝时间测定用反转试模的前视图

试验图 1-3 维卡仪

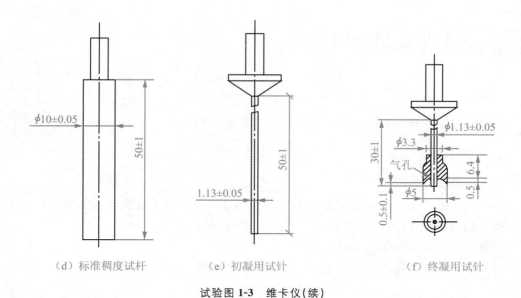

（d）标准稠度试杆　　　　　（e）初凝用试针　　　　　　　（f）终凝用试针

试验图 1-3　维卡仪（续）

3）量水器：最小刻度 0.1ml，精度 1％。

4）天平：最大称量不小于 1 000g，分度值不大于 1g。

1.2.3　试验步骤

1）试验前必须检查维卡仪：金属棒能自由滑动；调整至试杆接触玻璃板时指针对准零点；搅拌机运行正常。

2）水泥净浆的拌制：用水泥净浆搅拌机搅拌，搅拌锅和搅拌叶片先用湿布擦过，将拌和水倒入搅拌锅内，然后在 5～10s 内小心将称好的 500g 水泥加入水中，防止水和水泥溅出；拌和时，先将锅放在搅拌机的锅座上，升至搅拌位置，启动搅拌机，低速搅拌 120s，停 15s，同时将叶片和锅壁上的水泥浆刮入锅中间，接着高速搅拌 120s 停机。

3）拌和结束后，立即将拌制好的水泥净浆装入已置于玻璃底板上的试模中，用小刀插捣，轻轻振动数次，刮去多余的净浆；抹平后迅速将试模和底板移到维卡仪上，并将其中心定在试杆下，降低试杆直至与水泥净浆表面接触，拧紧螺旋 1～2s 后，突然放松，使试杆垂直自由地沉入水泥净浆中。在试杆停止沉入或释放试杆 30s 时记录试杆距底板之间的距离，升起试杆后，立即擦净；整个操作应在搅拌后 1.5min 内完成。

4）试验结果。以试杆沉入净浆并距底板（6±1）mm 的水泥净浆为标准稠度净浆。其拌和水量为该水泥的标准稠度用水量 P，按水泥质量的百分率计，按下式计算：

$$P=\frac{m_1}{m_2}\times100\%$$

式中，P——标准稠度用水量，％；

　　　　m_1——试验拌和用水量，g；

　　　　m_2——水泥质量，g。

1.3 水泥凝结时间试验

1.3.1 试验目的

测定水泥达到初凝和终凝所需时间，以评定水泥的质量。

1.3.2 主要仪器设备

1)水泥净浆搅拌机。

2)标准法维卡仪：同标准稠度需水量测定用维卡仪，只是在测定凝结时间时取下试杆，换上钢制的试针(如试验图 1-3(e)所示)及附件(如试验图 1-3(f)所示)。

3)量水器：最小刻度 0.1mL，精度 1%。

4)天平：最大称量不小于 1 000g，分度值不大于 1g。

1.3.3 试验步骤

1)试验前应调整凝结时间测定仪的试针接触玻璃板时，指针对准零点。

2)试件的制备：以标准稠度用水量制成的标准稠度净浆一次装满试模，振动数次刮平，立即放入湿气养护箱中。记录水泥全部加入水中的时间作为凝结时间的起始时间。

3)初凝时间的测定：试件在湿气养护箱中养护至加水后 30min 时进行第一次测定。测定时，从湿气养护箱中取出试模放到试针下，降低试针与水泥净浆表面接触。拧紧螺旋 1～2s 后，突然放松，试针垂直自由地沉入水泥净浆。观察试针停止下沉或释放试针 30s 时指针的读数。

4)终凝时间的测定。为了准确观测试针沉入的状况，在终凝针上安装了一个环形附件(如试验图 1-3(f)所示)。在完成初凝时间测定后，立即将试模连同浆体以平移的方式从玻璃板取下，翻转 180°，直径大端向上、小端向下放在玻璃板上，再放入湿气养护箱中继续养护，临近终凝时间时每隔 15min 测定一次。

测定时应注意如下方面。

1)在最初测定的操作时应轻轻扶持金属柱，使其徐徐下降，以防试针撞弯，但结果以自由下落为准，在整个测试过程中试针沉入的位置至少要距试模内壁 10mm。

2)临近初凝时，每隔 5min 测定一次，临近终凝时每隔 15min 测定一次，到达初凝或终凝时应立即重复测一次，当两次结论相同时才能定为达到初凝或终凝状态。

3)每次测定不能让试针落入原针孔，每次测试完毕须将试针擦净并将试模放回湿气养护箱内，整个测试过程要防止试模受振。

4)可以使用能测得出与标准中规定方法相同结果的凝结时间自动测定仪，使用时不必翻转试体。

1.3.4　试验结果

1）当试针沉至距底板(4 ± 1)mm 时，为水泥达到初凝状态；由水泥全部加入水中至初凝状态的时间为水泥的初凝时间，用"min"表示。

2）当试针沉入试体 0.5mm 时，即环形附件开始不能在试体上留下痕迹时，为水泥达到终凝状态，由水泥全部加入水中至终凝状态的时间为水泥的终凝时间，用"min"表示。

1.4　水泥安定性试验

安定性试验可以用雷氏夹法和试饼法测定，有争议时以雷氏夹法为准。

1.4.1　试验目的

通过此试验，检验水泥中游离氧化钙的含量对水泥体积安定性的影响，从而判断水泥安定性是否合格。

1.4.2　主要仪器设备

1）水泥净浆搅拌机。

2）雷氏夹（如试验图 1-4 所示）：由铜质材料制成，当一根指针的根部先悬挂在一根金属丝或尼龙丝上，另一根指针的根部再挂上 300g 质量的砝码时，两根指针针尖的距离增加应在(17.5 ± 2.5)mm 范围内，即 $2x=17.5\text{mm}\pm2.5\text{mm}$（如试验图 1-5 所示），当去掉砝码针尖的距离能恢复至挂砝码前的状态。

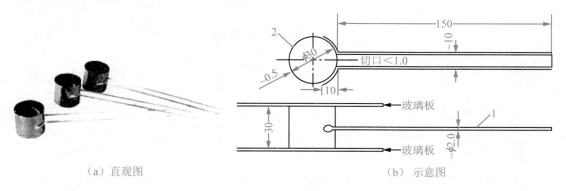

（a）直观图　　　　　　　　　　　　　（b）示意图

试验图 1-4　雷氏夹

1—指针；2—环模

3）沸煮箱：有效容积为 410mm × 240mm × 310mm 如试验图 1-6 所示，能在 (30 ± 5)min 内将箱内的试验用水由室温升至沸腾状态并保持 3h 以上，整个试验过程中不需补充水量。

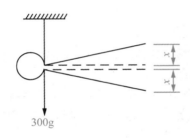

试验图 1-5　雷氏夹受力示意图　　　　　试验图 1-6　沸煮箱

4)雷氏夹膨胀值测定仪(如试验图 1-7 所示)：标尺最小刻度为 0.5mm。

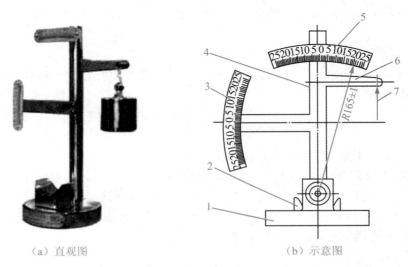

（a）直观图　　　　　　　　　　（b）示意图

试验图 1-7　雷氏夹膨胀值测定仪

1—底座；2—模子座；3—测弹性标尺；4—立柱；

5—测膨胀值标尺；6—悬臂；7—悬丝

1.4.3　试验步骤

1.　雷氏夹法(标准法)

1)测定前的准备工作。试验前按如试验图 1-5 方法检查雷氏夹的质量是否符合要求。每个试样需成型两个试件，每个雷氏夹需配备质量约 75～85g 的玻璃板两块，凡与水泥净浆接触的玻璃板和雷氏夹内表面都要稍稍涂上一层油。

2)雷氏夹试件的成型。将预先准备好的雷氏夹放在已稍擦油的玻璃板上，并立即将已制好的标准稠度净浆一次装满雷氏夹，装浆时一只手轻轻扶持雷氏夹，另一只手用宽约 10mm 的小刀插捣数次，然后抹平，盖上稍涂油的玻璃板，接着立即将试件移至养护箱内养护(24±2)h。

3)沸煮。调整好沸煮箱内的水位，使能保证在整个沸煮过程中都超过试件，不需中途添补试验用水，同时又能保证在(30±5)min 内升至沸腾。

4)脱去玻璃板取下试件，先测量雷氏夹指针尖端间的距离(A)，精确到 0.5mm，接着将试件放入沸煮箱水中的试件架上，指针朝上，然后在(30±5)min 内加热至沸并恒沸(180±5)min。

5)沸煮结束后，立即放掉沸煮箱中的热水，打开箱盖，待箱体冷却至室温，取出试件进行判别。测量雷氏夹指针尖端的距离(C)，准确至 0.5mm。

6)结果判别：当两个试件煮后增加距离(C−A)的平均值不大于 5.0mm 时，即认为该水泥安定性合格；当两个试件的(C−A)值相差超过 4.0mm 时，应用同一样品立即重做一次试验。再如此，则认为该水泥为安定性不合格。

2.　试饼法(代用法)

1)测定前的准备工作。每个样品需准备两块约 100mm×100mm 的玻璃板，凡与水泥净浆接触的玻璃板都要稍稍涂上一层油。

2)试饼的成型方法。将制好的标准稠度净浆取出一部分分成两等分，使之成球形，放在预先准备好的玻璃板上，轻轻振动玻璃板并用湿布擦过的小刀由边缘向中央抹，做成直径 70~80mm、中心厚约 10mm、边缘渐薄、表面光滑的试饼，接着将试饼放入湿气养护箱养护(24±2)h。

3)沸煮。同雷氏夹法。

①脱去玻璃板取下试饼，在试饼无缺陷的情况下将试饼放在沸煮箱水中的篦板上，然后在(30±5)min 内加热至沸并恒沸(180±5)min。

②沸煮结束后，立即放掉沸煮箱中的水，打开箱盖，待箱体冷却至室温，取出试件进行判别。

4)结果判别：目测试饼未发现裂缝，用钢直尺检查也没有弯曲(使钢直尺和试饼底部紧靠，以两者间不透光为不弯曲)的试饼为安定性合格，反之为不合格。当两个试饼判别结果有矛盾时，该水泥的安定性不合格。

1.5　水泥胶砂强度试验

1.5.1　试验目的

通过检验水泥的强度，确定水泥的质量是否符合有关标准的规定。

1.5.2　主要仪器设备

1)行星式水泥胶砂搅拌机如试验图 1-8 所示：工作时搅拌叶片既绕自身轴线自转又沿搅拌锅周边公转，运动轨迹似行星式的水泥胶砂搅拌机。

2)试模如试验图 1-9 所示：可拆卸的三联模，由隔板、

试验图 1-8　水泥胶砂搅拌机

端板、底座等组成。模槽内腔尺寸为 40mm×40mm×160mm，三边应互相垂直。

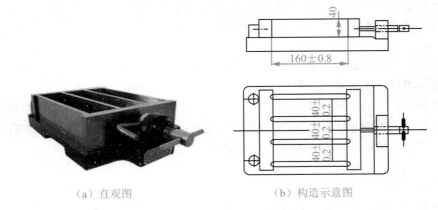

（a）直观图　　　　　　　（b）构造示意图

试验图 **1-9**　典型的试模

3）胶砂振实台（如试验图 1-10 所示）：由可以跳动的台盘和使其跳动的凸轮等组成。

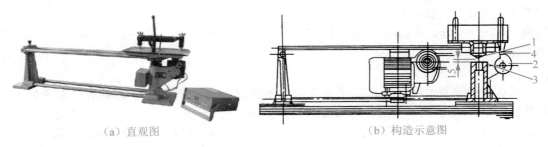

（a）直观图　　　　　　　（b）构造示意图

试验图 **1-10**（典型的）振实台

1—突头；2—止动器；3—随动轮；4—凸轮

4）抗折试验机如试验图 1-11 所示。

5）抗压试验机和抗压夹具。

6）播料器、金属刮直尺如试验图 1-12 所示、天平、量筒等。

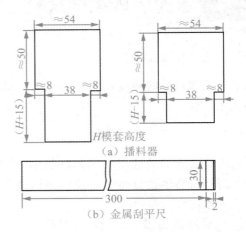

试验图 **1-11**　抗折试验机　　　　试验图 **1-12**　典型的播料器和金属刮平尺

1.5.3　胶砂的制备

1)将试模擦净，四周的模板与底座的接触面上涂黄油，紧密装配，防止漏浆，内壁均匀刷一薄层机油。

2)试验采用中国 ISO 标准砂。每成型一联三条试件需称取水泥(450±2)g，标准砂(1350±5)g，拌和水(225±1)ml。即胶砂的质量配合比为一份水泥三份标准砂和半份水(水灰比为 0.50)。

3)搅拌时，先把水加入搅拌锅里，再加入水泥，把锅放在固定架上，上升至固定位置。然后立即开动机器，低速搅拌 30s 后，在第 2 个 30s 开始的同时均匀地将砂子加入。当各级砂是分装时，从最粗粒级开始，依次将所需的每级砂量加完。把机器转至高速再搅拌 30s。停拌 90s，在第 1 个 15s 内用一胶皮刮具将叶片和锅壁上的胶砂，刮入锅中间。在高速下继续搅拌 60s。停机，取下搅拌锅。各个搅拌阶段，时间误差应在±1s 以内。

1.5.4　试件的制备

胶砂制备后立即进行成型。将空试模和模套固定在振实台上，用一个适当勺子直接从搅拌锅里将胶砂分二层装入试模，装第一层时，每个槽里约放 300g 胶砂，用大播料器垂直架在模套顶部沿每个模槽来回一次将料层播平，接着振实 60 次。然后装入第二层胶砂，用小播料器播平，再振实 60 次。移走模套，从振实台上取下试模，用一金属直尺以近似 90°的角度架在试模模顶的一端，然后沿试模长度方向以横向锯割动作慢慢向另一端移动，一次将超过试模部分的胶砂刮去，并用同一直尺以近乎水平的条件下将试体表面抹平。

1.5.5　试件的养护

1)脱模前的处理与养护：去掉留在模子四周的胶砂。立即将做好记号的试模放入雾室或湿箱的水平架上养护，湿空气应能与试模各边接触。养护时不应将试模放在其他试模上。一直养护到规定的脱模时间取出脱模。脱模前，用防水墨汁或颜料笔对试体进行编号和做其他标记。两个龄期以上的试体，在编号时应将同一试模中的 3 条试体分在两个以上龄期内。

2)脱模：脱模应非常小心。对于 24h 龄期的，应在破型试验前 20min 内脱模。对于 24h 以上龄期的，应在成型后 20~24h 之间脱模。已确定作为 24h 龄期试验(或其他不下水直接做试验)的已脱模试体，应用湿布覆盖至做试验时为止。

3)水中养护：将做好标记的试件立即水平或竖直放在(20±1)℃水中养护，水平放置时刮平面应朝上。试件放在不易腐烂的篦子上，并保持彼此间一定间距，以使水与试件的六个面接触。养护期间试件之间间隔或试体表面的水深不得小于 5mm。每个养护池只养护同类型的水泥试件。

4)强度试验试体的龄期：试体龄期是从水泥加水搅拌开始试验时算起。不同龄期强度试验应在下列时间里进行：24h±15min、48h±30min、72h±45min、7d±2h、>28d±8h。

1.5.6　强度测定

1.　抗折强度测定

将试体一个侧面放在试验机支撑圆柱上，试体长轴垂直于支撑圆柱，通过加荷圆柱以(50±10)N/s的速率均匀地将荷载垂直地加在棱柱体相对侧面上，如试验图 1-13 所示，直至折断。保持两个半截棱柱体处于潮湿状态直至抗压试验。

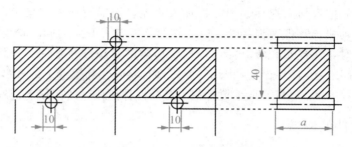

试验图 **1-13**　抗折强度测定加荷图

抗折强度 R_f 以 MPa 为单位，按下式计算：

$$R_f = \frac{1.5F_f L}{b^3}$$

式中，F_f——折断时施加于棱柱体中部的荷载，N；

　　　L——支撑圆柱之间的距离，mm；

　　　b——棱柱体正方形截面的边长，mm。

2.　抗压强度测定

抗压强度试验在半截棱柱体的侧面进行。半截棱柱体中心与压力机压板受压中心差应在±0.5mm内，棱柱体露在压板外的部分约有 10mm。在整个加荷过程中以(2400±200)N/s的速率均匀地加荷直至破坏。

抗压强度 R_c 以 MPa 为单位，按下式计算：

$$R_c = \frac{F_c}{A}$$

式中，F_c——破坏时的最大荷载，N；

　　　A——受压部分面积(40mm×40mm＝1600mm²)，mm²。

1.5.7　试验结果

1.　抗折强度

以一组三个棱柱体抗折结果的平均值作为试验结果，计算精确至 0.1MPa。当三个强度值中有超出平均值±10％时，应剔除后再取平均值作为抗折强度试验结果。

2. 抗压强度

　　以一组三个棱柱体上得到的六个抗压强度测定值的算术平均值为试验结果，计算精确至 0.1MPa。如六个测定值中有一个超出平均值的±10％时，就应剔除这个结果，而以剩下五个的平均数作为结果。如果五个测定值中再有超过它们平均数±10％的，则此组结果作废。

普通混凝土用砂、石试验

试验依据：《普通混凝土用砂、石质量及检验方法标准》(JGJ52－2006)

取样方法：砂或石的验收应按同产地、同规格分批进行。用大型工具（如火车、货船、汽车）运输的，以 400m³ 或 600t 为一验收批，不足者以一批论。

在料堆上取样时，取样部分应均匀分布，取样前先将取样部位表层铲除。在砂料堆上，从各部位抽取大致相等的砂共 8 份，组成一组样品。在石料堆上，从不同部位抽取大致等量的石子 16 份组成一组样品。

试验时需按四分法分别缩取各项试验所需的数量。试样的缩分步骤是：将所取每组样品置于平板上，在潮湿状态下拌和均匀，并堆成厚度约为 20mm 的圆饼（砂）或圆锥体（石子），然后沿互相垂直的两条直径把圆饼或圆锥体分成大致相等的四份，取其对角线的两份重新拌匀，再堆成圆饼或圆锥。重复上述过程，直至把样品缩分到试验所需量为止。

取样数量：对于每一单项检验项目，砂的每组样品取样数量应分别满足试验表 2-1 的要求。

试验表 2-1　每一单项检验项目所需砂的最少取样数量

检验项目	最少取样数量/g	检验项目	最少取样数量/g
筛分析	4 400	含水率	1 000
表观密度	2 600	含泥量	4 400
紧密密度和堆积密度	5 000		

对于每一单项检验项目，碎石或卵石的每组样品取样数量应分别满足试验表 2-2 的要求。

试验表 2-2　每一单项检验项目所需碎石或卵石的最少取样数量/kg

试验项目	最大公称粒径/mm							
	10.0	16.0	20.0	25.0	31.5	40.0	63.0	80.0
筛分析	8	15	16	20	25	32	50	64
表观密度	8	8	8	8	12	16	24	24
堆积密度、紧密密度	40	40	40	40	80	80	120	120
含水率	2	2	2	2	2	3	4	6
含泥量	8	8	24	24	40	40	80	80

当需要做多项检验时，可在确保样品经一项试验后不致影响其他试验结果的前提下，

用同组样品进行多项不同的试验。

2.1 砂的筛分试验

2.1.1 试验目的

测定砂的颗粒级配和细度模数，以评定砂的空隙率和总表面积。

2.1.2 主要仪器设备

1）试验筛：公称直径分别为 10.0mm、5.00mm、2.50mm、1.25mm、630μm、315μm 和 160μm 的方孔筛各一只，以及筛的底盘和盖各一只，筛框直径为 300mm 或 200mm。

2）天平：称量 1 000g，感量 1g。

3）摇筛机。

4）烘箱：能使温度控制在(105±5)℃。

5）浅盘和硬、软毛刷等。

2.1.3 试样制备

按四分法进行缩分，用于筛分析的试样，颗粒粒径不应大于 10.0mm。试验前应先将来料通过 10.0mm 的方孔筛，并算出筛余百分率。然后称取每份不少于 500g 的试样两份，分别倒入两个浅盘中，在(105±5)℃的温度下烘干到恒重，冷却至室温备用。

2.1.4 试验步骤

1）准确称取烘干试样 500g，置于按筛孔大小（大孔在上、小孔在下）顺序排列的套筛的最上一只筛（即 5.00mm 筛孔）上；将套筛装入摇筛机内固紧，筛分时间为 10min 左右；然后取出套筛，再按筛孔大小顺序，在清洁的浅盘上逐个进行手筛，直至每分钟的筛出量不超过试样总量的 0.1％时为止；通过的颗粒并入下一个筛，并和下一个筛中试样一起过筛，按这样顺序进行，直至每个筛全部筛完为止。

注意：①当试样含泥量超过 5％时，应先将试样水洗，然后烘干至恒重，再进行筛分；

②无摇筛机时，可改用手筛。

2）试样在各号筛上的筛余量均不得超过按下式计算得出的剩留量：

$$m_r = \frac{A\sqrt{d}}{300}$$

式中，m_r——某一筛上的剩留量，g；

d——筛孔边长，mm；

A——筛的面积，mm^2。

否则应将该筛的筛余试样分成两份或数份，再次进行筛分，并以其筛余量之和作为该筛的筛余量。

3）称取各筛筛余试样的质量（精确至 1g），所有各筛的分计筛余量和底盘中剩余量的总和与筛分前的试样总量相比，其相差不得超过 1%。

2.1.5 试验结果

1）计算分计筛余百分率（各筛上的筛余量除以试样总量的百分率），精确至 0.1%；

2）计算累计筛余百分率（该筛上的分计筛余百分率与大于该筛的各筛上的分计筛余百分率之总和）精确至 0.1%；

3）根据各筛两次试验累计筛余百分率的平均值，评定该试样的颗粒级配分布情况，精确至 1%；

4）按下式计算砂的细度模数（精确至 0.01）：

$$\mu_f = \frac{(\beta_2 + \beta_3 + \beta_4 + \beta_5 + \beta_6) - 5\beta_1}{100 - \beta_1}$$

式中，μ_f——细度模数；

β_1、β_2、β_3、β_4、β_5、β_6——分别为公称直径 5.00mm、2.50mm、1.25mm、$630\mu m$、$315\mu m$ 和 $160\mu m$ 方孔筛上的累计筛余。

5）以两次试验结果的算术平均值为测定值（精确至 0.1）。如两次试验所得的细度模数之差大于 0.20 时，则应重新取样进行试验。

2.2 砂的表观密度试验（标准法）

2.2.1 试验目的

测定砂的表观密度。

2.2.2 主要仪器设备

1）天平：称量 1 000g，感量 1g。

2）容量瓶：容量 500ml。

3）烘箱：能使温度控制在（105±5）℃。

4）干燥器、浅盘、铝制料勺、温度计等。

2.2.3 试样制备

经缩分后不少于 650g 样品装入浅盘，在温度为（105±5）℃的烘箱中烘干至恒重，并在干燥器内冷却至室温。

2.2.4 试验步骤

1）称取烘干的试样 300g（m_0），装入盛有半瓶冷开水的容量瓶中。

2)摇转容量瓶，使试样在水中充分搅动以排除气泡，塞紧瓶塞，静置 24h 左右后，用滴管添水，使水面与瓶颈刻度线平齐，再塞紧瓶塞，擦干瓶外水分，称其质量 m_1。

3)倒出瓶内水和试样，将瓶的内外表面洗干净，再向瓶内注入与上项水温相差不超过 2℃ 的冷开水至瓶颈刻度线。塞紧瓶塞，擦干瓶外水分，称其质量 m_2。

注意：在砂的表观密度试验过程中应测量并控制水的温度，试验的各项称量可在 15～25℃ 的温度范围内进行。从试样加水静置的最后 2h 起直至试验结束，其温度相差不应超过 2℃。

2.2.5　试验结果

砂的表观密度 ρ_0 应按下式计算(精确至 10kg/m^3)：

$$\rho_0 = \left(\frac{m_0}{m_0 + m_2 - m_1} - \alpha_t \right) \times 1\,000$$

式中，ρ_0——表观密度，kg/m^3；

　　　m_0——试样的烘干质量，g；

　　　m_1——试样、水及容量瓶总质量，g；

　　　m_2——水及容量瓶总质量，g；

　　　α_t——水温对表观密度影响的修正系数，见试验表 2-3。

试验表 2-3　不同水温对砂、石的表观密度影响的修正系数

水温(℃)	15	16	17	18	19	20	21	22	23	24	25
α_t	0.002	0.003	0.003	0.004	0.004	0.005	0.005	0.006	0.006	0.007	0.008

以两次试验结果的算术平均值作为测定值。当两次结果之差大于 20kg/m^3 时，应重新取样进行试验。

2.3　砂的堆积密度和紧密密度试验

2.3.1　试验目的

测定砂的堆积密度、紧密密度和空隙率，作为混凝土配合比设计的依据。

2.3.2　主要仪器设备

1)秤：称量 500g，感量 5g；

2)容量筒：金属制，圆柱形，内径为 108mm，净高为 109mm，筒壁厚为 2mm，容积约为 1L，筒底厚为 5mm；

3)漏斗或铝制料勺；

4)烘箱：能使温度控制在(105±5)℃；

5)直尺、浅盘等。

2.3.3 试样制备

先用 5.00mm 孔径的筛子过筛，然后取经缩分后的样品不少于 3L，装入浅盘，在温度为 (105 ± 5)℃烘箱中烘至恒重，取出并冷却至室温，分成大致相等的两份备用。试样烘干后如有结块，应在试验前予以捏碎。

2.3.4 试验步骤

1. 堆积密度

取试样一份，用漏斗或铝制料勺，将试样从容量筒口中心上方 50mm 处徐徐倒入，让试样以自由落体落下，当容量筒上部试样呈锥体，且容量筒四周溢满时，即停止加料。然后用直尺沿筒口中心线向两边刮平（试验过程中应防止触动容量筒），称出试样和容量筒总质量 m_2，精确至 1g。

2. 紧密密度

取试样一份，分二层装入容量筒。装完一层后，在筒底放一根直径为 10mm 的圆钢，将筒按住，左右交替颠击地面各 25 次；然后再装入第二层，第二层装满后用同样的方法颠实（但筒底所垫钢筋的方向应与第一层放置方向垂直），二层装完并颠实后，加料直至试样超出容量筒筒口，然后用直尺沿筒口中心线向两边刮平，称出试样和容量筒总质量 m_2，精确至 1g。

2.3.5 试验结果

1）堆积密度和紧密密度按下式计算（精确至 $10\text{kg}/\text{m}^3$）：

$$\rho_0' = \frac{m_2 - m_1}{V} \times 1\,000$$

式中，ρ_0'——堆积密度或紧密密度，kg/m^3；

$\quad m_1$——容量筒的质量，g；

$\quad m_2$——容量筒和砂子总质量，g；

$\quad V$——容量筒容积，L。

以两次试验结果的算术平均值作为测定值。

2）空隙率按下式计算（精确至 1%）：

$$V_0' = \left(1 - \frac{\rho_0'}{\rho_0}\right) \times 100\%$$

式中，V_0'——空隙率，%；

$\quad \rho_0'$——砂的堆积或紧密密度，kg/m^3；

$\quad \rho_0$——砂的表观密度，kg/m^3。

3）容量筒容积的校正方法。将温度为 (20 ± 2)℃的饮用水装满容量筒，用玻璃板沿筒口滑移，使其紧贴水面。擦干筒外壁水分，然后称出其质量，精确至 10g。容量筒容积按下式计算：

$$V = m'_1 - m'_2$$

式中，V——容量筒容积，L；

　　　m'_2——容量筒、玻璃板和水的总质量，kg；

　　　m'_1——容量筒和玻璃板质量，kg。

2.4　砂的含水率试验（标准法）

2.4.1　试验目的

测定砂的含水率，为混凝土配合比设计提供依据。

2.4.2　主要仪器设备

1）烘箱：温度控制范围为（105±5）℃。
2）天平：称量 1 000g，感量 1g。
3）容器：如浅盘等。

2.4.3　试验步骤

由密封的样品中取各重 500g 的试样两份，分别放入已知质量的干燥容器（m_1）中称重，记下每盘试样与容器的总重（m_2）。将容器连同试样放入温度为（105±5）℃的烘箱中烘干至恒重，称量烘干后的试样与容器的总质量（m_3）。

2.4.4　试验结果

砂的含水率（标准法）按下式计算，精确至 0.1%：

$$\omega_{wc} = \frac{m_2 - m_3}{m_3 - m_1} \times 100\%$$

式中，ω_{wc}——砂的含水率，%；

　　　m_1——容器质量，g；

　　　m_2——未烘干的试样与容器的总质量，g；

　　　m_3——烘干后的试样与容器的总质量，g。

以两次试验结果的算术平均值作为测定值。

2.5　砂中含泥量试验

2.5.1　试验目的

测定砂中的含泥量，作为评定砂质量的依据。

2.5.2 主要仪器设备

1）天平：称量 1 000g，感量 1g；

2）烘箱：温度控制范围为(105±5)℃；

3）试验筛：筛孔公称直径为 80μm 及 1.25mm 的方孔筛各一个；

4）洗砂用的容器及烘干用的浅盘等。

2.5.3 试样制备

样品缩分至 1100g，置于温度为(105±5)℃的烘箱中烘干至恒重，冷却至室温后，称取各为 400g(m_0)的试样两份备用。

2.5.4 试验步骤

1）取烘干的试样一份置于容器中，并注入饮用水，使水面高出砂面约 150mm，充分拌匀后，浸泡 2h，然后用手在水中淘洗试样，使尘屑、淤泥和黏土与砂粒分离，并使之悬浮或溶于水中。缓缓地将浑浊液倒入公称直径为 1.25mm、80μm 的方孔套筛(1.25mm 筛放置于上面)上，滤去小于 80μm 的颗粒。试验前筛子的两面应先用水润湿，在整个试验过程中应避免砂粒丢失。

2）再次加水于容器中，重复上述过程，直到筒内洗出的水清澈为止。

3）用水淋洗剩留在筛上的细粒，并将 80μm 筛放在水中（使水面略高出筛中砂粒的上表面）来回摇动，以充分洗除小于 80μm 的颗粒。然后将两只筛上剩留的颗粒和容器中已经洗净的试样一并装入浅盘，置于温度为(105±5)℃的烘箱中烘干至恒重。取出来冷却至室温后，称试样的质量(m_1)。

2.5.5 试验结果

砂中含泥量应按下式计算，精确至 0.1%：

$$\omega_c = \frac{m_0 - m_1}{m_0} \times 100\%$$

式中，ω_c——砂中含泥量，%；

m_0——试验前的烘干试样质量，g；

m_1——试验后的烘干试样质量，g。

以两个试样试验结果的算术平均值作为测定值。两次结果之差大于 0.5% 时，应重新取样进行试验。

2.6 碎石或卵石的筛分析试验

2.6.1 试验目的

测定碎石或卵石的颗粒级配，作为混凝土配合比设计的依据。

2.6.2　主要仪器设备

1)试验筛：孔径为 100.0mm、80.0mm、63.0mm、50.0mm、40.0mm、31.5mm、25.0mm、20.0mm、16.0mm、10.0mm、5.00mm、2.50mm 的方孔筛以及筛的底盘和盖各一只，筛框直径为 300mm。

2)天平和秤：天平的称量 5kg，感量 5g；秤的称量 20kg，感量 20g。

3)摇筛机。

4)烘箱：能使温度控制在(105±5)℃。

5)浅盘、毛刷等。

2.6.3　试样制备

试样制备应符合下列规定：试验前，应将样品缩分至试验表 2-4 所规定的试样最少质量，烘干或风干后备用。

试验表 2-4　碎石、卵石筛分析所需试样的最少质量

公称粒径/mm	10.0	16.0	20.0	25.0	31.5	40.0	63.0	80.0
试样最少质量/kg	2.0	3.2	4.0	5.0	6.3	8.0	12.6	16.0

2.6.4　试验步骤

1)按试验表 2-4 的规定称取试样，精确到 1g。将试样倒入按孔径大小从上到下组合的套筛(附筛底)上，然后进行筛分。

2)将套筛装入摇筛机内固紧，筛分时间为 10min 左右；然后取出套筛，再按筛孔大小顺序，在清洁的浅盘上逐个进行手筛，直至每分钟的通过量不超过试样总量的 0.1% 时停止。通过的颗粒并入下一号筛中，并和下一号筛中试样一起过筛，这样顺序进行，直至各号筛全部筛完为止。

注意：当试样的颗粒粒径比公称粒径大 20mm 以上时，在筛分过程中，允许用手拨动颗粒。

3)称取各筛筛余试样的质量(精确至 1g)。

2.6.5　试验结果

1)计算分计筛余百分率：各号筛的筛余量与试样总量之比，计算精确至 0.1%。

2)计算累计筛余百分率：该号筛上的分计筛余百分率加上该号筛以上各筛的分计筛余百分率之总和，计算精确至 1%。筛分后，所有各筛的分计筛余量和底盘中剩余量的总和与筛分前的试样总量相比，其相差不得超过 1%，否则需重新试验。

3)根据各号筛的累计筛余百分率，评定该试样的颗粒级配。

2.7 碎石或卵石的表观密度试验(标准法)

2.7.1 试验目的

测定碎石或卵石的表观密度,作为评定石子质量和混凝土配合比设计的依据。

2.7.2 主要仪器设备

1)液体天平:称量 5kg,感量 1g,其型号及尺寸应能允许在臂上悬挂盛试样的吊篮,并在水中称重;

2)吊篮:直径和高度均为 150mm,由孔径为 1~2mm 的筛网或钻有孔径为 2~3mm 孔洞的耐锈蚀金属板制成;

3)盛水容器:有溢流孔;

4)烘箱:能使温度控制在(105±5)℃;

5)试验筛:筛孔公称直径为 5mm 方孔筛一只;

6)温度计:0~100℃;

7)带盖容器、浅盘、刷子和毛巾等。

2.7.3 试样制备

试样制备应符合下列规定:试验前,将样品筛除公称粒径 5.00mm 以下的颗粒,并缩分至略大于两倍于试验表 2-5 所规定的最少数量,冲洗干净后分成两份备用。

试验表 2-5 碎石、卵石表观密度试验所需试样的最少质量

最大公称粒径/mm	10.0	16.0	20.0	25.0	31.5	40.0	63.0	80.0
试样最少质量/kg	2.0	2.0	2.0	2.0	3.0	4.0	6.0	6.0

2.7.4 试验步骤

1)按试验表 2-5 的规定称取试样。

2)取试样一份装入吊篮,并浸入盛水的容器中,液面至少高出试样表面 50mm。

3)浸水 24h 后,移放到称量用的盛水容器中,并用上下升降吊篮的方法排除气泡(试样不得露出水面)。吊篮每升降一次约 1s,升降高度为 30~50mm。

4)测定水温后(此时吊篮应全浸在水中),用天平称出吊篮及试样在水中的质量(m_2),称量时盛水容器中水面的高度由容器的溢流孔控制。

5)提起吊篮,将试样倒入浅盘,放在(105±5)℃的烘箱中烘干至恒重,待冷却至室温后,称出其质量(m_0)。

6)称取吊篮在同样温度的水中的质量(m_1),称量时盛水容器的水面高度仍由溢流孔控制。

2.7.5　试验结果

石子的表观密度 ρ_0 应按下式计算（精确至 10kg/m^3）：

$$\rho_0 = \left(\frac{m_0}{m_0 + m_1 - m_2} - \alpha_t \right) \times 1\,000$$

式中，ρ_0——表观密度（kg/m^3）；

　　　m_0——试样的烘干质量（g）；

　　　m_1——吊篮在水中的质量（g）；

　　　m_2——吊篮及试样在水中的质量（g）；

　　　α_t——水温对表观密度影响的修正系数，见试验表 2-3。

以两次试验结果的算术平均值作为测定值。当两次结果之差大于 20 kg/m^3，应重新取样进行试验。对颗粒材质不均匀的试样，两次试验结果之差大于 20 kg/m^3 时，可取四次测定结果的算术平均值作为测定值。

2.8　碎石或卵石的堆积密度和紧密密度试验

2.8.1　试验目的

测定碎石或卵石的堆积密度、紧密密度和空隙率，作为混凝土配合比设计的依据。

2.8.2　主要仪器设备

1）秤：称量 100kg，感量 100g。

2）容量筒：规格见试验表 2-6。

3）平头铁锹。

4）烘箱：能使温度控制在（105±5）℃。

5）垫棒：直径 25mm、长 600mm 的圆钢。

试验表 2-6　容量筒的规格要求

卵石或碎石的最大公称粒径/mm	容量筒容积/L	容量筒规格/mm		筒壁厚度/mm
		内径	净高	
10.0、16.0、20.0、25.0	10	208	294	2
31.5、40.0	20	294	294	3
63.0、80.0	30	360	294	4

2.8.3　试样制备

按试验表 2-2 的规定称取试样，放入浅盘，在（105±5）℃的烘箱中烘干，也可摊在清洁的地面上风干，拌匀后分成大致相等的两份备用。

2.8.4 试验步骤

1. 堆积密度

取试样一份，置于平整干净的地板（或铁板）上，用平头铁锹铲起试样，使石子自由落入容量筒内。此时，从铁锹的齐口至容量筒上口的距离应保持为 50mm 左右。装满容量筒除去筒口表面的颗粒，并以合适的颗粒填入凹陷部分，使表面稍凸起部分和凹陷部分的体积大致相等，称取试样和容量筒总质量（m_2）。

2. 紧密密度

取试样一份，分三层装入容量筒。装完第一层后，在筒底垫放一根直径为 25mm 的圆钢，将筒按住，左右交替颠击地面各 25 次，再装入第二层。第二层装满后用同样的方法颠实（但筒底所垫钢筋的方向应与第一层放置方向垂直），然后装入第三层，如法颠实。待第三层试样装填完毕，再加料直至超过容量筒筒口，用钢筋沿筒口边缘滚转，刮去高出筒口的颗粒，并以合适的颗粒填入凹陷部分，使表面稍凸起部分和凹陷部分的体积大致相等，称取试样和容量筒总质量（m_2）。

2.8.5 试验结果

1）堆积密度或紧密密度按下式计算（精确至 10kg/m^3）：

$$\rho_0' = \frac{m_2 - m_1}{V} \times 1\,000$$

式中，ρ_0'——堆积密度或紧密密度，kg/m^3；

　　m_1——容量筒的质量，g；

　　m_2——容量筒和试样总质量，g；

　　V——容量筒容积，L。

以两次试验结果的算术平均值作为测定值。

2）空隙率按下式计算（精确至 1%）：

$$V_0' = \left(1 - \frac{\rho_0'}{\rho_0}\right) \times 100\%$$

式中，V_0'——空隙率，%；

　　ρ_0'——碎石或卵石的堆积或紧密密度，kg/m^3；

　　ρ_0——碎石或卵石的表观密度，kg/m^3。

3）容量筒容积的校正方法。将温度为（20±5）℃的饮用水装满容量筒，用玻璃板沿筒口滑移，使其紧贴水面。擦干筒外壁水分，然后称出其质量，精确至 10g。容量筒容积按下式计算：

$$V = m'_1 - m'_2$$

式中，V——容量筒容积，L；

m'_2——容量筒、玻璃板和水的总质量，kg；

m'_1——容量筒和玻璃板质量，kg。

2.9　碎石或卵石的含水率试验(标准法)

2.9.1　试验目的

测定碎石或卵石的含水率，为混凝土配合比设计提供依据。

2.9.2　主要仪器设备

1)烘箱：温度控制范围为(105±5)℃。

2)秤：称量 20kg，感量 20g。

3)容器：如浅盘等。

2.9.3　试验步骤

1)按试验表 2-2 的要求称取试样，分成两份备用。

2)将试样置于干净的容器中，称取试样和容器的总质量(m_1)，并在为(105±5)℃的烘箱中烘干至恒重。

3)取出试样，冷却后称取烘干后的试样与容器的总质量(m_2)，并称取容器的质量(m_3)。

2.9.4　试验结果

碎石或卵石的含水率(标准法)按下式计算，精确至 0.1%：

$$\omega_{wc} = \frac{m_1 - m_2}{m_2 - m_3} \times 100\%$$

式中，$\bar{\omega}_{wc}$——碎石或卵石的含水率，%；

　　　m_1——烘干前试样与容器的总质量，g；

　　　m_2——烘干后试样与容器的总质量，g；

　　　m_3——容器质量，g。

以两次试验结果的算术平均值作为测定值。

2.10　碎石或卵石中含泥量试验

2.10.1　试验目的

测定碎石或卵石中的含泥量，作为评定碎石或卵石质量的依据。

2.10.2　主要仪器设备

1）秤：称量 20kg，感量 20g；

2）烘箱：温度控制范围为（105±5）℃；

3）试验筛：筛孔公称直径为 80μm 及 1.25mm 的方孔筛各一个；

4）容器：容积约 10L 的瓷盘或金属盒；

5）浅盘等。

2.10.3　试样制备

将样品缩分至试验表 2-7 所规定的量（注意防止细粉丢失），并置于温度为（105±5）℃ 的烘箱中烘干至恒重，冷却至室温后分成两份备用。

试验表 2-7　碎石、卵石含泥量试验所需试样的最少质量

最大公称粒径/mm	10.0	16.0	20.0	25.0	31.5	40.0	63.0	80.0
试样量不少于/kg	2	2	6	6	10	10	20	20

2.10.4　试验步骤

1）称取试样一份（m_0）装入容器中摊平，并注入饮用水，使水面高出石子表面 150mm；浸泡 2h，用手在水中淘洗颗粒，使尘屑、淤泥和黏土与较粗颗粒分离，并使之悬浮或溶解于水中。缓缓地将浑浊液倒入公称直径为 1.25mm 及 80μm 的方孔套筛（1.25mm 筛放置于上面）上，滤去小于 80μm 的颗粒。试验前筛子的两面应先用水润湿，在整个试验过程中应注意避免大于 80μm 的颗粒丢失。

2）再次加水于容器中，重复上述过程，直到筒内洗出的水清澈为止。

3）用水淋洗剩留在筛上的细粒，并将 80μm 筛放在水中（使水面略高出筛内颗粒）来回摇动，以充分洗除小于 80μm 的颗粒。然后将两只筛上剩留的颗粒和容器中已经洗净的试样一并装入浅盘，置于温度为（105±5）℃ 的烘箱中烘干至恒重。取出来冷却至室温后，称试样的质量（m_1）。

2.10.5　试验结果

碎石或卵石中含泥量 ω_c 应按下式计算，精确至 0.1%：

$$\omega_c = \frac{m_0 - m_1}{m_0} \times 100\%$$

式中，ω_c——含泥量，%；

m_0——试验前烘干试样质量，g；

m_1——试验后烘干试样质量，g。

以两个试样试验结果的算术平均值作为测定值。两次结果之差大于 0.2% 时，应重新取样进行试验。

试 验 3   普通混凝土拌和物性能试验

试验依据：《普通混凝土拌和物性能试验方法标准》(GB/T50080—2002)

拌和物取样：混凝土拌和物试验用料应根据不同要求，从同一盘搅拌或同一车运送的混凝土中取出。

混凝土拌和物的取样应具有代表性。一般在同一盘混凝土或同一车混凝土中的约 1/4处、1/2 处和 3/4 处之间分别取样，从第一次取样到最后一次取样不宜超过 15min，然后人工搅拌均匀。

拌和物取样后应尽快进行试验。试验前，试样应经人工略加翻拌，以保证其质量均匀。

拌和物试样制备：在试验室制备混凝土拌和物时，试验室的温度应保持在(20±5)℃，所用材料的温度应与试验室温度保持一致。

注意：需要模拟施工条件下所用的混凝土时，所用原材料的温度宜与施工现场保持一致。

拌制混凝土的材料用量以质量计。称量精确度：水、水泥、掺和料、外加剂均为±0.5%，骨料为±1%。

按所定配合比备料，以全干状态为准。

制备试样的主要仪器：搅拌机、磅秤、拌板、拌铲、量筒、天平、盛器等。

1. 人工拌和法

1)将拌板和拌铲用湿布润湿后，将砂倒在拌板上，然后加入水泥，用拌铲自拌板一端翻拌至另一端，然后再翻拌回来，如此反复，至充分混合，颜色均匀，再加上粗骨料，翻拌至混合均匀为止。

2)将干混合料堆成堆，在中间作一凹槽，将称量好的水，倒一半左右在凹槽中(勿使水流出)，然后仔细翻拌，并徐徐加入剩余的水，继续翻拌，每翻拌一次，用铲在混合料上铲切一次，直至拌和均匀为止。

3)拌和时应动作敏捷，拌和时间从加水时算起，应大致符合下列规定：拌和物体积为 30L 以下时，4～5min；拌和物体积为 30～50L 时，5～9min；拌和物体积为 51～75L时，9～12min。

4)混凝土拌和好后，应立即进行测试或成型试件。从开始加水时算起，全部操作须在 30min 内完成。

2. 机械搅拌法

1)首先进行预拌。即用按配合比的水泥、砂和水组成的砂浆及少量石子，在搅拌机中进行涮膛，然后倒出并刮去多余的砂浆。目的是避免在正式拌和时影响拌和物的配合比。

2)开动搅拌机，依次加入石子、砂和水泥，先干拌均匀，再将水徐徐加入，全部加料时间不超过 2min，水全部加入后，继续拌和 2min。

3)将拌和物自搅拌机卸出，倾倒在拌板上，再经人工拌和 1~2min，应立即进行拌和物的各项性能试验。

3.1　混凝土拌和物和易性试验——坍落度与坍落扩展度法

坍落度与坍落扩展度法适用于粗骨料最大粒径不大于 40mm、坍落度值不小于 10mm 的混凝土拌和物的稠度测定。

3.1.1　试验目的

测定混凝土拌和物的坍落度与坍落扩展度，用以评定混凝土拌和物的流动性(即稠度)，进而评定混凝土拌和物的和易性。

3.1.2　主要仪器

1)坍落度筒(如试验图 3-1 所示)：由薄钢板或其他金属制成的圆台形筒，内壁应光滑，在筒 2/3 高度处安两个手把，下端应焊脚踏板。

2)捣棒(如试验图 3-1 所示)：直径 16mm，长约 650mm 的钢棒。

3)底板、钢尺、小铲、抹刀等。

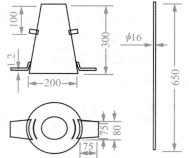

3.1.3　试验步骤

1)湿润坍落度筒及其他用具，在坍落度筒内壁和底板上应无明水，并把筒放在不吸水的刚性水平底板上。

试验图 3-1　坍落度筒和捣棒示意图

然后用脚踩住两边的脚踏板，使坍落度筒在装料时保持位置固定。

2)把按要求取得或制备的混凝土试样用小铲分三层均匀地装入筒内，使捣实后每层高度为筒高的 1/3 左右。每层用捣棒插捣 25 次，插捣应沿螺旋方向由外向中心进行，各次插捣应在截面上均匀分布。插捣筒边混凝土时，捣棒可以稍稍倾斜。插捣时捣棒应贯穿本层至下一层的表面(或底面)。浇灌顶层时，混凝土应灌到高出筒口。插捣过程中，如混凝土沉落到低于筒口，则应随时添加。顶层插捣完后，刮去多余的混凝土，并用抹刀抹平。

3)清除筒边、底板上的混凝土后，垂直平稳地提起坍落度筒。坍落度筒的提离过程应在 5~10s 内完成。从开始装料到提坍落度筒的整个过程应不间断地进行，并应在 150s 内完成。

4)提起坍落度筒后，测量筒高与坍落后混凝土试体最高点之间的高度差，即为该混凝土拌和物的坍落度值。

坍落度筒提离后，如混凝土发生崩坍或一边剪坏现象，则应重新取样另行测定。如第二次试验仍出现上述现象，则表示该混凝土和易性不好，应予记录备查。

5）当混凝土拌和物的坍落度大于 220mm 时，用钢尺测量混凝土扩展后最终的最大直径和最小直径，若两个直径之差小于 50mm 时，取其算术平均值作为坍落扩展度值；否则，此次试验无效。

3.1.4　试验结果评定

坍落度小于等于 220mm 时，拌和物和易性的评定如下。

（1）稠度

稠度用坍落度值表示，以"mm"为单位，测量精确至 1mm，结果表达修约至 5mm。

（2）黏聚性

用捣棒在已坍落的混凝土锥体侧面轻轻敲打，如锥体逐渐下沉，表示黏聚性良好；如锥体倒塌、部分崩裂或出现离析现象，则表示黏聚性不好。

（3）保水性

坍落度筒提起后如底部有较多稀浆析出，锥体部分的混凝土也因失浆而骨料外露，表明保水性不好；如无稀浆或仅有少量稀浆自底部析出，则表明保水性良好。

坍落度大于 220mm 时，拌和物和易性的评定如下。

（1）稠度

稠度以坍落扩展度值表示，以"mm"为单位，测量精确至 1mm，结果表达修约至 5mm。

（2）抗离析性

提起坍落度筒后，如果拌和物在扩展的过程中，始终保持其匀质性，不论是扩展的中心还是边缘，粗骨料的分布都是均匀的，也无浆体从边缘析出，表明混凝土拌和物抗离析性良好；如果发现粗骨料在中央集堆或边缘有水泥浆析出，则表明混凝土拌和物抗离析性不好。

3.2　混凝土拌和物和易性试验——维勃稠度法

本方法适用于骨料最大粒径不大于 40mm，坍落度值小于 10mm 的混凝土拌和物的稠度测定。

3.2.1　试验目的

测定混凝土拌和物的维勃稠度，用以评定混凝土拌和物的流动性（即稠度），进而评定混凝土拌和物的和易性。

3.2.2　主要仪器

1.　维勃稠度仪

如试验图 14-8 所示，维勃稠度仪组成如下。

1）振动台：台面长 380mm，宽 260mm，支承在四个减振器上。台面底部安有频率为（50±3）Hz 的振动器。装有空容器时台面的振幅应为（0.5±0.1）mm。

2）容器：由钢板制成，内径为（240±5）mm，高为（200±2）mm，筒壁厚 3mm，筒底厚 7.5mm。

3）坍落度筒：同坍落度试验，但没有脚踏板。

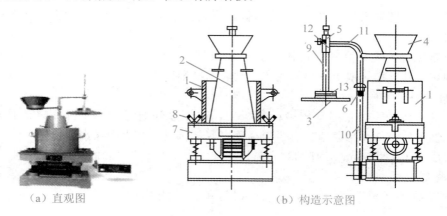

（a）直观图　　　　　　　　　（b）构造示意图

试验图 3-2　维勃稠度仪

1—容器；2—坍落度筒；3—透明圆盘；4—喂料斗；5—套管；
6—定位螺钉；7—振动台；8—固定螺钉；9—测杆；10—支柱；
11—旋转架；12—荷重块；13—测杆螺钉

4）旋转架：与测杆及喂料斗相连。测杆下部安装有透明且水平的圆盘，并用测杆螺钉把测杆固定在套筒中。旋转架安装在支柱上，通过十字凹槽来固定方向，并用定位螺钉来固定其位置。就位后，测杆或喂料斗的轴线应与容器的轴线重合。

5）透明圆盘：直径为（230±2）mm，厚度为（10±2）mm。荷重块直接固定在圆盘上。由测杆、圆盘及荷重块组成的滑动部分总质量应为（2750±50）g。

2.　捣棒、小铲、秒表

3.2.3　试验步骤

1）把维勃稠度仪放置在坚实水平的地面上，用湿布把容器、坍落度筒、喂料斗内壁及其他用具润湿。

2）将喂料斗提到坍落度筒上方扣紧，校正容器位置，使其中心与喂料斗中心重合，然后拧紧固定螺钉。

3)把混凝土试样用小铲分三层经喂料斗均匀地装入筒内，装料及插捣的方法同坍落度试验。

4)把喂料斗转离，垂直地提起坍落度筒，此时应注意不使混凝土试体产生横向扭动。

5)把透明圆盘转到混凝土圆台体顶面，放松测杆螺钉，降下圆盘，使其轻轻接触到混凝土顶面。

6)拧紧定位螺钉，并检查测杆螺钉是否已完全放松。

7)在开启振动台的同时用秒表计时，当振动到透明圆盘的底面被水泥浆布满的瞬间停止计时，并关闭振动台。

3.2.4　试验结果

由秒表读出的时间即为该混凝土拌和物的维勃稠度值(精确至 1s)。

3.3　混凝土拌和物凝结时间试验

3.3.1　试验目的

通过对混凝土拌和物中筛出的砂浆，进行贯入阻力的测定，来确定混凝土的凝结时间，它对混凝土工程中的混凝土搅拌、运输及施工具有重要的参考作用。

3.3.2　主要仪器设备

1)贯入阻力仪：由加荷装置、测针、砂浆试样筒和标准筛组成。可以是手动的，也可以是自动的。

2)振动台、捣棒、秒表等。

3.3.3　试验步骤

1)用 5mm 标准筛从混凝土拌和物试样中筛出砂浆，每次应筛净，然后将其拌和均匀。

2)制作三个试件：将砂浆分别装入三个试样筒中。坍落度不大于 70mm 的混凝土宜用振动台振实砂浆。振动应持续到表面出浆为止，不得过振。坍落度大于 70mm 的混凝土宜用捣棒人工捣实。应沿螺旋方向由外向中心均匀插捣 25 次，然后用橡皮锤轻轻敲打筒壁，至插捣孔消失为止。振实或插捣后，砂浆表面应低于试样筒口约 10mm，砂浆试样筒应立即加盖。

3)试样制备完毕，编号后应置于(20±2)℃的环境中或施工现场相同条件下待试，在整个测试过程中，环境条件不得改变，试样筒应始终加盖(吸取泌水或进行贯入试验除外)。

4)凝结时间的测定：从水泥与水接触瞬间开始计时。

根据混凝土拌和物的性能，确定测针首次试验时间。一般情况下，基准混凝土在成型后(2~3)h；掺早强剂的混凝土在(1~2)h；掺缓凝剂的混凝土在(4~6)h 后开始用测针测试。以后每隔 0.5h 测试一次，在临近初、终凝时可增加测定次数。

在每次测试前 2min，用一片 20mm 厚的垫块垫入筒底一侧使其倾斜，用吸管吸去表面的泌水，然后平稳地复原。

将试样筒置于贯入阻力仪上，使测针端部与砂浆表面轻轻接触，在 (10 ± 2)s 内均匀地使测针贯入砂浆 (25 ± 2)mm，记录贯入压力 P（精确至 10N）、测试时间（精确至 1min）、环境温度（精确至 $0.5℃$）。

测试在 $(0.2\sim28)$MPa 之间应至少进行 6 次，直至贯入阻力大于 28MPa 为止。

各测点的间距应大于测针直径的两倍且不小于 15mm，测点与试样筒壁的距离应不小于 25mm。

在测试过程中应根据贯入阻力，适时更换测针（如试验表 3-1）。

试验表 3-1　测针选用规定表

贯入阻力/MPa	0.2～3.5	3.5～20	20～28
测针面积/mm²	100	50	20

3.3.4　试验结果

1. 贯入阻力 f_{PR} 按下式计算（精确至 0.1MPa）：

$$f_{PR} = \frac{P}{A}$$

式中，f_{PR}——贯入阻力；

P——贯入压力，N；

A——测针面积，mm²。

2. 凝结时间的确定

凝结时间的确定有两种方法：线性回归法和绘图法，本节主要讲述绘图法。

以贯入阻力为纵坐标，时间为横坐标（精确至 1min），绘制出贯入阻力与时间之间的关系曲线。在 3.5MPa 和 28MPa 位置画两条横轴的平行线与曲线相交，两交点的横坐标即为混凝土拌和物的初凝时间和终凝时间（如试验图 3-3 所示）。

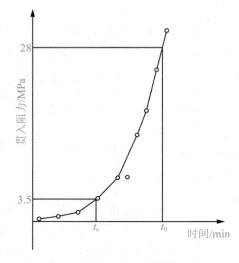

试验图 3-3　绘图法确定凝结时间

用三组试验结果的算术平均值作为此次试验的初凝时间和终凝时间。如果三个测值的最大值或最小值中有一个与中间值之差超过中间值的 10%，则以中间值为试验结果；如果最大值和最小值与中间值之差均超过中间值的 10% 时，则此次试验无效。

3.4　混凝土拌和物表观密度试验

3.4.1　试验目的

测定混凝土拌和物捣实后单位体积的质量，以修正、核实混凝土配合比设计计算中的材料用量。

3.4.2　主要仪器

1)容量筒：金属制成的圆筒，两旁装有手把。

对骨料最大粒径不大于 40mm 的拌和物采用容积为 5L 的容量筒，其内径与内高均为 (186±2)mm，筒壁厚为 3mm；骨料最大粒径大于 40mm 时，容量筒的内径与内高均应大于骨料最大粒径的 4 倍。

容量筒上缘及内壁应光滑平整，顶面与底面应平行并与圆柱体的轴垂直。

2)台秤、振动台、捣棒等。

3.4.3　试验步骤

1)用湿布把容量筒内外擦干净，称出筒的质量(m_1)，精确至 50g。

2)混凝土的装料及捣实方法：

①坍落度不大于 70mm 的混凝土，用振动台振实为宜。应一次将混凝土拌和物灌到高出容量筒口。装料过程中如混凝土沉落到低于筒口，则应随时添加混凝土，振动至表面出浆为止。

②坍落度大于 70mm 的混凝土用捣棒捣实为宜。采用捣棒捣实时，应根据容量筒的大小决定分层与插捣次数。

用 5L 容量筒时，混凝土拌和物应分两层装入，每层插捣次数应为 25 次；用大于 5L 的容量筒时，每层混凝土的高度不应大于 100mm，每层插捣次数应按每 1 0000mm² 截面不小于 12 次计算。

各次插捣应由边缘向中心均匀地分布在每层截面上，捣棒应贯穿整层深度。每层插捣完后可把捣棒垫在筒底，将筒左右交替地颠击地面各 15 次。

3)用刮尺将筒口多余的混凝土拌和物刮去，表面如有凹陷应予填平。将容量筒外壁擦净，称出试样与容量筒总质量(m_2)，精确至 50g。

3.4.4　试验结果

混凝土拌和物表观密度 $\rho_{c,t}$ 按下式计算：

$$\rho_{c,t} = \frac{m_2 - m_1}{v_0} \times 1\,000$$

式中，m_1——容量筒质量，kg；

　　　m_2——容量筒及试样总质量，kg；

　　　v_0——容量筒容积，L。

试验结果的计算精确至 10kg/m^3。

试验 4　普通混凝土立方体抗压强度试验

4.1　试验依据

《普通混凝土力学性能试验方法标准》(GB/T50081—2002)。

4.2　试验目的

检验混凝土的强度等级，确定、校核配合比，并为检验或控制混凝土施工质量提供依据。

4.3　主要仪器设备

①压力试验机或万能试验机：测量精度为±1%，试件的预期破坏荷载值应大于全量程的 20%，且小于全量程的 80%；

②试模：由铸铁或钢制成，应具有足够的刚度，并且拆装方便，如试验图 4-1 所示；

③振实台、捣棒、小铁铲、金属直尺、镘刀等。

（a）100mm□ 　（b）150mm□ 　（c）200mm□200mm
100mm□100mm　150mm□150mm　　　□200mm

试验图 4-1　混凝土试模

4.4　试件的制备及养护

1)试件的尺寸应根据混凝土骨料的最大粒径按试验表 4-1 确定。

试验表 4-1　混凝土立方体试件尺寸选用表

试件尺寸/mm	粗骨料最大粒径
100×100×100	31.5
150×150×150	40
200×200×200	63

2)混凝土抗压强度试验一般以 3 个试件为一组，每一组试件所用的混凝土拌和物应由同一次拌和成的拌和物中取出。

3)在试验室拌制混凝土时，其材料用量应以质量计，称量的精度：水泥、掺合料、水和外加剂为±0.5%；骨料为±1%。

4)成型前应检查试模尺寸，试模内表面应涂一薄层矿物油或其他不与混凝土发生反应的脱模剂。

5)取样或试验室拌制的混凝土应在拌和之后尽短的时间内成型，一般不宜超过 15min。

6)根据混凝土拌和物的稠度确定混凝土的成型方法。坍落度不大于 70mm 的混凝土宜用振动振实，坍落度大于 70mm 的混凝土宜用捣棒人工捣实。

①振动台振实法。将拌和物一次装入试模，装料时应用抹刀沿试模内壁插捣，并使混凝土拌和物高出试模口。试模应附着或固定在振动台上，振动时试模不得有任何跳动，振动应持续到表面出浆为止，不得过振。

②插入式振捣棒振实法。将混凝土拌和物一次装入试模，装料时应用抹刀沿各试模壁插捣，并使混凝土拌和物高出试模口。宜用直径为 $\phi 25$ 的插入式振捣棒，振捣棒距试模底板 10~20mm 且不得触及试模底板，振动应持续到表面出浆为止，且应避免过振，以防止混凝土离析；一般振捣时间为 20s。振捣棒拔出时要缓慢，拔出后不得留有孔洞。

③人工插捣法。将混凝土拌和物分两层装入试模，每层厚度大致相等。插捣应按螺旋方向从边缘向中心均匀进行，在插捣底层混凝土时，捣棒应达到试模底部；插捣上层时，捣棒应贯穿上层后插入下层 20~30mm；插捣时捣棒应保持垂直，不得倾斜。然后用抹刀沿试模内壁插拔数次。每层插捣次数在 10 000mm² 截面积不得少于 12 次。插捣后应用橡皮锤轻轻敲击试模四周，直至插捣棒留下的空洞消失为止。刮除试模上口多余的混凝土，待混凝土临近初凝时，用抹刀抹平。

检验现浇混凝土或预制构件的混凝土，试件成型方法宜与实际采用的方法相同。

7)试件成型后应立即用不透水的薄膜覆盖表面。

8)采用标准养护的试件，应在温度为(20±5)℃的环境中静置一至二昼夜，然后编号、拆模。拆模后应立即放如温度为(20±2)℃、相对湿度为 95%以上的标准养护室中养护，或在温度为(20±2)℃的不流动的 $Ca(OH)_2$ 饱和溶液中养护。标准养护室内的试件应放在支架上，彼此间隔 10~20mm，试件表面应保持潮湿，并不得被水直接冲淋。

9)同条件养护试件的拆模时间可与实际构件的拆模时间相同，拆模后，试件仍需保持同条件养护。

10)标准养护龄期为 28d(从搅拌加水开始计时)。

4.5　试验步骤

1)将试件从养护地点取出后应及时进行试验，将试件表面与上下承压板面擦干净。

2)将试件安放在试验机的下压板上，试件的承压面应与成型时的顶面垂直。试件的中心应与试验机下压板中心对准，开动试验机。当上压板与试件接近时，调整球座使其接触均衡。

3）在试验过程中应连续、均匀地加荷，混凝土强度等小于 C30 时，加荷速度取 (0.3~0.5)MPa/s；混凝土强度等级大于等于 C30 且小于 C60 时，加荷速度取 (0.5~0.8)MPa/s；混凝土强度等级大于等于 C60 时，加荷速度取 (0.8~1.0)MPa/s。

4）当试件接近破坏开始急剧变形时，应停止调整试验机油门，直至破坏。然后记录破坏荷载 F。

4.6 试验结果

1）混凝土立方体抗压强度按下式计算（精确至 0.1MPa）：

$$f_{cu} = \frac{F}{A}$$

式中，f_{cu}——混凝土立方体抗压强度，MPa；

F——破坏荷载，N；

A——受压面积，mm^2。

2）以 3 个试件测值的算术平均值作为该组试件的抗压强度值。3 个测值中的最大值或最小值如有 1 个与中间值的差值超过中间值的 15% 时，则把最大及最小值一并舍除，取中间值为该组抗压强度值。如两个测值与中间值的差均超过中间值的 15%，则该组试件的试验结果无效。

3）混凝土强度等级小于 C60 时，用非标准试件测其强度值，当混凝土强度等级大于或等于 C60 时，宜采用标准试件测其强度值。取 150mm×150mm×150mm 试件的抗压强度为标准值，其他试件测得的强度值，均应乘以尺寸换算系数，如试验表 4-2 所示。

试验表 4-2 抗压强度试件尺寸换算系数

试件尺寸/mm	尺寸换算系数
100×100×100	0.95
150×150×150	1.00
200×200×200	1.05

4）混凝土强度随龄期的增长而逐渐提高，混凝土抗压强度增长情况大致与龄期的对数成正比关系：

$$f_n = f_{28} \frac{\lg n}{\lg 28}$$

式中，f_n——nd 龄期混凝土抗压强度，MPa；

f_{28}——28d 龄期混凝土抗压强度，MPa；

$\lg n$、$\lg 28$——$n(n>3)$ 和 28 的常用对数。

建筑砂浆试验

试验依据：《建筑砂浆基本性能试验方法》(JGJ70—2009)。

拌和物取样方法如下。

1）建筑砂浆试验用料应根据不同要求，可从同一盘搅拌或同一车运送的砂浆中取出；在试验室取样时，可从机械或人工拌和的砂浆中取出。

2）施工中取样进行砂浆试验时，其取样方法和原则按相应的施工验收规范执行。应在使用地点的砂浆槽、砂浆运送车或搅拌机出料口，至少从三个不同部位抽取。所取试样的数量应多于试验用料的 1～2 倍。

3）砂浆拌和物取样后，应尽快进行试验。现场取来的试样，在试验前应经人工再翻拌，以保证其质量均匀。

试验室制备方法如下。

1）试验室拌制砂浆进行试验时，拌和用的材料要求提前运入室内，拌和时试验室的温度应保持在(20±5)℃。

注意：需要模拟施工条件所用的砂浆时，试验室原材料的温度应与施工现场一致。

2）试验用水泥和其他原材料应与现场使用材料一致。水泥如有结块应充分混合均匀，以 0.9mm 筛过筛。砂也应以 5mm 筛过筛。

3）试验室拌制砂浆时，材料应称重计量。称量的精确度：水泥、外加剂等为 ±0.5%；砂、石灰膏、黏土膏、粉煤灰和磨细生石灰粉为 ±1%。

4）试验室用搅拌机搅拌砂浆时，搅拌的用量不宜少于搅拌机容量的 20%，搅拌时间不宜少于 2min。

5）人工拌和法：①拌制砂浆前，应将拌和铁板、拌铲、抹刀等工具表面用水润湿，注意拌和铁板上不得有积水。

②将称好的砂子倒在拌板上，然后加上水泥，用拌铲拌和至混合物颜色均匀为止。

③将混合物堆成堆，在中间作一凹槽，将称好的石灰膏倒入凹坑（若为水泥砂浆，将称好的水倒入 1/2），再加入适量的水将石灰膏调稀，然后与水泥、砂共同拌和。用量筒逐次加水并拌和，每翻拌一次，需用铲将全部砂浆压切一次，拌和至拌和物色泽一致。一般需拌和 3～5min（从加水完毕时算起）。

6）机械搅拌法如下。①先拌适量砂浆（应与试验用砂浆配合比相同），使搅拌机内壁粘附一薄层砂浆，以保证正式拌和时的砂浆配合比准确。

②称出各材料用量，将砂、水泥装入搅拌机内。

③开动搅拌机，将水徐徐加入（混合砂浆需将石灰膏等用水稀释成浆状），搅拌约 3min。

④将砂浆拌和物倒在拌和铁板上，用拌铲翻拌约两次，使之均匀。

5.1 砂浆稠度试验

5.1.1 试验目的

检验砂浆的稠度，以评定砂浆的流动性，为综合评定砂浆的和易性提供依据。

5.1.2 主要仪器设备

1）砂浆稠度仪：由试锥、容器和支座三部分组成（如试验图 5-1 所示）。试锥高度为 145mm，锥底直径为 75mm，试锥连同滑杆的质量为 300g；盛砂浆容器高为 180mm，锥底内径为 150mm；支座分底座、支架及稠度显示三个部分。

2）钢制捣棒：直径为 10mm，长为 350mm，端部磨圆。

3）秒表、拌铲、抹刀等。

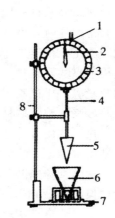

试验图 **5-1** 砂浆稠度测定仪

1—齿条测杆；2—指针；
3—刻度盘；4—滑杆；
5—试锥；6—圆锥筒；
7—底座；8—支架

5.1.3 试验步骤

1）将盛浆容器和试锥表面用湿布擦干净，并用少量润滑油轻擦滑杆，然后将滑杆上多余的油用吸油纸擦净，使滑杆能自由滑动。

2）将砂浆拌和物一次装入容器，使砂浆表面低于容器口约 10mm 左右，用捣棒自容器中心向边缘插捣 25 次，然后轻轻地将容器摇动或敲击 5～6 下，使砂浆表面平整，随后将容器置于稠度测定仪的底座上。

3）拧开试锥滑杆的制动螺旋，向下移动滑杆，当试锥尖端与砂浆表面刚接触时，拧紧制动螺钉，使齿条测杆下端刚接触滑杆上端，并将指针对准零点。

4）拧开制动螺钉，同时计时间，待 10s 立即固定螺钉，将齿条测杆下端接触滑杆上端，从刻度盘上读出下沉深度（精确至 1mm），即为砂浆的稠度值。

5）圆锥筒内的砂浆，只允许测定一次稠度，重复测定时，应重新取样。

5.1.4 试验结果

1）稠度取两次试验结果的算术平均值，计算精确至 1mm。

2）两次试验值之差如大于 20mm，则应另取砂浆搅拌后重新测定。

5.2　分层度试验

5.2.1　试验目的

检验砂浆的分层度，以评定砂浆的保水性，为综合评定砂浆的和易性提供依据。

5.2.2　试验仪器

1)砂浆分层度筒：内径为150mm，上节无底高度为200mm，下节带底净高为100mm，用金属板制成，上、下连接处需加宽3～5mm，并设有橡胶垫圈(如试验图5-2所示)。

2)稠度测定仪。

3)钢制捣棒、拌铲、抹刀、木锤等。

5.2.3　试验步骤

1)首先将砂浆拌和物按稠度试验方法测定稠度。

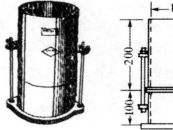
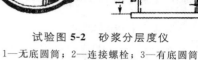

试验图 5-2　砂浆分层度仪
1—无底圆筒；2—连接螺栓；3—有底圆筒

2)将砂浆拌和物一次装入分层度筒内，待装满后，用木锤在容器周围距离大致相等的4个不同地方轻轻敲击1～2下，如砂浆沉落于筒口则应随时添加，然后刮去多余的砂浆并用抹刀抹平。

3)静置30min后，去掉上节200mm砂浆，剩余的100mm砂浆倒出放在拌和锅内拌2min，再按稠度试验方法测其稠度。前后测得的稠度之差(精确至1mm)即为该砂浆的分层度值。

5.2.4　试验结果

1)取两次试验结果的算术平均值，计算值精确至1mm。

2)两次试验值之差如大于20mm，则应另取砂浆搅拌后重新测定。

5.3　密度试验

5.3.1　试验目的

测定砂浆的密度，为砂浆配合比设计提供依据。

5.3.2　主要仪器设备

1)容量筒：金属制成，内径108mm，净高109mm，筒壁厚2mm，容积为1L。

2）水泥胶砂振动台。

3）砂浆稠度仪。

4）天平、钢制捣棒等。

5.3.3 试验步骤

1）首先测定拌好的砂浆的稠度。当砂浆稠度大于 50mm 时，应采用插捣法；当砂浆稠度不大于 50mm 时，宜采用振动法。

2）试验前称出容量筒重（m_1），精确至 5g，然后将容量筒的漏斗套上。

3）采用插捣法时，将砂浆拌和物一次装满容量筒并略有富余，用捣棒均匀插捣 25 次，插捣过程中如砂浆沉落到低于筒口，则应随时添加砂浆，再敲击 5～6 下。

4）采用振动法时，将砂浆拌和物一次装满容量筒，连同漏斗在振动台上振 10s，振动过程中如砂浆下沉至低于筒口，则应及时地添加砂浆。

5）捣实或振动后将筒口多余的砂浆拌和物刮去，使表面平整，然后将容量筒外壁擦净，称出砂浆与容量筒总重（m_2），精确至 5g。

5.3.4 试验结果

砂浆拌和物的质量密度按下式计算：

$$\rho = \frac{m_2 - m_1}{V} \times 1\,000$$

式中，ρ ——砂浆拌和物的质量密度，kg/m^3；

m_1——容量筒的质量，kg；

m_2——容量筒及试样的质量，kg；

V——容量筒的容积，L。

5.4 立方体抗压强度试验

5.4.1 试验目的

检验砂浆的强度，以评定砂浆是否满足设计强度等级的要求。

5.3.2 主要仪器设备

1）试模：规格为 $70.7mm \times 70.7mm \times 70.7mm$ 的立方体试模（如试验图 5-3 所示）。由铸铁或钢制成，应具有足够的刚度并拆装方便。

2）捣棒。

3）压力试验机。

4）垫板：试验机上、下压板及试件之间可垫以

试验图 5-3 砂浆试模

钢垫板，垫板的尺寸应大于试件的承压面尺寸，其不平度为每 100mm 不超过 0.02mm。

5.4.3　试件制备

1)制作砌筑砂浆试件时，将无底试模放在预先铺有吸水性较好的纸的普通黏土砖上，试模内壁事先涂刷薄层机油或脱模剂。

2)放于砖上的湿纸，应为湿的新闻纸(或其他未粘过胶凝材料的纸)，纸的大小要以能盖过砖的四边为准，砖的使用面要求平整，凡砖的 4 个垂直面粘过水泥或其他胶凝材料后，不允许再使用。

3)向试模内一次注满砂浆，用捣棒均匀由外向里按螺旋方向插捣 25 次，为了防止低稠度砂浆插捣后可能留下孔洞，允许用油灰刀沿模壁插数次，使砂浆高出试模顶面6～8mm。

4)当砂浆表面开始出现麻斑状态时(约 15～30min)，将高出部分的砂浆沿试模顶面削去、抹平。

5.3.4　试件养护

试件制作后应在(20±5)℃温度环境下停置一昼夜(24±2)h。当气温较低时，可适当延长时间，但不应超过两昼夜，然后对试件进行编号并拆模。试件拆模后，应在标准养护条件下，继续养护至 28d，然后进行试压。

1)标准养护条件：水泥混合砂浆应在温度为(20±3)℃、相对湿度为 60%～80% 的条件下养护；水泥砂浆和微沫砂浆应在温度为(20±3)℃、相对湿度为 90% 的潮湿条件下养护。

2)自然养护：当无标准养护条件时，可采用自然养护。水泥混合砂浆应在正温度、相对湿度 60%～80% 条件下(如养护箱或不通风的室内)养护；水泥砂浆和微沫砂浆应在正温度并保持试件表面湿润状态下(如湿砂堆中)养护。

3)当有争议时，应以标准条件养护为准。

5.3.5　试验步骤

1)试件从养护地点取出后，应尽快进行试验，以免试件内部的温湿度发生显著变化。试验前先将试件擦拭干净，测量尺寸，并检查外观。试件尺寸测量精确至 1mm，并据此计算试件的承压面积。如实测尺寸与公称尺寸之差不超过 1mm，可按公称尺寸进行计算。

2)将试件安放在试验机的下压板上，试件的承压面应与成型时的顶面垂直，试件中心应与试验机下压板中心对准。开动试验机，当上压板与试件接近时，调整球座，使接触面均衡受压。承压试验应连续而均匀地加荷，加荷速度应为(0.5～1.5)kN/s，当试件接近破坏而开始迅速变形时，停止调整试验机油门，直至试件破坏，记录破坏荷载 F。

5.3.6　试验结果

1)砂浆立方体抗压强度应按下列公式计算：

$$f_m = \frac{F}{A}$$

式中，f_m——砂浆立方体抗压强度，MPa；

  F——立方体破坏压力，N；

  A——试件承压面积，mm^2。

2）以 6 个试件测量值的算术平均值作为该组试件的抗压强度值，精确至 0.1 MPa。

3）当 6 个试件的最大值或最小值与平均值的差超过 20%时，以中间 4 个试件的平均值作为该组试件的抗压强度值。

试 验 6　钢筋性能试验

6.1　钢筋拉伸性能试验

6.1.1　试验依据

《金属材料室温拉伸试验方法》(GB/T228-2002)。

6.1.2　试验目的

通过试验测定钢筋的屈服强度、抗拉强度、伸长率三个指标,作为评定钢筋质量是否合格的主要技术依据。

6.1.3　主要仪器设备

1)试验机。
2)游标卡尺、千分尺等。

6.1.4　试样制备

1)直径为 8~40mm 的钢筋可直接截取要求的长度作为试件,如试验图 6-1 所示。

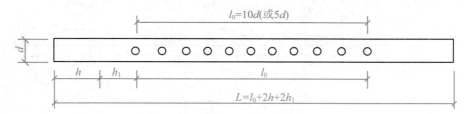

试验图 6-1　不经车削试件

d—计算直径;L_0—标距长度;h_1—(0.5~1)d;h—夹头长度

2)若受试验机量程限制,直径为 22~40mm 的钢筋可经切削加工(如试验图 6-2 所示)。

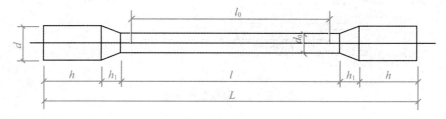

试验图 6-2　车削试件

3)在试件表面沿轴向方向用一系列小冲点或细划线标出原始标距(标记不应影响试样断裂)。测量标距长度 l_0(精确至 0.1mm)。

6.1.5 试验步骤

1)调整试验机测力度盘的指针对准零点。

2)将试件固定在试验机夹头内,开动试验机进行拉伸。试件屈服前,加荷速度为 10MPa/s;屈服后,夹头移动速度不大于 $0.5L_c/\mathrm{min}$。L_c 为试件平行长度,不经车削试件 $L_c = l_0 + 2h_1$,车削试件 $L_c = l_0$。

3)拉伸中,测力度盘的指针停止转动时的恒定荷载,或不计初始效应指针回转时的最小荷载,即为所求的屈服点荷载 F_s(N)。

4)试件连续施荷直至拉断,由测力度盘读出的最大荷载 F_b(N),即抗拉强度的负荷。

5)将拉断的试件在断裂处对齐,并保持在同一轴线上,测量拉伸后标距两端点的长度 L_1(精确至 0.1mm)。如拉断处形成缝隙,则此缝隙应计入该试件拉断后的标距内。

6)断后标距 L_1 的测量。

①直测法:如果拉断处到最临近标距端点的距离大于 $L_0/3$ 时,直接测量标距两点间的距离。

②移位法:如果拉断处到最临近标距端点的距离小于或等于 $L_0/3$ 时,则按移位法测定 L_1(如试验图 6-3 所示)。在拉断长段上,从拉断处 O 取基本等于短段格数,得 B 点。接着再取等于长段所余格数(偶数,试验图 6-3(a))之半,得 C 点;或者所余格数(奇数,试验图 6-3(b))减 1 与加 1 之半,得 C 和 C_1 点。移位后的 L_1 如下式计算:

$$L_1 = AO + OB + 2BC$$

或

$$L_1 = AO + OB + BC + BC_1$$

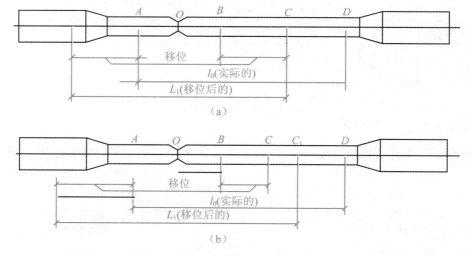

(a)

(b)

试验图 6-3 移位法计算标距

6.1.6　试验结果

1)钢筋屈服强度按下式计算：

$$\sigma_s = \frac{F_s}{A_0}$$

式中，σ_s——钢筋的屈服强度，MPa；

　　　F_s——屈服点荷载，N；

　　　A_0——钢筋试件的原始横截面积，mm^2。

　　当 $\sigma_s > 1\,000$ MPa 时，应计算至 10 MPa；σ_s 为 $200 \sim 1\,000$ MPa 时，应计算至 5MPa；$\sigma_s < 200$MPa 时，应计算至 1 MPa。

　　2)试件抗拉强度 σ_b 按下式计算：

$$\sigma_b = \frac{F_b}{A_0}$$

式中，σ_b——钢筋的抗拉强度，MPa；

　　　F_b——试件拉断时的最大荷载，N；

　　　A_0——钢筋试件的原始横截面积，mm^2。

　　3)断后伸长率按下式计算(精确至 1%)：

$$\delta_{10}\,(或\ \delta_5) = \frac{L_1 - L_0}{L_0} \times 100\%$$

式中，δ_{10}(或 δ_5)——断后伸长率，%；

　　　L_0——试件原始标距，mm；

　　　L_1——试件拉断后直接量出或用移位法确定的标距端点间的长度，mm。

　　　　　如拉断处位于标距之外，则断后伸长率无效，应重做试验。

　　　　　当 $\delta > 10\%$时，应计算至 1%；当 $\delta \leqslant 10\%$时，应计算至 0.5%。

6.2　钢筋弯曲试验

6.2.1　试验依据

试验依据：《金属材料弯曲试验方法》(GB/T232—2010)。

6.2.2　试验目的

测定钢筋弯曲后塑性变形的能力，作为评定钢筋工艺性能的依据。

6.2.3　主要仪器设备

1)试验机或压力机。

2)支辊式弯曲装置：配有两个支辊和一个弯曲压头，支辊长度和弯曲压头的宽度应大于试样宽度或直径(如试验图 6-4 所示)。弯曲压头的直径由产品标准规定。支辊和弯曲压头应具有足够的硬度。除非另有规定，支辊间距离 l 应按照下式确定：

$$l = (D + 3a) \pm \frac{a}{2}$$

此距离在试验期间应保持不变。

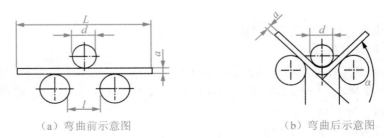

（a）弯曲前示意图　　　　　　　　　　（b）弯曲后示意图

试验图 **6-4**　支辊式弯曲装置

L—试样长度；l—支辊间距离；a—钢筋试件直径；

d—弯曲压头或弯心直径；α—试件弯曲角度

注意：此距离在试验前期保持不变，对于 $180°$ 弯曲试验此距离会发生变化。

6.2.4　试样制备

试验使用圆形、方形、矩形或多边形横截面的试样。样坯的切取位置和方向应按照相关产品标准的要求。如未具体规定，对于钢产品，应按照 GB/T2975 的要求。试样应去除由于剪切或火焰切割或类似操作而影响了材料性能的部分。如果试验结果不受影响，允许不去除试样受影响的部分。

6.2.5　试验步骤

特别提示：试验过程中应采取足够的安全措施和防护装置。

1)试验一般在$(10\sim35)℃$的室温范围内进行。对温度要求严格的试验，试验温度应为$(23\pm5)℃$。

2)按照相关产品标准规定，采用下列方法之一完成试验：

①试样在给定的条件和力作用下弯曲至规定的弯曲角度(如试验图 6-4 所示)；

②试样在力作用下弯曲至两臂相距规定距离且相互平行(如试验图 6-6 所示)；

③试样在力作用下弯曲至两臂直接接触(如试验图 6-7 所示)。

3)试样弯曲至规定弯曲角度的试验，应将试样放于两支辊(如试验图 6-4 所示)上，试样轴线应与弯曲压头轴线垂直，弯曲压头在两支座之间的中点处对试样连续施加力使其弯曲，直至达到规定的弯曲角度。弯曲角度 α 可以通过测量弯曲压头的位移计算得出。

弯曲试验时，应当缓慢地施加弯曲力，以使材料能够自由地进行塑性变形。

当出现争议时，试验速率应为$(1\pm0.2)\text{mm/s}$。

使用上述方法如不能直接达到规定的弯曲角度，可将试样置于两平行压板之间(如试验图 6-5 所示)，连续施加力压其两端使进一步弯曲，直至达到规定的弯曲角度。

4）试样弯曲至两臂相互平行的试验，首先对试样进行初步弯曲，然后将试样置于两平行压板之间（如试验图 6-5 所示），连续施加力压其两端使进一步弯曲，直至两臂平行（如试验图 6-6 所示）。试验时可以加或不加内置垫块。垫块厚度等于规定的弯曲压头直径，除非产品标准中另有规定。

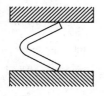 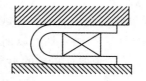 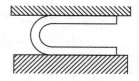

试验图 6-5　试件置于两平行压板之间　　　　试验图 6-6　试件弯曲至两臂平行

5）试样弯曲至两臂直接接触的试验，首先对试样进行初步弯曲，然后将试样置于两平行压板之间，连续施加力使其两端进一步弯曲，直至两臂直接接触，如试验图 6-7 所示。

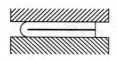

试验图 6-7　试件弯至两臂直接接触

6.2.6　试验结果

1）应按照相关产品标准的要求评定弯曲试验结果。如未具体规定，弯曲试验后不使用放大仪器观察，试样弯曲外表面无可见裂纹应评为合格。

2）以相关产品标准规定的弯曲角度作为最小值；若规定弯曲压头直径，以规定的弯曲压头直径作为最大值。

| 试 验 7 | 沥青试验 |

试验依据：《公路工程沥青及沥青混合料试验规程》(JTJ052—2000)。

取样方法：石油沥青试验的取样应有代表性。以同一批出厂、同一牌号的沥青，以20t(或不足20t)为一个取样单位；从每个取样单位的不同部位，取5处洁净试样，每处所取试样应大致相等，约1kg左右。

7.1 沥青针入度试验

7.1.1 试验目的

测定石油沥青的针入度，评定其黏滞性，并作为评定石油沥青牌号的主要依据。

7.1.2 主要仪器设备

1)针入度仪(如试验图7-1所示)：非经注明，试验温度为25℃时，标准针、连杆与附加砝码的合重为(100±0.5)g。

2)标准针：经淬火的不锈钢针。

3)金属试样皿。

4)恒温水浴。

5)平底玻璃皿。

6)秒表、温度计。

7)砂浴或可控温度的密闭电炉。

试验图 7-1　针入度测定仪

1—显示器；2—按钮；3—小镜；
4—金属试样皿；5—玻璃皿；
6—底座；7—活动齿杆

7.1.3 试样制备

1)将预先除去水分的沥青试样，在砂浴或密闭电炉上加热并搅拌。加热温度不得超过估计软化点100℃，加热时间不得超过30min。用筛过滤除去杂质。

2)将沥青试样倒入盛样皿内，其深度大于预计穿入深度10mm。放置于(15~30)℃的空气中冷却(1~1.5)h(小盛样皿)或(1.5~2)h(大盛样皿)。冷却时，须注意不使灰尘落入。然后将盛样皿浸入(25±0.5)℃的恒温水浴中。小盛样皿恒温(1~1.5)h，大盛样皿恒温(1.5~2)h。

7.1.4 试验步骤

1)调节针入度仪的水平，检查连杆，使其能自由滑动，洗净擦干并装好标准针。

2）从恒温水浴中取出盛样皿，放入水温严格控制在 25℃ 的平底保温皿中，试样表面以上的水层高度应不少于 10mm。将保温皿放于圆形平台上，慢慢放下连杆，使针尖与试样表面恰好接触。调整活动齿杆与针连杆顶端接触，并调节刻度盘使指针为零。

3）开动秒表，同时用手紧压按钮，使标准针自由地穿入沥青中，经过 5s，停止按压，使指针停止下沉。

4）再次调整活动齿杆与标准针连杆顶部接触，此时刻度盘指针的读数即为试样的针入度。同一试样重复测定至少 3 次，在每次测定前，都应检查并调节保温皿内水温，每次测定后，都应将标准针取下，用浸有溶剂的布或棉花擦净，再用干布或干棉花擦干。每次测点之间相互距离及测点与盛样皿边缘距离都不得小于 10mm。

7.1.5　试验结果

同一试样 3 次平行试验结果的最大值和最小值之差，在试验表 7-1 所列允许偏差范围内时，取 3 次测定针入度的平均值，作为针入度结果，以 0.1mm 为单位。否则试验应重做。

试验表 7-1　试验结果的允许偏差

针入度	允许差值 0.1mm	针入度	允许差值 0.1mm
0～49	2	250～350	10
50～149	4	大于 350	14
150～249	6		

7.2　沥青延度试验

7.2.1　试验目的

测定沥青的延度，以评定沥青的塑性，为确定沥青标号提供依据。

7.2.2　主要仪器设备

1）延度仪如试验图 7-2 所示。

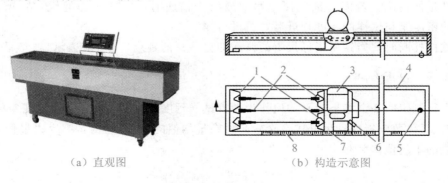

（a）直观图　　　　　　　（b）构造示意图

试验图 7-2　沥青延度仪

1—试模；2—试样；3—电机；4—水槽；5—泄水孔；6—开关柄；7—指针；8—标尺

2）延度试模如试验图 7-3 所示。

3）试模底板：玻璃板或磨光的钢板、不锈钢板。

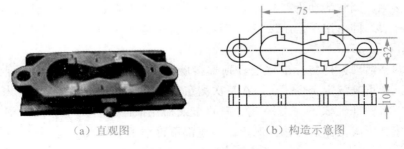

（a）直观图　　　　　　　（b）构造示意图

试验图 7-3　沥青延度试模

7.2.3　试样制备

1）用甘油滑石粉隔离剂（甘油与滑石粉的质量比为 2∶1），均匀地涂于试模底板和试模侧模的内表面，将试模组装在试模底板上。

2）将预先除去水分的沥青试样，在砂浴或可调温密闭电炉内加热，然后过筛并充分搅拌，勿混入气泡。将沥青呈细流自试模一端至另一端往返多次，直至注满并略高出试模为止。

3）将浇注好的试样在（15～30）℃的空气中冷却 30min 后，放入（25±0.1）℃的水浴中，保持 30min 后取出，用热刀将高出模具部分的沥青刮去，刮时应自试模的中间向两边刮，直至沥青面与模面齐平、光滑为止。将试件连同试模底板浸入（25±0.1）℃的水浴中（1～1.5）h。

7.2.4　试验步骤

1）检查延度仪拉伸速度是否符合要求，移动滑板使其指针对准标尺的零点，保持水槽中水温为（25±0.5）℃。

2）试件移至延度仪水槽中，然后将模具两端的孔分别套在滑板及槽端的金属柱上，并取下试件侧模。水面距试件表面应不小于 25mm。

3）开动延度仪，使试样在（25±0.5）℃的水温中，以（5±0.25）cm/s 的速度拉伸，并观察试件延伸情况。若沥青细丝浮于水面或沉于槽底时，则加入乙醇（酒精）或食盐水，调整水的密度至与试样的密度相近后，再进行测定。

4）试样挂断时，指针所指标尺上的读数即为试样的延度，以 cm 表示。

7.2.5　试验结果

取平行测定的 3 个结果的平均值作为沥青试样延度的测定结果。若 3 次测定值不在其平均值的±5％范围以内，但其中 2 个较高值在平均值的±5％之内，则弃去最低值，取 2 个较高值的平均值作为测定结果。

7.3　沥青软化点试验

7.3.1　试验目的

测定沥青的软化点，评定沥青的稳定稳定性，作为确定沥青牌号的依据。

7.3.2　主要仪器设备

1)沥青软化点测定仪，如试验图 7-4 所示：包括温度计、800mL 烧杯、测定架、黄铜环、钢球定位环、钢球。

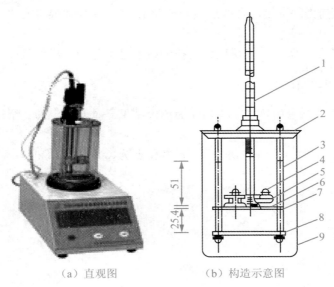

（a）直观图　　　　　（b）构造示意图

试验图 **7-4**　软化点测定仪

1—温度计；2—上盖板；3—支架；4—钢球；5—钢球定位环；

6—金属环；7—中层板；8—下底板；9—烧杯

2)电炉或其他加热器等。

7.3.3　试样制备

1)将试样环置于涂有甘油滑石粉隔离剂的金属板或玻璃板上。

2)将预先脱水的沥青试样加热熔化，不断搅拌，以防止局部过热。加热温度不应比估计软化点高出 100℃，加热时间不超过 30min，将试样过筛。

3)将沥青试样注入试样环内至略高出环面为止。在(15～30)℃的空气中冷却 30min 后，用热刀刮去高出环面的沥青，使沥青面与环面齐平。

4)将盛有试样的黄铜环及金属板置于盛满水(估计软化点不高于 80℃的试样)或甘油(估计软化点高于 80℃的试样)的保温槽内恒温 15min。水温保持(5±0.5)℃；甘油温度保持在(32±1)℃。同时，钢球也置于恒温的水或甘油中。

7.3.4 试验步骤

1)烧杯内注入新煮沸并冷却至5℃的蒸馏水(估计软化点不高于80℃的试样)或注入预先加热至约32℃的甘油(估计软化点高于80℃的试样)，使液面略低于连接杆上的深度标记。

2)从水浴或甘油保温槽中取出盛有试样的黄铜环置于环架中层板上的圆孔中，并套上定位环，把整个环架放入烧杯内，调整水面或甘油面至深度标记，环架上任何部分不得有气泡。将温度计由上层板中心孔垂直插入，使水银球与铜环下面齐平。

3)移烧杯至放有石棉网的加热器上，然后将钢球放在试样上(须使各环的平面在全部加热时间内完全处于水平状态)立即加热，使烧杯内水或甘油温度在3min内保持每分钟上升(5±0.5)℃，否则重做。

4)试样受热软化下坠至与下层底板面接触时的温度即为试样的软化点。

7.3.5 试验结果

取平行测定两个结果的算术平均值作为测定结果。重复测定的2个结果间的差值不得大于下述规定：

软化点低于80℃时，允许差值为1℃；软化点为(80~120)℃时，允许差值为2℃。

沥青混合料试验

8.1　沥青混合料试件制作方法（击实法）

8.1.1　试验依据

《公路工程沥青及沥青混合料试验规程》（JTJ052—2000）。

8.1.2　试验目的

用标准击实法制作直径为 101.6mm、高为 63.5mm 的圆柱体沥青混合料试件，以供试验室进行沥青混合料物理力学性能检验时使用。

8.1.3　主要仪器设备

1）击实仪（如试验图 8-1）。

2）标准击实台。

3）试验室用沥青混合料拌和机（试验图 8-2）：能保证拌和温度并充分拌和均匀，可控制拌和时间，容量不少于 10L。

试验图 8-1　击实仪　　　　　试验图 8-2　试验室用沥青混合料拌和机

4）脱模器：电动或手动，可无破损地推出圆柱体试件，备有要求尺寸的推出环。

5）试模：每种至少 3 组，由高碳钢或工具钢制成，每组包括内径 101.6mm、高约 87.0mm 的圆柱形金属筒、底座（直径约 120.6mm）和套筒（内径 101.6mm、高约 69.8mm）各一个。

6)烘箱：大、中型各一台，装有温度调节器。

7)天平或电子秤：用于称量矿料的感量不大于 0.5g，用于称量沥青的感量不大于 0.1g。

8)沥青运动黏度测定设备。

9)插刀或大螺钉刀。

10)温度计：分度值不大于 1℃。

11)其他：电炉或煤气炉、沥青熔化锅、拌和铲、试验筛、滤纸(或普通纸)、胶布、卡尺、秒表、粉笔、棉纱等。

8.1.4 试验步骤

1. 准备工作

1)确定制作沥青混合料试件的拌和与压实温度。

试件的拌和与压实温度可按试验表 8-1 选用，并根据沥青品种和标号作适当调整。针入度小、稠度大的沥青取高限，针入度大、稠度小的沥青取低限，一般取中值。

试验表 8-1　沥青混合料拌和及压实温度参考表

沥青种类	拌和温度/℃	压实温度/℃
石油沥青	130～160	110～130
煤沥青	90～120	80～110

2)将各种规格的矿料置于(105±5)℃的烘箱中烘干至恒重(一般不少于 4～6h)。根据需要，将粗细骨料过筛后，用水冲洗再烘干备用。

3)分别测定不同粒径粗、细骨料及填料(矿粉)的表观密度，并测定沥青的密度。

4)将烘干分级的粗细骨料，按每个试件设计级配成分要求称其质量，在一金属盘中混合均匀，矿粉单独加热，置烘箱中预热至沥青拌和温度以上约 15℃(石油沥青通常为 163℃)备用。一般按一组试件(每组 3～6 个)备料，但进行配合比设计时宜一个一个分别备料。

5)将沥青试样，用电热套或恒温箱熔化、加热至规定的沥青混合料拌和温度备用。

6)用沾有少许黄油的棉纱擦净试模、套筒及击实座等并置于 100℃ 左右烘箱中加热 1h 备用。

2. 混合料拌制

1)将沥青混合料拌和机预热至拌和温度以上 10℃ 左右备用。

2)每个试件预热的粗细骨料置于拌和机中，用小铲适当混合，然后再加入需要数量的已加热至拌和温度的沥青，开动搅拌机一边搅拌，一边将拌和叶片插入混合料中拌和(1～2)min，然后暂停拌和，加入单独加热的矿粉，继续拌和至均匀为止，并使沥青混合料保持在要求的拌和温度范围内。标准的总拌和时间为 3min。

3. 试件成型

1)将拌和好的沥青混合料，均匀称取一个试件所需的用量(约 1 200g)，当一次拌和几个试件时，宜将其倒入经预热的金属盘中，用小铲拌和均匀分成几份，分别取用。

2)从烘箱中取出预热的试模及套筒，用沾有少许黄油的棉纱擦拭套筒、底座及击实锤底面，将试模装在底座上(也可垫一张圆形的吸油性小的纸)，按四分法从四个方向用小铲将混合料铲入试模中，用插刀沿周边插捣 15 次，中间 10 次。插捣后将沥青混合料表面整平成凸圆弧面。

3)插入温度计至混合料中心附近，检查混合料温度。

4)待混合料温度符合要求的压实温度后，将试模连同底座一起放在击实台上固定(也可在装好的混合料上垫一张吸油性小的圆纸)，再将装有击实锤及导向棒的压实头插入试模中，然后开启马达(或人工)将击实锤在 457mm 的高度自由落下击实规定的次数(75、50 或 35 次)。

5)试件击实一面后，取下套筒，将试模掉头，装上套筒，然后以同样的方式和次数击实另一面。

6)试件击实结束后，如上下面垫有圆纸，应立即用镊子取掉，用卡尺量取试件离试模上口的高度并由此计算试件高度，如高度不符合要求时，试件应作废，并按下式调整试件的混合料数量，使高度符合(63.5±1.3)mm 的要求。

$$q = q_0 \times \frac{63.5}{h_0}$$

式中，q——调整后沥青混合料用量，g；

　　　q_0——制备试件的沥青混合料实际用量，g；

　　　h_0——制备试件的实际高度，mm。

7)卸去套筒和底座，将装有试件的试模横向放置冷却至室温后，置脱模机上脱出试件。将试件仔细置于干燥洁净的平面上，在室温下静置过夜(12h 以上)供试验用。

8.2　沥青混合料标准马歇尔稳定度试验

8.2.1　试验依据

试验依据:《沥青路面施工及验收规范》(GB50092—1996)

8.2.2　试验目的

通过对标准击实的试件在规定的温度和速度等条件下受压，测定沥青混合料的稳定度和流值等指标，主要用于沥青混合料的配合比设计及沥青路面施工质量检验。

8.2.3　主要仪器设备

1）沥青混合料马歇尔试验仪：符合国家标准《沥青混合料马歇尔试验仪》（GB－11823）技术要求的产品，也可采用带数字显示或用 X－Y 记录荷载-位移的自动马歇尔试验仪（如试验图 8-3 所示）。试验仪最大荷载不小于 25kN. 测定精度 100N，加载速率能保持（50±5）mm/min；另外还有测定荷载与试件变形的压力环（或传感器）、流量计（或位移计）、钢球（直径 16mm，上下压头曲度半径为 50.8mm）。

试验图 8-3　马歇尔试验仪

2）恒温水槽：能保持水温为测定温度±1℃的水槽，深度不少于 150mm。

3）真空饱水容器：由真空泵及真空干燥器组成。

4）烘箱。

5）天平。

6）温度计。

7）马歇尔试件高度测定器。

8）卡尺、棉纱、黄油等。

8.2.4　试验步骤

1）用卡尺（或试件高度测定器）测量试件直径和高度（如试件高度不符合（63.5±1.3）mm 要求或两侧高度差大于 2mm 时，此试件应作废），并按规定的方法测定试件的密度、空隙率、沥青体积百分率、沥青饱和度、矿料间隙率等物理指标。

2）将恒温水槽（或烘箱）调节至要求的试验温度，对黏稠石油沥青混合料或烘箱养生过的乳化沥青混合料为（60±1）℃；对煤沥青混合料为（37.8±1）℃；对空气养生的乳化沥青或液体混合料为（25±1）℃。将试件置于已达规定温度的恒温水槽（或烘箱）中保温 30～40min，试件应垫起，离容器底部不小于 5cm。

3）将马歇尔试验仪的上下压头放入水槽（或烘箱）中达到同样温度。将上下压头从水槽（或烘箱）中取出擦拭干净内面，为使上下压头滑动自如，可在下压头的导棒上涂少量黄油。再将试件取出置于下压头上，盖上上压头，然后装在加载设备上。

4）将流值测定装置安装在导棒上，使导向套管轻轻地压住上压头，同时将流值计读数调零。在上压头的球座上放妥钢球，并对准荷载测定装置（应力环或传感器）的压头，然后调整应力环中百分表对准零或将荷重传感器的读数复位为零。

5）启动加载设备，使试件承受荷载，荷载加载速度为（50±5）mm/min。当试验荷载达到最大值的瞬间，取下流值计，同时读取应力环中百分表（或荷载传感器）读数和流值计读数（从恒温水槽中取出试件至测出最大荷载值时间不应超过 30s）。

8.2.5　试验结果

1.　试件的稳定度及流值

1)由荷载测定装置读取的最大值即为试样的稳定度,当用应力环百分表测定时,根据应力环标定曲线,将应力环中百分表的读数换算为荷载值,即试件的稳定度(MS),以 kN 计。

2)由流值计及位移传感器测定装置读取的试件垂直变形,即为试件的流值(FL),以 0.01mm 计。

2.　试件的马歇尔模数

试件的马歇尔模数按下式计算:

$$T = \frac{MS \times 10}{FL}$$

式中,T——试件的马歇尔模数,kN/mm;

　　　MS——试件的稳定度,kN;

　　　FL——试件的流值,0.1mm。

当一组测定值中某个数据与平均值之差大于标准差的 k 倍时,该测定值应予舍弃,并以其测定值的平均值作为试验结果。当试验项目 n 为 3,4,5,6 个时,k 值分别为 1.15、1.46、1.67、1.82。

3.　试验数值的修约规则

试验数据和结果都有一定的精确度要求,对精确度范围之外的数字,应按照《数值修约规则》(GB8170—2008)进行修约,常用修约规则如下:

1)在拟舍弃的数字中,若左边第一个数字小于 5 时,则舍去。

如将 14.246 2 修约精确至 0.1,修约得 14.2。

2)在拟舍弃的数字中,若左边第一个数字大于 5 时,则进一。

如将 26.482 3 修约精确至 0.1,修约得 26.5。

3)在拟舍弃数字中,若左边第一个数字等于 5,其右边数字并非全部为零时,则进一。

如将 1.050 1 修约精确至 0.1,修约得 1.1。

4)在拟舍弃的数字中,若左边第一个数字等于 5,其右边无数字或全部为零时,所拟保留的末位数字若为奇数则进一,若为偶数则舍弃。

如将 0.35、0.450 0 和 1.050 0 修约精确至 0.1,修约后分别得 0.4、0.4 和 1.0。

5)若拟舍弃的数字为多位数字时,不得连续进行多次修约。

如将 15.454 6 修约至整数,正确修约得 15,不正确修约 15.4546—15.455—15.46—15.5—16。

参考文献

1. 孔宪明. 建筑与道路工程材料手册. 北京：中国标准出版社，2010.
2. 中国标准出版社第五编辑室. 建筑材料标准汇编——装饰装修材料（上、下）. 北京：中国标准出版社，2010.
3. 楼丽凤. 市政工程建筑材料. 北京：中国建筑工业出版社，2003.
4. 宋岩丽. 建筑与装饰材料. 北京：中国建筑工业出版社，2007.
5. 李国新. 建筑材料. 北京：机械工业出版社，2008.
6. 李业兰. 建筑材料. 北京：中国建筑工业出版社，2008.
7. 张文华. 建筑（市政）工程基础. 北京：机械工业出版社，2007.
8. 殷岳川. 公路沥青路面施工. 北京：人民交通出版社，2000.
9. 沈金安. 沥青及沥青混合料路用性能. 北京：人民交通出版社，2000.